高等职业教育"十四五"规划教材

U0965013

宠物驯导技术

高德臣　郝菊秋　主编

中国农业大学出版社
· 北京 ·

内 容 简 介

《宠物驯导技术》是辽宁省高等职业院校现代学徒制试点建设的宠物养护与驯导专业自编校本教材。

本教材共分为7个项目，即犬的起源与生物学特性、犬的选购、犬训练的基本原理和方法、幼犬的训练与调教、犬的科目训练、犬的饲养管理、世界名犬欣赏。项目一到项目六后附有复习思考题，教材的最后附有技能训练指导和彩图。

本教材结构紧凑，图文并茂，通俗易懂，可作为宠物类专业的教学用书，也可供宠物爱好者学习和参考。

图书在版编目(CIP)数据

宠物驯导技术 / 高德臣，郝菊秋主编. --北京：中国农业大学出版社，2023.6(2024.11 重印)
ISBN 978-7-5655-3002-9

Ⅰ.①宠… Ⅱ.①高…②郝… Ⅲ.①犬-驯养-高等职业教育-教材 Ⅳ.①S829.2

中国国家版本馆 CIP 数据核字(2023)第 106679 号

书　　名　宠物驯导技术
作　　者　高德臣　郝菊秋　主编

策划编辑　张　玉　　**责任编辑**　田树君
封面设计　郑　川　中通世奥图文设计
出版发行　中国农业大学出版社
社　　址　北京市海淀区圆明园西路2号　　**邮政编码**　100193
电　　话　发行部 010-62733489,1190　　编辑部 010-62732617,2618
出版部 010-62733440　　读者服务部 010-62732336
网　　址　http://www.caupress.cn　　**E-mail**　cbsszs@cau.edu.cn
经　　销　新华书店
印　　刷　涿州市星河印刷有限公司
版　　次　2023年8月第1版　2024年11月第2次印刷
规　　格　185 mm×260 mm　16开本　11.75印张　290千字　彩插 4
定　　价　40.00元

编 审 人 员

主　　编　高德臣（辽宁职业学院）

　　　　　郝菊秋（辽宁职业学院）

副 主 编　黄文峰（辽宁职业学院）

　　　　　李海龙（辽宁职业学院）

　　　　　张明珠（江苏农牧科技职业学院）

参编人员　韩　周（辽宁农业职业技术学院）

　　　　　孙亚东（辽宁生态工程职业学院）

　　　　　白春杨（黑龙江农垦职业学院）

　　　　　霍春光（辽宁职业学院）

　　　　　寇春胜（辽宁省大连市圣越犬舍）

　　　　　李铁民（辽宁省铁岭市公安局警犬基地）

审　　稿　万伟泉（天津康御生物科技有限公司）

　　　　　董春园（南京市耐思宠物医院）

前　言

实现中华民族伟大复兴，需要大批德才兼备的时代新人。党的二十大报告强调"实施科教兴国战略，强化现代化建设人才支撑""教育、科技、人才是全面建设社会主义现代化国家的基础性、战略性支撑""人才是第一资源"。随着人民生活水平的不断提高，宠物驯导方向的高职专业技术技能型人才需求量逐年递增，亟需宠物驯导类教材的出版。

《宠物驯导技术》是根据教育部《关于深化现代职业教育体系建设改革的意见》《普通高等学校教材管理办法》《职业院校教材管理办法》等文件精神编写的，供农业职业院校宠物养护与驯导等相关专业使用。

在编写过程中，我们力求体现高职特色，始终强调"以能力为本位，以岗位为目标"的原则，淡化学科体系，突出能力培养。在内容上，理论知识以必需、够用为度，实践知识以实用、易用为准。由于目前国内宠物驯导行业主要集中在犬的训练方向上，因此本书以犬的驯导为代表讲授宠物驯导的技术，对其他宠物的驯导起到抛砖引玉的效果。

本教材由高德臣和郝菊秋主编，具体编写分工为，项目一：郝菊秋；项目二：李海龙；项目三：郝菊秋；项目四：黄文峰；项目五：高德臣；项目六：郝菊秋；项目七：高德臣；二维码内容：故事一至三，韩周；故事四至六，张明珠；技能训练指导：实训一至四：白春杨；实训五至九：霍春光；实训十至十三：孙亚东；全书的彩图由寇春胜、李铁民提供。

本教材的编写过程中，万伟泉、董春园认真审阅了书稿，并提出了宝贵意见，辽宁省大连市圣越犬舍和辽宁省铁岭市公安局警犬基地提供了热情的帮助，在此一并致以由衷的感谢。

由于编者水平有限，本书中不妥之处在所难免，恳请广大师生和读者批评指正。

编　者

2023 年 6 月

目　录

项目一

犬的起源与生物学特性

【项目描述】

本项目是根据宠物健康护理员、宠物驯导师等岗位需求进行编写，本项目为犬的起源与驯化及生物学特性等，内容包括犬的起源、驯化、整体结构、生理结构、行为特征和生活习性。通过本项目的训练，让学生熟悉犬的起源及驯化过程，熟知犬身体的结构、典型的行为特征及特有的生活习性。为从事宠物健康护理员、宠物驯导师等工作做好准备。

【学习目标】

1.熟悉犬的起源、祖先、驯化史；

2.理解犬驯导的意义及对犬和人类产生的影响；

3.掌握犬的整体结构、生理结构、生理参数、感觉系统、行为特征及生活习性。

任务1　犬的起源和驯化

【情境导入】

没有人确切知道人与狼第一次互动发生在什么时候。有科学家认为可能是在 5 000 万年之前，因为至少要花这么久的时间野狼才能发展出如今的基因差异。当时人与野狼分布在地球上许多地方，演化过程可能发生在好几个不同的地区。有些学者则认为狼在 14 000 年前，甚至可能在 16 000 年前的亚洲东南部，就已经被人类从野生狼驯化为家畜，即犬，用来玩、打猎和看家护院等。

问题：1.关于犬的起源，你更赞同哪一种说法？

2.我国与国外对犬的驯化，哪个更早些？

一、犬的起源

地球的产生约有 4.5 亿年的历史。地球上出现哺乳动物的时间约在 1 亿年前。第一只犬的出现约在 5 000 万年前，最早的人类出现在约距今 300 万年。如果将地球的历史纪录比喻为 1 000 m 的路程，那么哺乳动物的出现仅在最后的几米，犬的出现也只是在最后的几厘米。

关于犬的起源，历来众说纷纭。一是“一源说”，认为犬是同一种类型动物演变来的；二是“多源说”，认为犬是由不同类型动物演变来的；还有的学者认为，犬起源于不同食肉类动物的“偶然结合”(杂交)。从地理分布、生态习性、交配繁殖等方面因素分析，较普遍地认为犬是由狼和豺演变而来的。

考古遗传学的研究发现，3 500 万年前的犬类动物的牙齿化石非常类似于今天的狼、犬、狐。在第二中世纪的牙齿化石类似于今天的犬，犬的身体类似于山狗，更类似于今天的狼。说明狼是家犬的祖先，或者是狼和犬具有共同的祖先，但狼现在仍处在野生状态并保留凶猛的习性，而犬则被人类驯化了。然而，在经历了许多世纪以后，它们至今仍保留着一些相同的基本特征。如以摇动尾巴表示心满意足；尾巴夹在两腿之间表示恐惧；卷起舌头阵叫表示愤怒；它们都用嗅觉来划分其领土；妊娠过程也相同；它们也感染同样的病；感染同样的寄生虫。

另外，也有学者通过脱氧核糖核酸(DNA)技术证实了犬起源于狼。通过比较犬和狼的脱氧核糖核酸，两者的相似性达 99.8%，而犬与山狗脱氧核糖核酸的相似性只有 96%。另外，古代狼的品种多达 45 种，这种品种的多样性，也有利于解释犬品种的多样性，并且犬和狼在体型和声音语言及解剖结构上有着极其相似之处。比较犬和狼的体型及身体结构，几乎很难说两者存在差别。

比较形态学认为，犬和狼的外形结构很相似，在头骨结构、躯体骨骼数量、牙齿数量、皮毛、发达的脑等方面达到惊人的相似。此外，犬与狼还有其他较多的相似之处：汗腺不发达，排汗主要通过舌部和脚垫；肢体语言相似，如上唇外翻且露出牙齿表示愤怒等；排泄方式相同，且有标记和识别领地的习惯；繁殖方式相似，犬与狼的妊娠期同为 58～63 d，仔犬(狼)睁眼期为 10～13 d，交配方式都为爬跨式；储食性相似，犬与狼对于吃不完的食物进行储藏以备在捕不到猎物时食用。

随着胚胎学和遗传基因的深入研究，有充分的证据证明犬与狼拥有共同的祖先。犬与狼的染色体数量相同，狼、豺、胡狼、犬之间的杂交后代具有繁殖能力，DNA 相似性更是达到了惊人的 99.8%。山东泰安的汶口文化、河南渑池的仰韶文化、山东历城的龙口文化等有记载考证，犬是由狼经过漫长的自然演变以及人类长期的定向驯养而来的。

多源说认为犬来源于狼、丛林狼、豺、胡狼和澳洲野犬。根据犬的地理分布、生活形态、遗传特性、交配繁殖等迹象，第一种观点被多数人所接受，普遍认为狼与犬有最近的血缘关系，经过人类长期驯养演变成现在的犬。犬的外形之所以与现在的狼相差较大，完全是人工选择的结果。有这种意识、定向的加速培养，比自然环境选择产生的变化更快。

二、犬的驯化

在犬的驯化过程中，人类起到了至关重要的作用。犬是人类最早驯化的家畜。历史学家认为，在 1 万年前，某些狼为了寻找食物追随猎人，而被猎人驯化成为今天的犬。从人类狩猎和采集的时候起，犬就开始与人类朝夕为伍，是真正的家畜化产物。常见的“六畜”是指犬、猪、牛、羊、马、鸡，这一顺序即是按被驯服的先后顺序排名的。那时人们也许根本还没有意识到这种由狼驯化而来的犬，能给人们带来帮助，成为打猎的助手。直到后来，人们发现了这一有益之处，便开始了对狼有计划地训练和教育。猎人为了利用狼来协助狩猎，便有意识地利用狼对食物的获取心态，对狼的行为进行有规律的训练，并且进行选育繁殖。狼的驯化最早发生在亚洲。尽管还没有确定这种驯化大概产生于什么年代，但有学者认为，古代猎人在狩猎时获取了狼仔，这些狼仔从小与人生活在一起，从而逐步去除了野性，成为人类的朋友犬的祖先。

(一)国外的犬驯化过程

犬驯养起源于1.2万年以前的北半球，当时，狼的分布范围没有现在这样广泛。考古学的证据已充分证明，约在9 000年以前，狼与犬的体型和大小已有明显区别。在古罗马时代，这一演变的趋势有了进一步的加速，当时的犬已具备了现代犬的许多特征。那时驯服和留养的犬部分用于狩猎、守护和牧畜等工作。在中世纪，犬经过对各种气候条件的自然适应、人为的高度选择、繁育、驯养和训练，形成和出现了许多不同形态、体型和功能特征的犬。至18世纪，许多高度智慧和专门化的犬种已逐步形成。由于犬在嗅觉、视觉、听觉等方面的独特性能和生理特性，人类在19世纪末期开始将犬用于军事征战。从1890年比利时机燕都市的警察署开始将犬用于刑事侦查起，现在世界上许多国家都广泛使用军(警)犬。军犬被大规模地用于近代战争中，在探测地雷、警戒、传令、侦察、引路和拉雪橇运送物资等方面发挥了巨大作用。目前，世界各国都十分重视军(警)犬的训导研究，相继成立了许多军(警)犬的科研机构(如警犬研究所)。随着社会的进步，尽管高科技武器装备迅速发展，但经特殊训练的军犬在侦破、缉毒、警卫等方面仍然具备不可替代的作用。但在犬的驯养史上，最具特殊意义的进展和最明显的变化发生100多年。在19世纪中后期，当犬展和犬类比赛成为养犬者的时尚时，用以比较和判定各个不同犬种的品种标准也随之制订和建立。1873年英国组建了世界上第一个养犬协会。1884年美国养犬俱乐部(AKC)的成立，推动了许多犬种标准的制订和确定，并实施了种犬登录和系谱制度，同时也制订了犬展或比赛的各项规则。目前，国外举办的各类宠物比赛多数是按AKC体制进行的，经严格训练的犬可参加全犬种比赛、服从性比赛以及趣味障碍比赛等。

(二)我国的犬驯化过程

我国对犬的驯养至少有8000多年历史。新石器时代晚期是我国原始牧畜业的发达时期，由于居住在各地区的原始氏族受自然条件的影响，北方最早和最主要的家养动物是犬、鸡、猪，南方是犬、猪和水牛。在相当长的一段时期，犬为人们狩猎、放牧、征服、驯化和奴役其他兽类做出了巨大贡献。

汉朝养犬业兴盛，皇宫中设“犬中”和“犬监”的官职，养犬规模的不断扩大，“走犬”成为帝王将相茶余饭后的娱乐。汉武帝曾建有“犬台宫”，文武百官定期观赏“斗犬之戏”。南北朝时，皇宫里为豢养的犬赐名为“犬夫人”或“郡主”，享受与人相同的诰封。唐代皇帝专门为犬兴建一座华丽宽阔的“犬坊”。广东出土的古代陶制犬和木制犬，形态、姿势各异，多数造型为蹲在楼阁门前守门，表明当时犬很大程度上用于守卫。

随着人们生活水平的日益提高，休闲已成为现代都市生活的一大主题。作为休闲生活的重要组成部分，饲养宠物已被越来越多的人所接受。特别在20世纪后期，随着工业化进程的加速、城市经济的发展、生活方式的变化、人口老龄化的增长以及生活压力的加大，人们对伴侣动物的需求增加，而犬天性对人的顺从、亲密和忠诚，理所当然地被人们所宠爱。随着宠物犬的数量不断增加，犬伤人(或其他家养小动物)的事件也不断增多，城市居民养犬的素质也迫切需要提高。一方面我国颁布了许多保护动物和规范宠主行为的法律、法规，以避免动物遭受虐待，保障社区的安宁与和谐；另一方面为了使犬真正成为家族的重要成员，更好地给人们的生活、学习、工作带来乐趣，犬的诸多行为如犬的看家护院技能、工作犬的特殊技能、小型宠物犬的陋习纠正及表演技能等需要规范与加强。对于中小型宠物犬的驯导，我国尚处在发展阶段，成立较晚，但发展相当迅速，多数是由个人创办的各类宠物培训学校从事相关工作，主要对犬主进行文明养犬新理念驯犬技能等方面的培训，同时也对犬进行相关科目的培训。

三、犬驯导的意义

犬忠诚，性情温顺，善解人意，经过严格训练后能尽忠尽职，在军用、狩猎、牧畜、观赏、娱乐以及现代化建设与生活中做出了卓越贡献。

1.狩猎

狩猎是犬的一种本能，最初人类驯养家犬的目的就是狩猎，但经过严格训练的猎犬的狩猎能力远高于其本能。猎犬能发现猎物，指示猎物所在位置，围攻猎物，驱赶隐藏在洞穴等处的猎物至开阔地带，能把猎物紧衔于口中送交于主人，而不在猎物身上留下丝毫印记。枪猎犬能根据枪声和射击目标追捕猎物，鹰猎犬能与驯鹰进行地空合作。经过长期的狩猎与训练，猎犬的这种狩猎行为与技艺可以遗传给下一代，并且越来越巩固。

2.牧畜

牧犬是人们驯化最早、用途最广的一类。犬有牧羊的本性，只要牧羊犬遇到羊群，就会主动去担任“看守”任务，一只优良的牧羊犬能看护200～400只羊。随着牧畜业集约化进程的不断推进，牧羊犬的功能也发生了很大的转变，如德国牧羊犬、比利时牧羊犬已训练作为护卫犬、警卫犬，而苏格兰牧羊犬、边境牧羊犬则被训练成伴侣犬。

3.军用、警用

在第二次世界大战期间，德国训练了20万只德国牧羊犬，保卫军营。目前，世界各国都十分重视开设军犬训练学校，加强对军犬的研究和使用。当前，德国牧羊犬是最多被训练用作军犬、警犬的犬种，已广泛地用于侦缉破案、追捕罪犯、查稽毒品、搜寻爆炸物、驱散肇事人群等领域，同时在维护社会治安、保障人民生命和财产安全等方面发挥了越来越重要的作用。

4.救援

早在1 000年前，救援犬就已被用于雪地救援。在300年前，瑞士圣伯纳收容院就饲养有救援犬，专门被用于救援在雪地里走失的人，后人称这种犬为圣伯纳犬。纽约市中央公园一座小山顶上，耸立着一只犬的塑像，是为了纪念一只名叫普尔托的救援犬。目前在雪崩及地震后使用的救援犬多是德国牧羊犬，能嗅出被埋在废墟中人的气味，并实施救援；在水灾时担负救援工作的多是纽芬兰犬，能在海面、暴风雨中进行救援工作。

5.导盲

早在1915年，法国和德国几乎同时成立了导盲犬训练中心，训练导盲犬专门帮助第一次世界大战后视力丧失的士兵。导盲犬的训练要求较高，用作导盲的犬要求视野开阔，听觉良好，头部转动灵活，机警、驯服。各国导盲犬的标志不尽相同，瑞士的导盲犬身上悬挂着显眼的红十字标记，美国的导盲犬的脖子上则套着橘黄色的项圈。目前常用作导盲犬的主要有比利时牧羊犬、拉布拉多猎犬、拳师犬、苏格兰牧羊犬等。我国上海训练的第一批导盲犬在2008年正式上岗。目前，中国导盲犬数量有2 000只左右。

6.使役

在欧洲人将马传入北美洲之前，印第安人多半是利用大型犬来拉车。在今天的北极一带，犬担任拉雪橇的工作还相当普遍。犬经过专门选育和特殊训练后，组成扇形队形或编成几组能同时拉起重约14 kg的雪橇在雪地上行进。常被训练用来拉雪橇的犬种主要有阿拉斯加雪橇犬和西伯利亚雪橇犬。

7.观赏

犬是社会性较强的动物，性格温顺，体态优雅，喜欢与人为伴。目前，犬的观赏功能已成为饲养宠物的主旋律，并把犬视为时髦和富贵的象征。饲养一只宠物犬，并在日常生活中对其进行一些常见的玩赏科目的训练，会给人们紧张的现代生活、学习、工作带来无穷乐趣。

8.表演

犬聪明机警，易于训练，在很多马戏团，都有犬的表演节目，这些犬大多经过非常严格的训练后专门用于表演。世界最为著名的犬演员是一只名叫赖婷婷的雌性德国牧羊犬，在好莱坞的14年中，共拍摄了22部为人们所喜爱的电影。

9.犬医生

“犬医生”是亚洲动物基金会1991年创办的项目，主要是让犬去敬老院、医院、福利院等地方陪伴有需要的人，为他们带去心灵上的温暖和慰藉。目前世界各国越来越重视犬在此方面的辅助治疗作用，我国已有4座城市(香港、台北、成都和广州)设有犬医生。用作犬医生的犬要求2岁以上，与人共同生活6个月以上，身体健康，与人友善，喜欢与陌生人接近，特别要允许粗鲁或过度热情的抚摸和拥抱。犬医生的训练要求高，训练时间长，训练过程中的淘汰率也较高。常可用作犬医生的犬种有金毛巡回猎犬、英格兰牧羊犬等。

10.实验

这类犬用于医学、生物学、航天科学等的科学实验。有些国家为了纪念实验动物的功绩和可贵的牺牲精神，科学家们设立了“实验动物日”，其中就包括实验犬。

11.其他

犬的功能和用途是多方面的，它除了以上用途之外，还可以用来火光报警、送物取物、捕鼠等。我们可以预见，随着社会养犬业的不断发展，犬的应用渠道将会日益拓宽。

任务2　犬的生物学特性

【情境导入】

犬的生物学特性是犬在长期的自然进化过程中形成的内在习性，只有充分了解它并在生产中学会灵活应用它，才能更好地搞好犬的饲养管理与训导工作。

问题：在犬的生理参数中，你觉得至少要熟知哪几个参数？

一、犬的整体结构

犬的整体结构可分为头部、躯干和四肢三部分，犬体两侧对称。

（一）头部

头部以内眼角和颧弓下缘为界，可分为颅部和面部两部分，不同品种的犬的头型不尽相同，有圆形、方形、长方形、楔形等，整体外观要轮廓明显。

1. 颅部

位于颅腔周围，包括枕部、顶部、额部、颞部和耳部。枕部位于颅部后方，两耳之间；顶部位于枕部的前方，左右顶部间有顶嵴；额部位于顶部的前方，两眼眶之间；颞部位于顶部两侧，耳眼之间。耳部包括耳及耳根，不同品种犬的耳型有所不同，有直立耳、半立耳、垂耳、玫瑰耳、蝙蝠耳、纽扣耳等（图 1-1）。

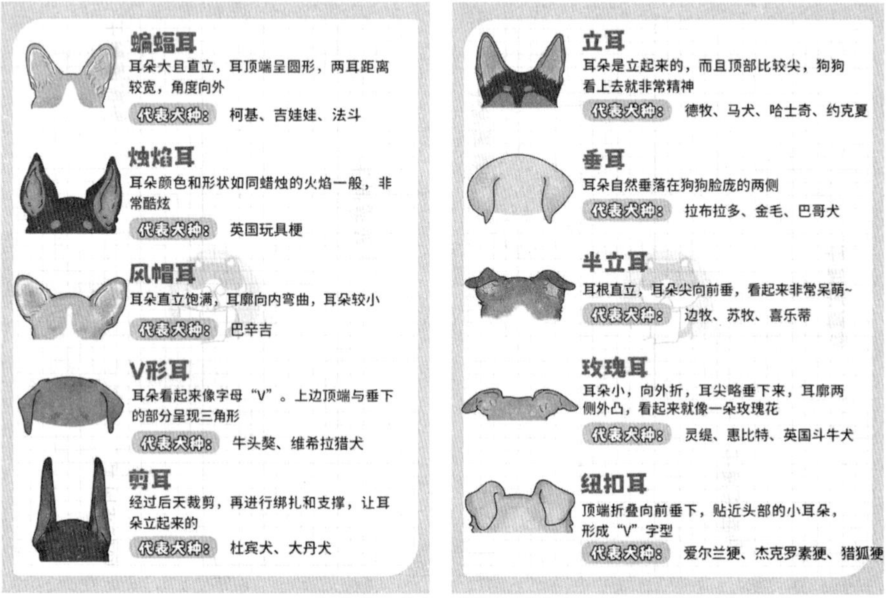

图 1-1　犬的耳朵形状示意图

（引自氧宠博士公众号）

2. 面部

位于口腔和鼻腔周围，包括眼部、眶下部、鼻部、咬肌部、颊部、唇部、颏部和下颌间隙部。眼部包括眼和眼睑，眼睛的形状可分为圆形眼、杏仁眼、三角眼和椭圆眼等（图 1-2）。眶下部位于眼眶的前下方；鼻部位于额部前方，以鼻骨为基础，鼻有长、短和超短之分；咬肌部位于颞部下方；颊部位于咬肌部前下方；唇部包括上、下唇，不同犬种的上、下唇的覆盖形式不同；颏部位于下唇腹侧；下颌间隙位于下颌骨之间。

杏仁形　常见犬种：德牧、博美、杜宾、哈士奇、喜乐蒂

椭圆形　常见犬种：边牧、伯恩山犬、柯基、雪纳瑞

圆形　常见犬种：北京犬、马尔济斯犬、蝴蝶犬、西施犬、八哥犬

三角形　常见犬种：柴犬、秋田犬、牛头㹴

图 1-2　犬的眼形示意图

（引自氧宠博士公众号）

（二）躯干

除头部和四肢以外的部分称为躯干部，犬的躯体整体呈流线形，分为颈部、胸部、背部、腰腹部、荐臀部和尾部，各部分结合平稳而自然。

颈部通常较长，与头部结合自然；胸部以胸骨为基础，多数犬胸部发达，特别是运动型犬更发达，呈圆拱形；背部位于躯干的最上方，犬的背线大多数是水平的，少数呈内凹或稍向后下方倾斜；腰腹部位于胸背部与荐臀部之间，分为腰部和腹部，少数运动型的猎犬的腹部向上收缩明显；荐臀部位于腰腹部和尾部之间的后肢上部分；尾部位于荐部之后，为犬体的最末端，因犬种不同，尾可分为卷尾、钩状尾、直立尾、螺旋尾、镰刀尾、剑状尾等（图 1-3）。

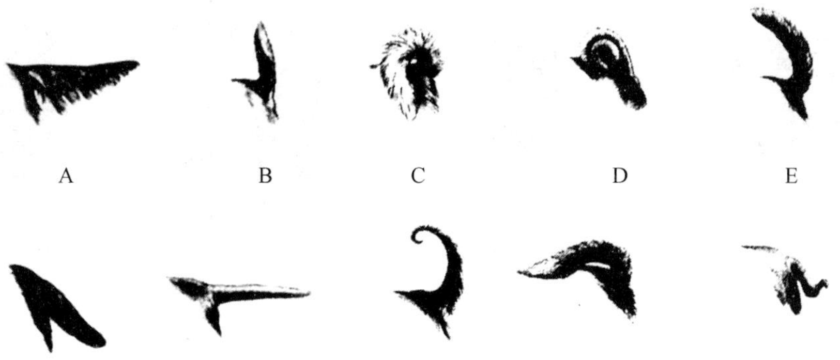

A. 羽状尾　B. 直立尾　C. 卷尾　D. 双卷尾　E. 镰刀尾　F. 獭状尾　G. 鞭状尾　H. 环状尾　I. 松鼠尾　J. 螺旋尾

图 1-3　犬的尾形示意图

（引自美国养犬俱乐部，世界名犬大全. 2003）

犬的体型主要以体高（肩高）和体长来衡量，体高指从肩部最高点（鬐甲的最高点）到地面的垂直距离，体长为肩胛的最前缘到坐骨结节后缘的水平距离（图 1-4）。

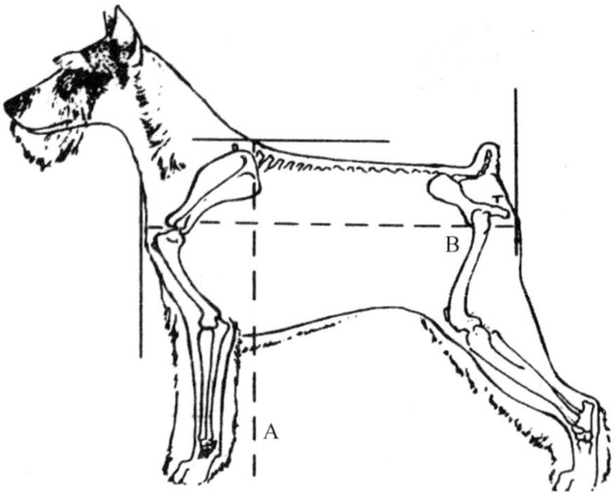

A. 体高　B. 体长

图 1-4　犬的体尺测量示意图

（引自美国养犬俱乐部，世界名犬大全. 2003）

（三）四肢

包括两前肢和两后肢。前肢由肩胛和臂部与躯干的胸背部相连，自上而下依次可分为肩胛部、臂部、前臂部、前脚部，前脚部又分为腕部、掌部、指、爪，有五趾。前肢通常与地面垂直，相互平行，两肢间距适中（图 1-5）。

A. 正常前肢　B. 前肢间距太窄　C. 罗圈腿　D. 前肢间距太宽

E. 笔直的前肢　F. 趾关节异常　G. 骹下垂

图 1-5　犬的前肢示意图

（引自美国养犬俱乐部，世界名犬犬全. 2003）

后肢由臀部与荐部相连，可分为大腿部（股部）、膝部、小腿部、后脚部，后脚部包括跗部、跟部、跖部、趾、爪，有四趾。后肢的飞节向下部分（后脚部）通常与地面垂直，两肢间距适中（图 1-6）。

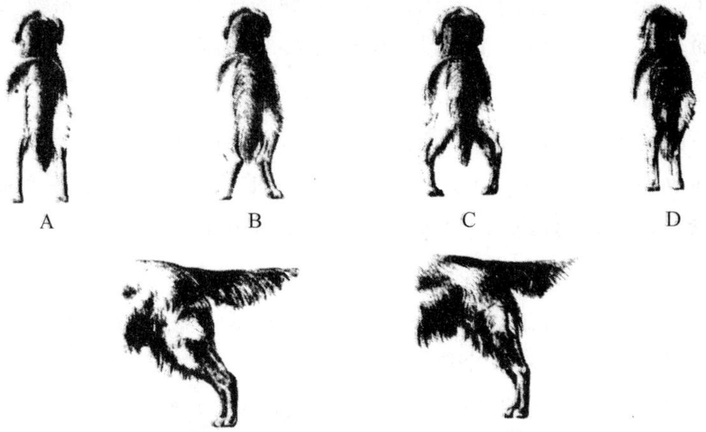

A. 正常后肢　B. 牛样趾关节　C. 后肢间距太宽　D. 后肢间距太窄　E. 正常后躯角度　F. 笔直的关节

图 1-6　犬的后肢示意图

（引自美国养犬俱乐部，世界名犬大全. 2003）

二、犬的解剖生理结构

（一）骨骼结构

犬的全身骨骼约有 300 枚，其中主轴骨为 123～126 枚，附肢骨 176 枚，阴茎骨 1 枚。这些骨骼包括头骨 46 枚，脊柱骨 50～53 枚，肋骨和胸骨 27 枚（图 1-7）。

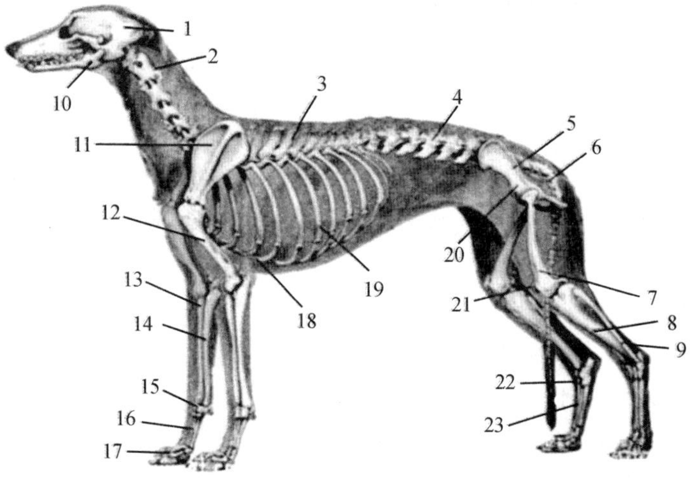

图 1-7　犬全身骨骼示意图

1. 颅骨　2. 颈椎　3. 胸椎　4. 腰椎　5. 盆骨　6. 尾椎　7. 股骨　8. 胫骨　9. 腓骨　10. 下颌骨　11. 肩胛骨　12. 肱骨　13. 桡骨　14. 尺骨　15. 腕骨　16. 掌骨　17. 指骨　18. 胸骨　19. 肋骨　20. 骨盆　21. 髌骨　22. 跗骨　23. 跖骨

犬的骨骼不但构成了身体坚固的支撑系统，对内脏器官具有保护作用，而且是犬能够疾速奔驰的基础。据报道，犬的100 m纪录是由一头荷兰灰犬在1971年创造的，时间为5.925 s，已接近了赛马5.17 s的100 m纪录。一般而言，家养的中型犬的100 m速度均可在10 s以内。犬的后肢骨骼强壮，肌肉发达，是犬进行跳跃障碍的基础。

1.头骨

头骨位于脊柱的前方，通过寰枕关节与脊柱连接，主要由扁骨和不规则骨构成。头骨分为颅骨、面骨、舌骨和听小骨4部分。由于品种的不同，犬的头骨大小和形态也有很大的差异，长头型犬头骨狭长，短头型犬头骨宽短，介于两者之间的为中间型。

2.脊柱

犬的脊柱由50～53枚椎骨组成，除荐骨由3枚荐椎愈合成1块骨骼外，其余脊椎骨均是分开的。脊柱的形状比较平直，有3个微曲度，颈椎与前部胸椎形成一个凸向腹侧的曲度，后部胸椎至腰椎形成一个凹向腹侧的曲度，荐骨与前部尾椎骨形成一个凹向腹侧的曲度。犬的尾椎数目变化较大，一般为20～23枚，少数犬由于品种特征要求进行断尾，断尾后留2～3节尾椎。

3.肋骨和胸骨

犬的肋骨有13对，位于胸腔两侧，左右对称，胸部发达的犬通常肋骨也较发达，其弯曲度较大，包裹着内脏器官。犬的胸骨由8枚胸骨节愈合而成，其腹侧面略凸，背侧面略凹，外侧面稍扁平。

4.前肢骨骼

前肢骨骼包括肩带、肱骨、前臂骨和前脚骨，肩带包括肩胛骨和锁骨，肩胛骨位于胸部前背侧的扁骨，呈长椭圆形；肱骨又称臂骨，由前上方斜向后下方，与肩胛骨的肩臼形成肩关节；前臂骨由桡骨和尺骨联合组成，与肱骨构成肘关节，做屈伸运动；前脚骨的腕骨和掌骨的近端与桡骨和尺骨的远端构成腕关节。

5.后肢骨骼

后肢骨骼是由髋骨、股骨、髌骨、小腿骨和后脚骨所组成。髋骨由髂骨、耻骨和坐骨结合而成，髂骨的耳状面与荐骨翼构成荐髂关节，髂臼与股骨头形成髋关节，左右侧髂骨在骨盆中线处以这种结构连接软骨连接形成骨盆联合；小腿骨包括胫骨和腓骨，股胫关节和股髌关节以及近端胫腓关节共同构成膝关节；后脚骨包括跗骨、趾骨和籽骨，小腿骨远端以及跗骨和趾骨的近端共同构成单轴复关节，主要有小腿跗关节和跗趾关节。

(二)肌肉结构

犬的全身肌肉发达、强壮，不但能快速奔跑，而且耐力持久，犬的耐力闻名于世，能连续奔跑几十千米。据报道，第一次世界大战期间的一只传令犬，仅用50 min就跑完了21.7 km的路程。再如，在北极附近举行的雪橇拉力赛上，十几只犬可以拉着500～600 kg的物品，在−40 ℃寒风刺骨的雪地上奔驰，且每天只要休息短短数小时即可。

肌肉能接受刺激发生收缩，为机体活动的动力器官。根据其形态、机能和位置等不同特点，可分为3种类型，即平滑肌、心肌和骨骼肌。平滑肌主要分布于内脏和血管；心肌分布于心脏；骨骼肌主要附着在骨骼上，其收缩能力强，受意识支配，故又称为随意肌，通常运动型犬的骨骼肌较发达。犬的全身肌肉见图 1-8。

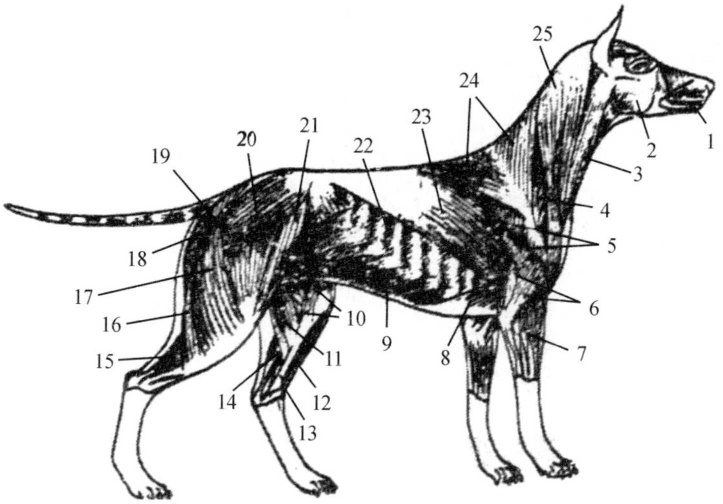

1.口轮匝肌　2.咬肌　3.胸头肌　4.肩胛横突肌　5.三角肌　6.臂三头肌　7.前臂肌群　8.胸深肌　9.腹外斜肌　10.缝匠肌　11.股薄肌　12.胫骨前肌　13.胫骨　14、15.腓肠肌　16.半腱肌　17.股二头肌　18.半膜肌　19.股阔筋膜张肌　20.臂中肌　21.缝匠肌　22.肋间肌　23.背阔肌　24.斜方肌　25.锁颈肌

图 1-8　犬的肌肉示意图

(引自王祥生,爱犬驯养与疾病防治大全.2002)

(三)消化结构

犬在动物学分类上属于食肉目,但其消化道的长度仅为身体长度的 3～5 倍,现多数情况下视为杂食性动物。犬的消化道起于口腔,经咽、食管、胃、小肠、大肠,止于肛门,唾液腺发达。

犬的口腔前壁为唇,侧壁为颊,底部为下颌骨和舌,内有牙齿。上唇短小且薄而灵活,少数犬特松弛,可覆盖下唇。上唇与鼻端间光滑湿润的无毛区为鼻镜,其颜色与犬的品种有关,通常与被毛颜色相协调,但多数为黑色。舌位于口腔底部,参与采食、吸吮、协助咀嚼、吞咽、发声、感受味觉等生理活动,同时兼有排汗功能。犬的舌大多数为粉红色,少数犬为蓝紫色,如松狮犬、中国冠毛犬。正常情况下,犬的口腔黏膜为粉红色,色质较深的犬种常有色素沉积。

犬的唾液腺极发达,能分泌大量唾液,湿润口腔和饲料,便于咀嚼和吞咽。唾液中含有溶菌酶,具有杀菌作用。胃容量大,呈不正梨形,中等体型犬的胃容量约 2.5L,且伸缩性较强,一次可容纳较多的食物,因此犬可少餐多食。犬的胃液中盐酸的含量为 0.4%～0.6%,在家畜中居首位,盐酸能使蛋白质膨胀变性,便于分解消化。犬肝脏较大,占体重的 3%左右,能分泌足够的胆汁,有助于脂肪的分解消化;胃和小肠分泌的蛋白酶和脂肪酶含量丰富,淀粉酶含量较少,胃肠中几乎没有能发酵降解粗纤维的微生物。因此,犬对含蛋白质和脂肪较多的动物性饲料能很好地消化吸收,对植物性饲料消化能力弱,对粗纤维饲料几乎不能消化。所有这些,决定了犬是以肉食为主、植物性饲料为辅的杂食性动物。

犬在采食时由于非条件反射须先分泌唾液,可充分利用这一特性,在对犬进行调教训练过程中给予奖食。

三、常见的生理参数

(一)一般生理值

体重:5～65 kg

年龄:10～20 岁

体温:幼犬 38.5～39 ℃,成犬 37.5～38.5 ℃(直肠)

心率:幼犬 80～120 次/min,成犬 68～80 次/min

呼吸频率:15～120 次/min

血压(颈动脉):收缩压 12.7～18.1 kPa,舒张压 5.8～9.7 kPa

总血量:占体重 7.7%(5.6%～8.3%)

性成熟:6～12 月龄

妊娠期:58～63 d

(二)血常规指标

血细胞比容:37.0%～55.0%

红细胞计数:(5.5～8.5)$\times 10^{12}$ 个/L

红细胞血红蛋白平均值:0.019 5～0.024 5 μg

红细胞血红蛋白平均浓度:31.0%～34.0%

血红蛋白:120～180 g/L

血小板:(2～9)$\times 10^{11}$ 个/L

白细胞:(1.0～1.7)$\times 10^{10}$ 个/L

白细胞分类计数:

杆状核嗜中性粒细胞:0～3.0$\times 10^{8}$ 个/L

分叶核嗜中性粒细胞:(3.0～1.14)$\times 10^{9}$ 个/L

嗜酸性粒细胞:(1.0～7.5)$\times 10^{8}$ 个/L

嗜碱性粒细胞:少见

淋巴细胞:(1.0～4.8)$\times 10^{9}$ 个/L

单核细胞:1.5$\times 10^{8}$～1.35$\times 10^{9}$ 个/L

(三)血液生化指标

总蛋白:60～75 g/L

血清白蛋白:23～38 g/L

血清球蛋白:20～37 g/L

白蛋白/球蛋白:0.50～1.843 g/L

丙氨酸氨基转移酶(ALT):4～66 IU/L

天门冬氨酸氨基转移酶(AST):8～38 IU/L

碱性磷酸酶(ALP):0～80 IU/L

肌酸激酶(CKNAC):8～60 IU/L

乳酸脱氢酶(LDH):100 IU/L

淀粉酶(Amy):185～700 IU/L

脂肪酶(lipase):0～258 IU/L

γ-谷氨酰转移酶(GGT):1.26.4 IU/L

葡萄糖(GLU):3.3～6.7 mmol/L

胆固醇总量:3.9～7.8 mmol/L

胆红素总量(T. Bili):2～15 μmo/L

直接胆红素(D. Bili):2～5 μmol/L

尿素氮(BUN):1.8～10.4 mmol/L

肌酐(CRE):60～110 μmol/L

甲状腺素(T4):10～40 ng/mL

钙(Ca):2.57～2.97 mmol/L

磷(P):0.81～1.87 mmol/L

(四)尿常规指标及生化成分参数

尿量:每天每千克体重 20～40 mL

比重:1.015～1.060

pH:5.0～7.0

颜色:微黄色

混浊度:清亮

(五)犬的精液正常值

射精量:5(0.5～20.4)mL

pH:6.72(6.49～7.10)

比重:1.011

正常精子:86%(34%～97%)

水分:96%～97%

任务 3　犬的感觉系统

【情境导入】

犬的感觉系统能感受外界刺激,并将外界刺激引起的兴奋传导到中枢,使大脑产生感觉作用。犬通过嗅觉、听觉、视觉、味觉、触觉和超感觉等感知外面的世界,犬通过这些感觉器官不断接受新鲜刺激,积累经验,分析世界,交流感情,做出相应的行为表现。

问题:在犬的感觉系统中,最灵敏的是哪个?

一、嗅觉

犬的嗅觉极其灵敏,其灵敏度位居各种家畜之首。在犬的鼻腔中,嗅黏膜的面积为 150 cm^2,是人类的 4 倍;犬的嗅觉细胞约有 2.2 亿个,是人类的 40 倍,而且嗅觉细胞的表面布满了粗而短的绒毛,这大大增加了接触面积,犬的嗅觉灵敏性比人高出 3 000～10 000 倍;在分辨混合气味方面,犬的能力比人强 3 000～30 000 倍。

犬的嗅觉能力，不仅表现在犬能感受各种气味的超常敏感性上，还表现在犬对各种气味感觉的超常精确性上。犬能感受200万种物质的不同浓度的气味，能嗅出400～500 m远处人的气味，能在一大堆石头中辨别出一块仅在手中握过2 s的石头，公犬能嗅出1 500 m外发情母犬的气味。犬对人的脂肪酸非常敏感。据报道，一个人的一只脚一天分泌的汗液为16 mL，只要其中的千分之一透过鞋散发出来，犬即可据此准确地沿人的足迹进行追踪，而经过专门训练的犬，可在十分相近的丙酸、醋酸、羊脂酸等混合气味中辨认出丙酸的存在。犬的这一超常的辨别能力，已远远超过了现代许多先进的科学仪器。

犬的嗅觉在其生活中具有举足轻重的地位，犬主要根据嗅觉信息识别主人，鉴定同类性别、母犬发情状态，母子识别，辨认路径、方位、猎物与食物等，如两只犬相遇，先是互嗅头部，再嗅身体，后嗅臀部。在外出时，犬会不停地嗅闻，如嗅闻领地记号、食物、粪便、新异物等等，还会不断地小便或蹲下大便，把它的粪便布撒在路途，犬识别路线就是依靠这些“嗅迹标志”。

犬的嗅觉利用度为100%。根据犬嗅觉灵敏的特点，人们常训练犬利用嗅觉优势来进行缉毒破案、千里追踪疑犯、茫茫林海狩猎野兽、瓦砾中救人或搜爆等活动，如经过训练后，搜爆犬可准确地嗅出墙壁内或箱包内的炸药气味；缉毒犬可准确地嗅出行李包中的大麻、海洛因等毒品；搜救犬可准确地找出埋在瓦砾或沙土中的人员；追踪犬可以穷追不舍地追捕犯罪嫌疑人等。由于犬可敏锐地感受到人因恐惧而导致肾上腺激素的过多分泌，近些年，利用犬嗅觉的仿生学原理研制测谎仪已获得成功。

犬不仅能够通过人使用或接触过的东西闻出这个人的气味，而且能够通过人的气味辨别出人的情绪反应。因为人高兴、哀伤、生气、害怕等情绪的激烈变化，会引起血液中肾上腺素分泌增加，身体的气味也会随之产生变化。经过汗腺的传递，种种基于感情的气味，如温柔的气味、憎恶的气味、恐惧的气味等会从身体中散发出来，而犬对这类气味格外敏感。

虽然犬嗅觉灵敏，但犬的嗅觉记忆却消失很快，通常6周内就忘了它从前嗅过的物体，只能识别与它有过亲密接触人的气味。所以，警犬在进行气味鉴别训练过程中要定期地对之进行气味的条件刺激，以使其产生较为巩固的条件反射。

二、听觉

犬的听觉系统非常发达，它不仅能分辨极为细小的声音，还能听到高频率的声音。人的听觉范围为20～20 000 Hz，而犬的听觉音频上限可达80 000～90 000 Hz，犬的听觉灵敏度是人的16倍，人在6 m内才能感觉到的轻微声音，犬可以在24 m外清楚地听到，尤其在夜晚安静时，犬可以清楚地听到半径1 km内的各种声音。更令人叹服的是，犬能够听到人类所不能察觉的自然界的超声波。这些生理特点，使犬具有了预感能力，如地震前夕，犬会表现烦躁不安，并及时逃到安全地带。

犬听到声音时，由于耳与眼的交感连锁作用，犬眼会立即注视音响发出的方向，所以犬对声源的判别能力很强，犬能够听到和分辨出来自32个不同方向的极微弱的振动声，而人只能分辨来自10个方向的声音。从生理上讲，立耳犬要比垂耳犬的听觉强一些，这是因为立耳犬的耳朵就像一个雷达天线一样，可以微微地转动搜索声音。

犬可以通过声音区分来人，辨别敌友。犬能够区别每个家庭成员的说话声音和脚步轻重，甚至能区别心跳、呼吸声音的大小和快慢等。对主人和熟悉的声音，犬能表现出安详、欢快的行为；对外人和异常的声音，会产生困惑、怀疑、警惕等心理，并伴以防御、愤怒、仇视、攻击等行为。

对于人的口令或简单的语言，犬可根据音调、音节变化建立条件反射，完成主人交给的任务。犬可以听从很轻的口令声音，主人没有必要大声喊叫。相反，过高的音响或音调高低变化过于频繁、音调高低反差强烈的声音，对犬是一种逆境刺激，使犬产生痛苦、惊恐的感觉，以致躲避。因此，对犬应多采用温和的声音，尽量减少大声的训斥。

犬的听力不会因睡眠而停止，出于安全的需要，犬习惯于卧下时将耳贴在地面上，以便更好地感受周围声音的变化。睡熟的犬耳朵会像雷达一样转动，它的耳朵永远朝向声源，一旦有情况，它就会立刻做出反应。

三、视觉

犬的视觉比人类差，与人类有许多不同之处。

首先，犬的辨色能力很差，犬是色盲已被公认。人能够对造成各种色彩的三原色（蓝、黄、红）有反应，但在犬的眼里世界就如同黑白电视里的画面一样，只有黑白亮度强弱变化的不同，而无色彩变化之分。导盲犬也只是对红灯和绿灯的色差强弱进行判别，犬并非能识别红灯和绿灯，对犬来说，红色是暗色，而绿色则是白色。但最近有研究人员发现，犬不仅能分辨不同色阶的灰色，还能够分开深浅不同的蓝、靛和紫色。犬能够看到短波长的色彩，所以在日出或日落时，也能比人看得清楚。

其次，犬的远视能力有限，对静止的物体不敏感。犬眼的调节能力只是人的 1/5～1/3。犬对远处的物体看得清楚，近处 1～1.5 m 的物体则看不清楚；犬能看到的固定目标的距离是 50 m 左右，对于 100 m 外的目标就会模糊不清；但对于移动的目标，成年犬的视力可达到 800 m 左右。

犬的弱光感觉能力比人要强得多，这是因为犬在野生状态时是昼伏夜出的肉食动物，长期的捕猎生涯使犬能在夜间看清更多的东西，还有一个更主要的原因是犬的角膜比较大，允许进入较多的光线。因此，在有微弱光线的情况下，尤其是在夜晚，犬能清楚地看清外面的东西，但在没有光线的黑暗处，犬也无法看到东西。犬对强烈的光线或强弱变化反差过大的亮光，常常表现出莫名的恐惧。

此外，犬的视野比较开阔。人类的视野为 180°，而犬的全景视野为 250°～270°，加之犬的头部转动非常灵活，完全可以做到“眼观六路、耳听八方”，可以轻易地观察到身后的一切。一般而言，犬的鼻部大小对犬的视觉有些影响，短鼻犬（如英国斗牛犬）能看到较长的距离，而长鼻犬（如德国牧羊犬）则有较宽的视野。少数凸眼型的犬种如北京犬视野更大，可达 210°～240°。所以在与犬游戏时不宜从犬的后、侧面切入，应由犬的正前方迎合，以免受到犬的误伤。

四、味觉

犬的味觉不如嗅觉灵敏，而且显得有些迟钝。研究证明，犬采食主要是依靠灵敏的嗅觉，对食物适口性的评价也依靠嗅觉。这是因为犬的祖先要不断寻找远处的猎物，无论什么猎物都非吃不可。犬吃东西时很少咀嚼，几乎是吞食，因此犬不是通过细嚼慢咽来品尝食物的味道，而是靠嗅觉和味觉的双重作用。

犬不喜欢洋葱、大蒜、辣椒、生姜等有刺激性气味的调味品，也不喜欢冒烟的物品。犬最不喜欢酒精，在宠物医院给犬注射时，未擦酒精之前，犬表现乖巧，一旦擦过酒精，犬闻到酒精气味后，被毛马上直立，哆嗦不安。因此，给犬注射时，速度要快，尽量减轻犬的不安情绪。

犬对某些食物有所偏爱，大多是因为其散发的气味刺激了犬的嗅觉。因此，给犬选择食物时，要特别注意对食物气味的调理。因犬较喜欢水果及甜食，可在犬食中添加少量的蔗糖或苹果等甜味水果，也可通过少餐多次或经常改变食谱的方法来刺激犬的食欲。至于口味，通常以清淡为宜，要有嚼劲，但也不要太硬。

犬的呕吐中枢较为发达，很少看到因食物发霉变质而导致犬食后中毒现象。当饲料变质不很严重时，犬食后会刺激胃黏膜，沿传入神经传至呕吐中枢，沿传出神经传至食道壁上丰富的效应器，食道壁横纹肌收缩，导致犬呕吐，从而减轻中毒症状。日常生活中常可见到犬采食过多或采食不洁食物后到偏僻处自行呕吐现象。

五、触觉

触觉是犬获取外界信息、求得心理满足不可忽视的感觉机能。犬的触觉是由皮下丰富的神经末梢等构成的，触觉感受器主要集中在犬躯体的终端部位，在犬的脚、尾巴、耳朵、嘴等部位触觉发达，犬的唇、颊、眉间和脚趾等处的触毛粗而长，其根部神经末梢丰富，故其触觉最为灵敏。

犬喜欢人的触摸，对犬的梳刷或拥抱在犬的心目中是最佳的爱抚表示。同样，犬也用摩擦、舔或轻咬主人来表达自己的友好之情。利用这一特性，在训练犬时，可抚摸其头部或轻拍其两肩侧，以表示对犬完成动作或任务的奖赏。但必须注意两点：顺毛抚摸能使犬舒服和兴奋，逆毛抚摸只会使犬反感；犬的肛门及尾根部是禁区，千万不可触及，否则，凶猛的成年犬会咬伤主人的手。

犬不喜欢人们触摸其臀部和尾巴，尤其是陌生人，一旦触摸犬的这些部位，犬往往十分反感，从而呈现攻击的姿势，甚至伤人。犬的鼻部也是触觉敏感区域，训练时如犬不能执行命令时，可用手指轻击其鼻部以示惩罚。

六、超感觉

有研究表明，在地震、洪水等大的灾难到来之前，犬表现异常兴奋，如不停吠叫、不肯进屋、爬高、被毛直立、不思饮食等。所有这些都表明犬在某些情况下确实表现出超常规感觉能力，称为超感觉或第六感觉。

犬有电磁感应能力，而这种感应使它们对地球上极小的颤动和震动都能感觉到，犬的这特性可用来预测到地震。据报道，美国一考查队到非洲的大沙漠考查，在迷路缺水的情况下，经一只犬的引路，终于找到水源，顺利完成考查任务。

犬的直觉观察也非常敏锐，而这种能力使得它们能揣摩主人的情绪。比如，当犬很高兴地从别处回来，但看见主人忧伤、悲痛的表情后，兴奋性立即下降，有时甚至会处于抑制状态。经常被主人牵引外出散步的犬，看到主人拿牵引带，便会兴奋、欢悦不已；但若主人将牵引带放回，犬的兴奋性便会很快下降，有时甚至会表现出一种失望感，这些均是在直观的基础上发生的一种思维活动。可以看出，人和犬之间虽然智力上有很大差别，但这种差别仅是程度上而并非性质上的差别。

任务4　犬的行为特征

【情境导入】

犬对于自身所感受到的一切刺激所做出的各种应答性动作，称为犬的行为。犬在感知外部环境时，常表现出好奇、探究、分析和认识的过程。在不断变化的环境作用下，犬的心理也是多变的，从而表现出不同的行为。只有真正掌握了犬的行为，才能与犬进行正确的沟通，进而采取合理的方法进行调教和训练。

问题：在犬的行为特征中，你认为哪几个对你驯犬最有帮助？

一、捕食行为

犬属于食肉目动物，远古时代的犬以捕食小动物为主，如追捕和杀死小动物，追逐兔、狐、猫、鸡、鸟、羊等，甚至追咬人类。人们可充分利用犬的这种特性，训练犬牧羊，驱赶羊群、牛群，看家护院，保护人类，同时用作一种训练手段来对犬的常见科目进行训练，目前小型纯种犬的捕食行为已大大减退，在家养条件下，基本靠主人来提供食物。

二、排泄行为

犬的排泄属不定时不定量排泄。母犬排尿时，两后肢下蹲，呈下蹲坐姿势；公犬则抬起一侧后腿，在选定地方撒尿，尿液呈水平射出，但未成年小公犬的尿液一般不水平射出。

犬的排尿多发生在犬采食后或睡觉醒来后的 0.5～1 h 内，此时排尿相对较多；如犬在户外玩耍时，排尿则表现为不定时，每次排出的尿液相对较少。犬常认定第一次排便的地方，应注意防止犬随地大小便，养成不良的排泄习惯。在家养条件下，应从小进行犬的定点排便训练。

犬的排泄不仅是一种排除代谢废物的方法，也是和其他犬交往的一种手段。犬的排泄物中含有特殊的性外激素，在其与外界交往的过程中发挥着重要的作用。当两只犬在相遇之时，双方互嗅对方的身体、轻轻地触碰口鼻，并在相互了解的基础上对对方的外生殖器进行程序性的检查，彼此双方就相互传递着信息，而尿、粪便、唾液、阴道分泌物以及身体中其他腺体的气味等都是这些信息传播的载体。

在所有有效的气味散发物中，尿液是最重要的一种，仅从犬频繁地排尿和嗅闻其他犬的尿迹，就可以说明这一点。犬的尿液具有如下几个方面的作用：

1.吸引异性

这一点对于母犬来说尤为重要。母犬处在发情期的时候，常会在很大的范围内进行活动，并频频地在经过的路段上小便，为它周围活动的公犬布下了一串连续的开放式的吸引物，一直引向它的住处。

2.划定区域

犬在户外玩耍时，常会在路的损弯处如墙角、树干、电线杆、草垛边撒尿作为标志，以划定自己的“势力范围”，不容许外来者侵扰。犬有大范围游走的习性，可以说是没有严格界定观念的动物。在一般情况下，犬仅对住处附近的区域进行保护，划定区域，抵御入侵者。犬用人为的界墙作为自己的区域界限，当其他的人或犬未经许可而擅自闯入时，犬会有明显的保护行为，通常的做法是用吠叫声来对擅入者发出警告，藏獒的区域界限最强烈，会对入侵的犬甚至人实施攻击。

3. 布设环境

犬在充满自身气味的环境下生活会感到很舒服。为了保持这种熟悉而舒服的气味，犬常常在各种异味源上排便，如在入侵者的粪便上。犬喜爱调整位置使小便排在引人注目的物体之上，以强化这种标记。犬在排尿后，常用力抓挠地面以做出醒目的标记，使味源更易被发现。

4. 回程标记

当犬在进行远距离的游走时，中途留下的尿液气味可能是犬在返回时判断路线正确与否的重要依据，常看到犬在沿原路返回时低头嗅迹。

三、嫉妒行为

犬听从于主人，忠诚于主人，但也有嫉妒心，无法忍受主人对除自己外的其他犬或动物表示关心和爱抚，否则会表现出不满，甚至愤怒。

对犬群来说，只能是地位高的犬被主人宠爱，如地位低的犬被主人宠爱，则其他犬特别是地位比它高的犬将会做出强烈反应，有时会群起而攻之，这是犬嫉妒心理的表现。当饲喂多条犬时，如果犬主人在感情上厚此薄彼，往往会引起受冷淡者对受宠者的嫉妒之心。其具体表现是：受冷淡者同时冷淡主人，消极对待主人的命令，伺机对受宠爱者施行攻击。平时较温顺的犬，在发觉主人喜欢其他犬或人时，或多或少都会表现出嫉妒心理，有的表现精神沮丧，不爱动，或注视主人和“新宠”；有的则表现异常攻击行为，不时发出低沉的呼噜声，表示不满，企图赶走“敌人”。有时出于对主人的畏惧，主人在时表现平静，主人离开就原形毕露，出现攻击行为。这种行为的攻击对象可以是除主人以外的任何人或动物，所以对其他宠物和小孩要有防护措施，可先让他们认识，有助于调节犬的情绪，减少嫉妒心理。

犬的嫉妒心理在训练犬拉雪橇时可充分利用，但通常情况需要纠正。纠正攻击行为应先解决犬的心理问题，不可体罚，应该让犬在注视下与人和其他犬一起玩，主人看到其表现出友善行为后，要及时奖励，对于容易情绪激动的犬，可按住其身体，抚摸头部和前胸，让它感觉对它很在意。如果同时饲养几只犬，千万不可偏疼偏爱，见到它们时，要叫它们所有犬的名字，公平地爱抚它们，否则它们会因争宠而互相威胁打斗。

同时，犬也具有虚荣心和好胜心。虚荣心促使犬非常喜欢得到人们的称赞、表扬。当犬做一件好事或完成一些技巧动作时，主人的赞美或抚拍会使犬非常满足，并表现得极为愉悦。犬也有害羞心理，如果做错事，或体貌上发生一些变化（如被毛被剪得太短等），它也会躲起来，害怕见到人，直到饥饿难忍才出来。两只猎犬在一起追捕猎物时，往往你争我夺，互不相让，有时甚至会暂时放下猎物，进行内战，以决高低，这是犬好胜心理的外在行为。在犬的具体科目调教时如能有针对性地利用其虚荣心、好胜心和害羞心理，往往会起到事半功倍的效果。

四、母性行为

犬的母性行为是指母犬向仔犬提供照料和关照，包括分娩、哺乳等行为。犬的母性行为是一种先天行为，是与性反射相联系的一种非条件反射，它使得分娩后的母犬能照管自己的后代，在养殖实践中，大多数时候可以完全放心并相信犬的母性行为能力。

犬的母性行为明显，母犬在妊娠后，性情变得极其温顺，行动小心翼翼，临产前自行咬（拔）掉乳房旁的腹毛，一方面有利于乳腺的分泌，另一方面有利于仔犬的吮乳。母犬分娩时能咬破胎膜，舔干仔犬身上的黏液。母犬产仔后的母性表现得更强，为了保护其仔犬，往往会有些神经质和过度谨慎，对陌生人甚至是对平时与母犬很接近的人都会持有戒备心理。如果此时随便去抚摸和接近仔犬，母犬会误以为要去伤害仔犬，从而会为保护仔犬而发起对人的攻击，同时为仔犬挪位，有的甚至会将仔犬吃掉。因此，母犬产仔后，陌生人与小孩不要随便围观和抓摸仔犬，以免被母犬抓伤或导致仔犬遭到伤害。随着仔犬独立生活能力的增强，犬的母性行为逐渐减弱，最终消失。

少数母犬分娩后出现的食仔癖是其畸形母爱的残留，往往是由于母犬产后缺水、人为产仔检查不当、母犬过度溺爱仔犬等原因造成的。具有食仔癖的母犬，应给予足够的耐心进行调教，否则应及时淘汰。

五、性行为

与其他动物一样，犬也有繁殖及传宗接代的本能，但母犬只有在特定时期才交配，通常是一年两次。而成年公犬在一年中任何时候都可能会交配，如果允许的话，公犬会走得很远去寻找一只正在发情期的母犬。

公犬在母犬愿意接受配种前很长时间内为母犬所吸引，常表现出对母犬的友好动作，但此时母犬往往拒绝求爱，甚至显得很凶恶。只有在发情期流血即将停止时，母犬的行为才发生改变，此时的母犬变得轻佻，爱调情。公、母犬见面后相互嗅闻对方的外阴，然后相互追逐挑逗。母犬将尾巴举向一侧，露出阴门，延长阴唇，而使前庭呈平直状态。对于不甚主动的公犬，母犬会做出公犬交配时的动作，爬到公犬脊背上抱住公犬，后躯来回推动。

公犬阴茎里有特殊的阴茎骨，交配时不需勃起便可插入阴道。当阴茎插入阴道后，尿道海绵体和阴茎海绵体迅速膨胀，阴道壁括约肌强烈收缩，阴茎头被母犬耻骨前缘卡住，形成类似的“栓”，以致阴茎无法退出，所以犬交配后常会出现“臀对臀”的锁配现象。犬交配后出现锁配时，不能用硬物如木棍、竹子等硬物强行将公、母犬分开。锁配时公犬正在射精，如强行分开，一方面会导致公犬的精液损失，性器官受伤；另一方面强行分开会导致公犬的性欲丧失，多次以后很难再激发其性欲。经 20～60 min 射精结束后，阴茎海绵体因充血减少而缩小，阴道壁括约肌舒张，阴茎会自行从阴道里退出。

六、表情行为

犬的表情变化很丰富，犬常用自己身体的动作、姿势或吠叫声来表达自己的喜、怒、哀、乐。掌握好犬的行为变化有利于与犬的互通交流，更有利于对其饲养、管理和训练调教。犬的身体特别具有表现力的部位是头部、嘴部、眼睛、耳朵、尾巴和四肢等。

（一）头部

犬有前突的鼻口，其构造使得牙齿向前延伸，加上发达的嘴部肌肉，这种构造一定程度上限制了可能产生的表情的丰富程度。尽管如此，犬的脸部构造也有足够的灵活性来产生相应的交流信号。犬面部放松，嘴微张，舌头有时可见或者微微伸出覆在下齿上，表示高兴放松，有点类似人类的笑脸；犬嘴闭合不见舌头或牙齿，朝某个方向看，稍前倾，表示注意或者兴趣，但还没有担心和生气；犬嘴仍多闭合，唇缘曲卷，暴露几颗牙齿（齿的暴露是显示武器）以示警告，这种警告便减弱；犬嘴部张开，唇缘曲卷，暴露犬齿和前臼齿，鼻子上出现皱褶，这是主动进攻的反应，这种表情成可能由挑战统治权引发，也可能由害怕引起。犬唇缘曲卷暴露，不但露出所有牙齿，还暴露前排牙齿上部的牙龈，明显可见鼻子上的皱褶，这表示主动进攻性升级至最高程度，极有可能展开攻击。

（二）嘴部

嘴部表情的一般规律是：牙齿和齿龈暴露越多，威胁信号的程度越强；嘴巴张大并呈“C”形，这种威胁是统治性的主动威胁；嘴张开，但嘴角后缘后拖，这种威胁属于害怕，是被动防御性的。犬嘴部表情常见的还有以下几种情形：打哈欠是压力和焦虑的简单信号；舔人或者犬的脸是主动屈从的姿势，表示愿意接受对方的优势地位，也用于乞求食物；舔空气是一个极端的屈从姿势，表示很害怕。

（三）眼睛

俗话说“眼睛是心灵的窗户”，犬眼神的变化，往往真实地反映了犬的心态变化，犬愤怒惊恐的时候，瞳孔张大，眼睛上吊，眼神显得凶狠可怕；犬悲伤寂寞的时候，眼睛湿润，眼神如诉如泣；犬高兴淘气的时候，眼睛晶莹，目光闪烁；犬自信或渴望得到信任的时候，目光沉着而坚定；犬犯错心虚的时候，转移视线，眼睛上翻；犬不适或消沉的时候，眼睛半张半合，眼神慵懒；犬紧盯对方时，表示挑战；犬用眼睛扫来扫去就是感到了不安，想避开争斗。

（四）耳朵

犬的耳朵不仅听力很强，而且有许多表情。如犬的精神集中时，耳朵强有力地向前扬起；犬打探四周动静时，耳朵会随着声音来回转动；犬的情绪紧张准备进攻时，耳朵会有力地向后背；犬高兴、撒娇或犯错心虚时，耳朵会柔软地贴向脑后；犬因较惬意而屈服时，耳朵会向两耳的连线处折倒（如截耳的迷你雪纳瑞犬）。

（五）尾巴

犬的尾巴是全身表情最丰富的部位，可以从犬的尾巴状态上准确地看出它的精神状态。犬尾巴高翘并随着屁股来回摆动，表示它非常高兴；犬尾巴缓慢摇动，表示它亲昵；犬尾巴充满力量向上整起，一点一点地摇动时，表示向对方挑衅，试探对方的力量；犬尾巴笔直地向上竖立时，表示自己有充分的自信；犬尾巴自然下垂而不动，表示事不关己的懒散状态；犬尾巴下垂或夹着尾巴，表示害怕；犬尾巴卷在肚子底下，表示它非常害怕，害怕对方伤害自己，而尾巴正是其要害所在。

（六）其他身体动作

与人类相仿，犬通过肢体可以准确表现出态度和企图。它们利用身体的姿势、爪子的放置、移动的方式等来传递出它们的情绪状态以及和社会群体关系的信号。犬肢体语言的一般规律是：企图表达自身更高或更大时显示统治信号，试图使自己显得更小时显露屈从或平息信号；显示统治性和威胁性时将身体、头部或眼睛朝向另外一只犬，将身体、头部或眼睛移开是平息和屈从信号。在犬群体的交流中，降低身体不见得是真正的恐惧，更大程度是避免打斗，避免不必要的群体间内耗。

犬的表情变化与人类相比略显简单、贫乏，而且有的表现非常相似，必须仔细观察才能准确地加以鉴别。例如犬高兴的时候耳朵下垂，但少数情况下愤怒时耳朵也下垂；尾巴也是如此，高兴时摆尾，愤怒时也摆动，而高兴和愤怒几乎是两种完全相反的情绪变化。此时应借助于犬的叫声、眼神及身体其他部分的状况来综合判断，只有这样才能正确地把握住犬的情绪变化。下面介绍几种常见的表情变化：

1.高兴

抬起前腿拥抱主人，或去舔主人的手和脸，眼睛微闭，目光温柔，耳朵向后伸，鼻内发出明快的哼哼声，身体柔和地扭曲。全身被毛平滑，尾巴自然地轻摆。

2.愉快

当犬的心情愉快，对人友善时，常表现为尾巴懒散地下垂或轻轻摆动尾巴，身体轻松地站立，两耳同时向后方扭动，目光温柔，身体柔和地扭曲，全身被毛平滑。

3.期待

犬摆动尾巴，身体平静地站立，耳朵竖起，有时呈现高兴或鞠躬状，伸出前爪，前腿交叉向上抬，两眼直视主人，多是期望主人与之嬉玩或做游戏。

4.亲热

当犬舔人脸，尤其是舔人嘴，或犬将前腿弯曲，肩部下落，脖子上抬或身体蹲下，将低垂的尾巴左右摇摆，耳朵向后伸时，表示与人亲热，要求玩耍。

5.服从

身体侧卧，后腿上举，露出腹部，尾巴夹入两后肢之间，耳朵向后倒，眼睛眯成细缝，视线避开对方；或姿势向下低趴，低到几乎接触地面，将头伸给对方，耳朵向后倒，眼眯成细缝，都表示犬被动服从的动作。

6.愤怒

当犬愤怒时，其尾巴陡伸或直伸，与人保持一定距离，全身被毛竖起，耳朵直立，两眼圆睁，目光锐利，耳朵向斜后方向伸直，全副牙齿裸露，身体僵硬，四肢用力踏地，并不断发出“呜——呜——”的威胁声。犬前肢下伏，身体后坐，头部保持高抬，则可能是即将发动进攻的最后信号。

7.恐惧

当犬受到惊吓而发生恐惧时，犬尾巴下垂或夹在两后肢之间，耳朵向后扭动。全身被毛直竖，两眼圆睁，脸部呈现僵硬状，浑身颤抖，呆立不动或四肢不安地移动，或者后退；少数犬全身紧缩成一团，嘴巴埋在两前肢下，呈睡眼状。

8.哀伤

当犬感到悲伤时，低头，两眼无光，不思饮食，尾巴自然下垂而不动，主动向主人靠拢，并用祈求的目光望着主人或摩擦主人的身体；有时则会蜷卧于某一角落，变得极为安静。

9.警觉

当犬处于警觉状态时，其身体常挺直地坐着，头部高举转向有声音或气味的方向，耳朵竖起，全神贯注，不放过一点动静，有时会对着声源发出吠叫声。

七、修饰行为

犬的修饰行为指犬在休息时会花许多时间整理和保养其体表的行为，与犬的虚荣心和好胜心都较强有一定的关系。当它完成一项任务或表演一个小技巧成功，主人拍手赞美它或抚摸它时，犬表现出摇头摆尾，心满意足，得意扬扬；当它做错事或未完成主人嘱咐的任务时，它会感到羞愧，表现为尾巴下垂，全身退缩而蹲下，躲在一侧整理自己的体表，如用舌头舔自己的四肢被毛等。

犬爱清洁，冬、春季喜欢晒太阳，夏季爱洗澡。犬在休息时常常会用很多时间去整理和保养其体表，以清除体表的皮屑、污垢以及其他刺激，如用舌头舔被毛、阴部或伤口，用牙啃咬皮肤，用肢爪搔痒等。对于犬的这些行为，一般不予制止，但对于长毛犬而言，在换毛季节要多替它梳刷，防止脱落的毛发被吃进胃中引起毛球病。

八、结群行为

犬的结群行为是指由于犬的结群倾向而引起的行为，在求偶、取食、游戏等因素作用下促使犬形成一定的社会性群体。

从犬的进化过程来看，由于犬类是中型动物，为了保护自己免遭不幸，它们必须靠群体合作才能捕杀比它们大得多的动物，尤其是在冬季猎物较少时，集结成群进行狩猎，形成一股连猛兽都逃避的巨大力量。很早之前，犬的祖先都是成群结队地生活。犬通过一定的声音、视觉等信号相互联系，不仅能聚集，而且可以有共同的行动。犬群中的头领（领袖），一旦得到承认，其他犬对其绝对服从，在群体中有优胜序列，主从关系明确，群内等级稳定。对于宠物犬而言，经过一段时间的相处，它会认同主人为其生活的领袖。犬的结群行为在军犬的集体科目（如搜索科目）或牧羊犬的牧畜训练过程中可较好地运用，能起到明显效果，在犬的吠叫科目中也可适当加以运用。

野生条件下，犬群中如有犬生病或受伤，其他犬则会杀死它，以免全群受到连累。家养条件下的犬生病后，会本能地避开其他犬或人类，自己躲到阴暗处去康复或死亡，这是一种“返祖”现象。犬主人需特别注意，发现犬生病后应及时请宠物医生诊治。

九、优胜序列行为

指犬群中某一成员较其他成员在群体行为中表现出更为优先的地位。这种行为是通过群内争斗建立起来的，失败的一方会随时对胜利者避让和屈服，从而维持犬群的稳定。

犬原本是群居动物，敬畏领袖，努力保护同伴。在犬群中，总是有一只犬处于首领的位置，支配和管辖着犬群。作为首领犬，通常有以下几种特定的动作：只允许自己而不允许对方检查其他犬的生殖器；不准对方向另一只犬排过尿的地方排尿；只允许对方在自己面前摇头、摆尾、顽皮、坐下或躺着，只有其离开时对方才可站立。等级优势的确立消除了犬群的敌对状态，增强了犬群的和睦、稳定、防御、战斗等能力，减少因食物、生存空间等争夺而引起的恶斗。

犬的群体位次很明显，常会在墙角、树干、电线杆、草垛边撒尿或涂擦趾间汗腺分泌的汗液作为标志，或利用后肢在地上画圈，以划定自己的“势力范围”，不容许外来者入侵干扰，如有生人（小动物）闯入它的领地，它会不停地吠叫，甚至主动攻击，以保护它的权益。人类也正在积极利用犬的这种性格，训练犬看家护院或守卫要地。

犬的领地意识除表现在自己的领地不容侵扰外，还表现出对主人及与其接触的一些物品、用品的占有方面，视主人、食具、水盆、玩具等为“势力范围”的一部分，一旦主人、食具、水盆、玩具受到侵害时，犬会做出积极防御反应。犬在睡觉前总要在其领地内巡视几圈，这也是其祖先遗传下来的行为。野犬在睡觉休息时，总是喜爱踏倒青草，将其作为席子，以表示自己的存在。

犬常按照视线的高度来判断对手的强弱。犬惧怕比它高大的动物，对跟它同高或低些的动物或人，犬反而会产生好奇，有时会对它们产生强烈的保护欲望。当陌生人靠近时，从上向下的压迫感会使犬不安，若采用低姿势，犬则会接受。因此，在接收受驯犬时应正面低位迎合，且动作幅度不能过大，以免使犬产生不安甚至抵触情绪，从而影响到正常的调教训练。

任务5　犬的生活习性

【情境导入】

犬在长期的自然进化过程中，在自然和人为选择的双重作用下，逐渐形成了适于本物种生存繁衍的生活习性。犬的生活习性是有规律可循的，是可被认知的。认识犬的生活习性，有助于做好犬的常规饲养管理工作，更重要的是合理地加以运用和引导，纠正一些不良行为，培养良好的习惯，从而达到调教良好生活习性的目的。

问题：你认为犬的哪些生活习性对驯犬有帮助？

一、共性

1.野性

虽经过几千年的驯养，犬的野性如性情凶残还有所保留，会使得这些野性在某些特殊情况下表现出来，从而出现犬咬人、伤人等事件，目前大型、超大型烈性犬伤人事件时有发生，已引起越来越多人的重视，各地政府纷纷出台相关政策，限制超大型、烈性犬的饲养。

2.排汗习惯

犬较耐寒，不甚耐热。犬体表无汗腺，只有舌头和脚垫上有少量汗腺。在炎热的季节，犬常常张嘴伸舌，粗重地喘气，这是犬依靠唾液中水分蒸发散热，借以调节体温的最简捷有效的方法。此外，在犬的四个脚爪的肉垫上也有少量汗腺，炎热天气犬可舔脚垫散热，也可通过肉垫与地面的接触完成排汗。

3.清洁习性

犬具有保持身体清洁的本能习性，如犬会经常地用舌头舔身体，还会用打滚、抖动身体的方式去掉身体的不洁之物。犬的皮脂腺分泌物有一种难闻的气味，容易粘在皮肤和毛上。因此，家庭养的犬应经常洗澡，除去犬体上的不洁物、异味等。在每一次训练结束后，应让犬游散片刻，做好犬体的保洁工作。犬喜欢水，天生会游泳，让犬在清洁的水中游泳，是一种比较好的清洁方式。犬害怕眼睛和耳朵进水，因此在洗澡时要注意保护犬的眼睛和耳朵，防止进水。洗澡时保持适当的温度，以防着凉、生病。在炎热的夏季，可驯犬下河游泳。

4.吠叫

吠叫是犬继承狼的一种行为习惯，原是联系同伴的一种手段，现多成为与人联系的一种方式。在主人不在场或置身于一个陌生的环境中，多数犬会叫个不停，其目的就是希望能引起主人关注，或来陪伴它。在训练的过程中，驯导员可充分利用犬的这一习性，培养与犬的亲和力，也可利用之进行犬的吠叫科目训练。

5.智商高

犬的智商较高，反应灵敏，神经系统发达，具有典型的发达的大脑半球，被公认为是世界上最聪明的动物之一。犬的智能表现在对于特定信息的联系，记忆速度及自我控制与解决问题的能力，主要是依靠其感觉器官的灵敏性，对于曾经和它有过亲密接触的人，犬会较长时间的记住其气味、容貌、声音等。

犬能对主人、驯导员发出的言语、动作以及表情等产生较强的理性理解力，并能在一定范围内洞察出意图，从而顺利地完成一些简单任务，如看门追捕猎物等。在犬的调教训练过程中，最大限度地挖掘犬的智商，可训练出一些较有难度且极具观赏性的动作。

二、适应性强，归向性好

犬的适应性强主要体现在以下两个方面：

(1)犬对外界环境的适应能力很强，能承受较热和寒冷的气候，尤其对寒冷的耐受能力强，但如果气候变化太剧烈，忽冷忽热，犬容易患病，尤其是一些娇小的犬品种。

(2)犬的适应性强还体现在犬的饲料的适应性上，犬属于以食肉为主的杂食性动物，所采食的动物性饲料含量在10%～60%时，犬都能很好地适应。

三、合群性强

犬是结群的动物，仔犬在出生后20天就会经常与同窝的其他仔犬游戏，30～50天后会走出自己的窝结交新伙伴，此时正是更换新主人和分群的最佳时机。成年公犬爱打架，并有合群欺弱的特点。在犬群中可产生主从关系，使得它们能比较和平地成群生活，减少或避免相互为食物、生存空间等竞争而引起的打斗。

四、忠诚性强

犬与主人相处一定时间后，会与主人建立起深厚纯真的感情，从而表现出极强的忠心和较强的依赖性。但若有人对犬不敬，常对之进行训斥或体罚，犬也会对这种人敬而远之。在犬的调教训练过程中，常出现主人在场时不听他人指挥的情形。因此在训练时，主人应回避，给助驯员足够的时间与犬建立感情，培养与犬的亲和力，以保证训练的顺利完成。

五、嗜眠性强

野生时期的犬是夜行性动物，白天睡觉，晚上活动。在被人类驯养后，其昼伏夜出的习性已基本消失，完全适应了人类的起居生活。与人类不同的是，犬每天的睡眠时间为14～15 h，但不是一次完成，而是分成若干段，每段最短为3～5 min，最长为1～2 h，比较集中的睡眠时间多在中午前后和凌晨时分。犬的睡眠时间因犬龄的差异而有所不同，通常是老年犬和幼犬的睡眠时间较长，而年轻力壮的犬睡眠时间则较短。

六、以食肉为主的杂食性

犬的祖先以捕食小动物为主，偶尔也用块茎类植物充饥。在被人类驯养后，食性发生了变化，变成以肉食为主的杂食动物。虽然单一的素食也可以维持犬的生命，但会严重地影响犬身体的营养状况。

1. 采食速度快

犬的臼齿咀嚼面不发达，但牙齿坚硬，特别是上、下颌各有一对尖锐的犬齿，同时门齿也较为尖锐，易切断、撕咬食物。当采食大块肉时，犬能很快将肉撕开，经简单咀嚼立即咽下，体现了肉食动物善于撕咬但不善于咀嚼的特点；当犬采食粥样食物时，能用舌卷起，很快吃完。因此，犬的采食速度很快，属于“狼吞虎咽”的采食方式。

2. 对动物性饲料的消化能力强

犬是以食肉为主的杂食性动物，能较好地消化动物性蛋白和脂肪，但如果用全鱼肉型的饲料饲喂犬时，常会导致“全鱼肉综合征”的发生。目前，一般在犬的日粮中添加 30%～40% 的动物性饲料，以满足犬对动物性饲料的需求。

犬喜欢啃咬骨头。但不是所有的骨头都对犬有益，对成年犬通常供应大的股骨、肱骨、肩胛骨、蹄骨、软肋骨，而鸡骨和带刺的鱼骨不可供给犬食用，以防发生意外；幼犬不宜饲喂骨头。

七、食粪性

犬具有食粪性，其原因可能有以下三点：一是古代犬作为中型食肉动物，为避免踪迹被其他动物发现和跟踪捕食；二是长期找不到食物而以粪便充饥；三是犬患有胃肠疾病或缺乏维生素所致。犬的食粪性是一种不正常的行为，应予以制止。在日常的饲养及训练过程中，发现粪便要及时清理，努力减少粪源。

八、换毛的季节性

犬季节性换毛主要指春季脱去厚实的冬毛，长出夏毛，秋季脱去夏毛，长出冬毛的过程。室内养犬一年四季都有被毛的脱落，尤其是春季和秋季，此时会有大量的被毛脱落。脱落的被毛不但影响犬的美观，而且被犬舔食后在胃肠内形成毛球，影响犬的消化。因此，在春秋两季饲养长毛犬时，应经常地给犬梳理被毛。

九、繁殖的季节性

母犬的繁殖具有明显的季节性，通常在一年中的春季和秋季发情、配种，公犬的发情无明显规律。随着犬的家畜化进程不断推进，犬生活条件的改善，犬的繁殖季节性已不很明显。少数母犬出现常年不发情，多数情况下是由于繁殖功能障碍（如年龄偏大、过度肥胖或先天因素导致）、饲料中缺乏某些对繁殖影响极大的养分，因而导致繁殖功能低下或停止。

警犬故事一　不是所有的犬都能成为警犬

【复习思考题】

一、判断题

1. 英国斗牛犬与法国斗牛犬的耳形都为蝙蝠耳。（　）
2. 北京犬的眼形为圆眼。（　）
3. 德国牧羊犬的尾形为镰刀形（又称旗状尾）。（　）
4. 体高指从鬐甲的最高点到地面的垂直距离。（　）
5. 体长为肩胛的最前缘到坐骨结节后缘的水平距离。（　）
6. 一般情况下，犬的前后肢是平行的，且肢间距适中。（　）
7. 犬的感觉系统灵敏度的高低顺序是嗅觉、听觉、味觉、视觉、触觉。（　）
8. 犬的排泄为定时定量排泄，幼犬一般不需要进行定点排便的训练。（　）
9. 犬尾巴夹在两后肢之间的情形都表示发怒。（　）
10. 在犬的训练过程中，为提高犬的兴奋性，应取缔犬的嗜眠性。（　）

二、简答题

1. 试述犬的解剖生理特征对犬的品种特性、品种间差异和生物学特性产生的影响。
2. 在犬的训练过程中，针对犬的感觉系统灵敏性的差异，应如何利用？
3. 犬有哪些行为特征？在犬的饲养管理和训练过程中应如何利用？
4. 犬有哪些生活习性？对犬的饲养和训导有何影响？

项目二

犬的选购

【项目描述】

本项目是根据宠物健康护理员、宠物驯导师等岗位需求进行编写，本项目为养犬前的准备工作及犬的选购等，内容包括养犬前要考虑犬的品种、体型、家人态度，以及如何选择一只健康的受驯犬等问题。通过本项目的训练，让学生熟悉养犬前需要做好的准备工作，熟知健康犬在外貌、形态、生理参数等方面的要求。从而为从事宠物健康护理员、宠物驯导师等工作做好准备。

【学习目标】

1. 了解养犬应遵循的原则，充分考虑各种因素；
2. 掌握养犬前应做好的准备工作，包括犬窝（包括被褥）、食具、出行用品、梳洗工具、玩具与食品等；
3. 能够通过犬的外貌、牙齿磨灭程度等判断其是否健康。

任务1　养犬前的准备工作

【情境导入】

与人类一样，犬也需要衣食住行。在养犬之前，应该考虑体型、年龄、品种等相关问题，而且必须准备好养犬的各种生活用具。养犬的基本用具和设施主要有犬窝（包括被褥）、食具、出行用品、梳洗工具、玩具与食品及其他训练用具等。

问题：1. 受驯犬的年龄选择为多大合适？

2. 你能区分何为纯种犬、杂交犬、杂种犬吗？

一、养犬前应考虑的主要问题

（一）犬的体型选择

选购大型犬还是小型犬，要根据饲养者的爱好、养犬目的和饲养的空间来确定。如有较大的饲养空间，并且准备用作看家护卫和工作犬时，即可饲养大中型犬，如德国牧羊犬、松狮犬、拉布拉多猎犬、金毛寻回猎犬等；如饲养空间较小，只能饲养小型犬，如北京犬、博美犬、吉娃娃犬等。大型犬对入侵者有较大的威慑力，但选择时要注意考虑到大型犬需要更大的饲养空间和更多的运动，而且大型犬的寿命比小型犬短一些，如大丹犬在8～9岁时就已步入老龄阶段，而小型的㹴犬则可活到18～20岁，如果没有丰富的驯犬经验，不宜饲养大型犬。

此外，养大型犬还是小型犬，还应与各地政府的具体规定相一致。目前我国很多城市都出台了相关限养大型犬、禁养烈性犬的法规、政策。江苏省南京市规定主城区一户最多只能饲养一条犬，且犬的身高不得高于60 cm，藏獒、罗威纳等大型犬被视为禁养对象。四川省各地级市都划定了很多的限养区域，在限养区域内饲养的犬身高不得高于35 cm，如北京犬、博美犬等小型品种，如沙皮犬、松狮犬、德国牧羊犬等中大型品种则被视为限养或禁养对象。少数省份、城市对大型犬的限养主要通过提高办理"宠物准养证"的费用来实现，对领取证件的犬需植入芯片（电子身份证）。

（二）幼犬、成犬的选择

一般情况下，幼犬能很快适应新环境，与主人建立良好的关系和感情，忠于主人，依恋家庭中的每一个成员，易于训练和调教，可以按主人的要求养成良好的生活习惯，而且主人可看到犬生长发育的全过程，本身也是一种享受。不足之处是幼犬独立生活能力差，体质较差，抗病能力较弱，极易感染各种疾病而死亡，需细心照料和花费较多的时间。相反，成年犬生活能力强，省心省力，特别是经过良好训练的犬，不需要主人过多的细心照顾。但成年犬适应新环境的能力较差，而且已形成的习惯一般很难改变，不容易与新主人很快建立良好关系，要赢得它的信任需花很大的力气。因此常发生这样的情况，新购买的成年犬由于思念旧主人，有时会挣脱新主人偷偷跑回原主人家中。少数不法商贩，正是利用训练有素的成年犬，以卖为名，而又设法诱使犬逃回的卑鄙手段来骗取钱财，应引起警惕。

所以，不论饲养什么品种的犬，在购买时一般不选成年犬，选2～3月龄的犬较为合适。一方面，幼犬的哺乳期通常为35～45天，2月龄的犬已经断奶并能自由采食，有一定的独立生活能力，同时得到母乳的充分养育，幼犬的发育情况较好；另一方面，这一阶段的幼犬的智力和情绪也相对较发达，学习和认知的速度也较快；此时极容易受到环境和主人的影响，是幼犬一生中最适合调教和训练的时期，如错过此时期，幼犬不易调教。

（三）长毛犬、短毛犬的选择

长毛犬好还是短毛犬好，这不能一概而论，应该说各有特色，需根据养犬者的爱好而定。通常人们认为长毛犬如梳理干净，会给人一种优雅漂亮、雍容华贵的感觉，惹人喜欢，但是需要主人每天花较多时间给它梳洗、刷毛、整理，否则被毛就会缠结成团、污秽不堪，反而适得其反。相反，许多中短毛犬则很有特色，无须花费很多时间去为它梳理，也受到许多人的青睐。因此，如果你工作较忙、空闲时间较少，不宜饲养长毛犬；如果是退休老人或无其他多余累赘家事者，则可选择长毛漂亮的玩赏犬。

许多长毛犬如约克夏犬、贵宾犬、卷毛比熊犬等需要精心的美容和护理，请专业的宠物美容师给犬美容会花费不小的开支；少数短毛犬如沙皮犬因体表皱褶过多容易藏污纳垢而导致体臭，腊肠犬则由于自身体躯过长易出现关节脱臼或截瘫等。因此，在选择长毛犬或短毛犬时，不能片面追求时尚，而应讲实际，这样才能真正获得养犬带来的欢乐。

(四)公犬、母犬的选择

公犬和母犬都有各自的优点和缺点。一般而言,犬与主人的感情、对主人的忠心、性情的好坏、聪明与否,都与犬的性别无关,主要取决于其品种,但就性格而言,公犬的性格刚毅,勇敢威武,好斗性较强,争强好胜,活泼好动而难以控制,自主独立性强,调教训练相对比母犬更费时间。为此,如不想利用公犬进行繁殖,可对公犬进行去势手术,但去势后的公犬体重增加较快,特别是到了中年后更明显,应通过控制采食量和加强运动等方式,来防止公犬的体重过大而导致体躯变形。

作为宠物,从经济角度考虑,养母犬比养公犬经济,母犬因温顺易于调教而受到更多人的喜爱。但母犬每年两次发情,发情期间从外阴部流出的分泌物较脏,需要经常清理,同时因意外配种而导致妊娠、分娩等诸多事情会增加很多麻烦。当然,为了减少母犬因繁殖而带来的诸多不便,或防止母犬因繁殖而导致犬的体型发生改变,也可以给母犬做绝育手术,但手术应在母犬发情一次后进行,过早地摘除卵巢,一方面可能因激素分泌不足而影响母犬后期的体型生长,另一方面可能会使母犬出现大小便失禁现象。

因此,养公犬还是母犬,主要还是根据养犬者的目的、性格、爱好而定。一般情况下,喜欢户外运动或养犬目的是为了看家护院者宜选择公犬,喜欢安静或养犬是为了从繁殖中受益者宜选择母犬。

(五)纯种犬、杂交犬、杂种犬的选择

养犬前应考虑纯种犬、杂交犬和杂种犬的选择。纯种犬是指由相同品种繁殖的后代,其父母的品种特征都符合该品种标准之规定;杂交犬的父母都是纯种,但不是同一品种;杂种犬的父母有一方或双方都是杂交犬或杂种犬。

纯种犬是经过很长时间的精心选种选育培育而成,其外貌特征符合该品种标准的规定,是参加各类犬展、犬赛的先决条件。因此,如果生活经济基础较好,计划参加犬的各类比赛,必须选择纯种犬;杂交犬或杂种犬往往外形不雅,毛色不纯正,容易变异,较少具有卓越的才能和突出的特性及外貌,而且杂种犬繁殖的幼犬价值不高,杂种犬和杂交犬也不能参加犬展、犬赛,但杂种犬和杂交犬具有价格低廉、抗病力强、容易饲养等优点。如果只是为了从养犬中获得快乐而养犬,通常无所谓饲养纯种犬、杂交犬与杂种犬,只要满足健康犬这要求即可。

(六)家人态度

家庭饲养宠物犬是为了给家庭带来欢乐,保证人与犬的和谐,应把犬真正当作家庭的一分子。但家庭饲养宠物犬并不是一件简单的事,除了每天要为犬调制好口粮,给犬进行常规的护理如被毛梳理、洗浴、口腔的保洁、耳道和眼睛的清洁、指甲的修剪外,还应经常带犬外出散步,如犬生病时更需要对其加倍呵护。因此,饲养一只宠物犬需要花费很多时间,必须得到家庭中所有人的认同,如家庭中有人不同意养犬,特别是得不到女主人的赞同,则大可不必养犬,否则将会带来很多家庭矛盾,这就违背了饲养宠物犬的宗旨。

在全家都同意养犬时,还应考虑不同年龄阶段的人适合饲养的犬种。适合老年人饲养的犬种应个性活泼,温驯易于调教,既可陪伴长距离散步,也能长时间在家陪伴,主要犬种有北京犬、博美犬、马耳他犬等。中年人由于家庭负担较重,无过多时间照顾犬,应选择独立生活能力强,适应性强的犬种,如德国牧羊犬、金毛巡回猎犬、约克夏犬等。适合儿童饲养的犬通常是小型犬,要求宽容心强,服从意识好,既能陪儿童玩耍,又不伤害儿童,主要犬种有英国斗牛犬、吉娃娃犬等。

二、养犬需要的设施与用具

(一)犬窝

犬窝是供犬休息和睡眠的场所，主要有柳条床、塑料床、布床等，目前较多的是用铁丝做成的犬笼。

1.柳条犬窝

用植物藤条编织成的长篮，一侧较低以方便犬的出入，底部内侧加有衬垫，四面透风，常需在其中加垫以保温。柳条犬窝易被犬啃咬，且缝隙间易藏污垢不易清洗，主要适合于小型犬(彩图 1)。

2.塑料床

用塑料制成各种大小的盆状，一侧稍低或有缺口以方便犬的出入，不易损坏，清洗方便，但底和侧壁较硬，通常需要放入柔软的被褥或布垫来增加舒适度。塑料床也主要适合于小型犬使用。

3.犬屋

以棉布和海绵为基本材质，做成圈顶或人字顶的屋形，有底，保湿性能较好，适合于冬季使用，但易脏，且不便清洗，适合于小型犬使用(彩图 2)。

犬屋的大小要适宜，以便冬季的保温。通常犬屋的入口檐高不低于犬只体高的 3/4，长度和宽度不低于体长的 25%，高度应大于从头到脚高度(自然站立时)的 50%。

4.犬笼

用铁丝做成的一定规格、呈立方状的笼舍，多数对铁丝进行浸塑或喷漆处理，以保证犬笼不易因生锈而腐蚀。笼顶或笼的一侧面设有供犬只的进出或取放犬只的通道，笼底离地面有 5～10 cm 的高度，笼底铁丝下方有塑料材质做成的承粪板。使用时，可在犬笼的一侧壁上挂自动饮水器，对犬体和犬笼都比较卫生，目前被广泛使用，适用于各种类型的犬(彩图 3)。

在某些情况下，犬笼是唯一的选择。如参加藏獒展示会时，装放藏獒只能用浸塑的犬笼，笼体规格通常为 120 cm×80 cm×90 cm。

(二)食具

食具(彩图 4)是犬的重要生活用品，一般要满足以下几个重要条件。首先应选择底盘较低、重量较大的食具，这样犬不易打翻食具。其次，食具的材料应该耐用、无毒性、不易潮湿腐烂。犬的食具有塑料、陶瓷或不锈钢质制成的，塑料盆质轻易打翻，价格相对较便宜；陶瓷盆美观卫生且易清洗，但容易破碎；不锈钢质盆经久耐用，底座加重后可防止打碎，但价格较高。通常食盆可用作水盆，也可同时准备两只食盆，一只用作食盆，一只用作水盆，目前市场上有两联用的食盆出售。带有乳头式水嘴的水壶是犬的饮水用具，挂在犬笼的外侧，可防止饮水被犬污染，能保持犬笼的清洁卫生(彩图 5)。

犬的食具的形状和口径大小应依据犬的品种和特征来选择。大型立耳、嘴筒较长的犬如德国牧羊犬要选择口径较宽大、深浅适度的食具,能保证犬的正常采食;嘴筒较短、耳朵较小的犬如巴哥犬、北京犬等则要选择口径较大,底部较浅的食具,一方面能保证犬吃到犬食,另一方面清洗食具也较方便;嘴筒较粗、耳朵较长的犬如腊肠犬、巴色特犬等,应选择口径较小、底部较深的食具,这样保证犬在采食时耳朵不至于垂到食具中而污染耳朵。此外,在给体型较大的犬如大白熊犬、圣伯纳犬等给食时,可将食具垫高一些,一方面方便犬的采食,更重要的是犬在长期抬头采食的过程中会养成抬头挺胸的良好习惯。

(三)出行用品

犬的出行用品主要有项圈、犬链(牵引带)、嘴套、外套、身份牌、旅行包或航空箱等(彩图6、彩图7)。项圈和犬链或伸缩式牵引带便于犬外出时对犬只的控制,材质有金属、尼龙和皮革等。为了防止犬外出时在公共场所吠叫、咬人或胡乱捡食,有必要给犬戴一个大小合适的专用嘴套,嘴套的材质有塑料或皮革。身份牌上有犬主人的家庭住址和联系电话,系在项圈上,以便犬走失后的找寻,部分省市开始采用电子身份证(皮下植入芯片)。在冬季外出时,可给犬配件外套,一方面可起到一定的御寒作用,另一方面也可使犬只更加靓丽。目前,有些犬的主人为了防止自己的犬只外出时被其他犬乱配、误配,会给犬穿件防止交配的外套。

带犬长途外出、参赛或参展,特别是乘坐飞机时,还需配有旅行包或航空箱等。宠物用旅行包或航空箱多采用高温度优质材料制成,无气味、无毒、不易软化,对宠物无任何伤害,能给宠物提供充足的活动空间,宠物在内可以转身、站立,长时间飞行或旅途也不会有压迫感。

(四)梳洗工具

适当的日常梳洗能保持犬的清洁卫生,也能减少犬只的美容或洗浴费用。犬的梳洗工具主要有梳理用具和沐浴用具两部分(彩图8、彩图9)。

1.梳理用具

梳理用具有硬毛刷、软毛刷、猎犬手套、金属梳、钢丝刷、剪刀和指甲钳等。硬毛刷、猎犬手套、金属梳分别适用于短毛犬、中长毛犬和长毛犬,可根据犬的被毛长短来选择;钢丝刷对所有毛型的犬都适用;剪刀有直剪和弯剪两种,用于犬体多余饰毛或较长被毛的修剪;指甲钳适用于犬趾甲的修剪,有时还需配有锉刀,以磨平修剪后的切口。

2.沐浴用具

沐浴用具(品)主要有浴盆、犬专用香波、吸水毛巾、吹风机等。犬的洗浴液是犬专用的浴液,不能与人用浴液混用,因为犬用浴液略呈酸性,而人用浴液呈中性。犬用浴液要求对犬的皮肤和眼睛无刺激、泡沫适量、清洗效果好、带有淡淡清香味。主要有各种毛色专用浴液、除虱浴液、除臭浴液、赛级犬的专用浴液等类型。目前市场上犬用浴液的品牌较多,价格相差也较大,在选择时应权衡考虑犬的毛色、年龄、生长情况等。

(五)玩具与食品

幼犬常爱啃咬物品以减轻牙齿生长时的不适感,为防止犬在长牙期对家具、衣物的啃咬,可提供给犬各种玩具。犬的玩具应不易破损、经久耐用、大小适中,并能较好地防止被犬误食。玩具的形状多种多样,通常与犬喜爱玩耍的物品形状相似,有骨头形、球形、条形、饼形、鞋形、帽形等(彩图10)。大多数是用动物的碎肉、碎骨压制而成,一方面犬在玩耍过程中慢慢吃掉,补充了钙质,另一方面犬在啃咬过程中锻炼了牙齿。对成年犬而言,飞碟更合适,不但可以在训练中锻炼犬的身体,更可进一步增进犬与人之间的感情。

目前,市场上的犬粮已形成规格化、系列化,品种繁多,因营养较全面、饲喂方便,已越来越多地被养犬爱好者接受。国内品牌的犬粮主要有比瑞吉、宝路、统一等,国外品牌有皇家、冠能、ANF(爱恩福)等,各种品牌的犬粮价格相差较大,在选择时应对犬粮的颗粒大小、硬度、营养等方面权衡考虑。

(六)训练用具

犬训练的各种皮带、颈带、挽具、驱逐喷剂、口哨及专业科目训练中所需的各种训练器材和特殊用具,具体参见项目三中任务2的相关内容。

任务2　宠物犬的选购

【情境导入】

宠物犬的品种繁多,外形也各不相同,对每个饲养者来说,各自有不同的鉴赏标准。正确选择一只自己喜爱并适合自己的性格、生活方式和饮食习惯的宠物犬并不是一件容易的事,必须在对各品种的性格、体型大小及自己的饲养目的等方面进行权衡考虑后,才能做出准确的判断。

问题:1.如果你准备购犬,会选择什么途径?

2.你选择犬的标准是什么?

一、购犬途径的选择

目前就国内而言,购买宠物犬主要有犬繁殖场、宠物市场、朋友家、流浪犬收容所和网上购买几个途径,各有利弊,可权衡考虑。

1.犬繁殖场

在犬繁殖场购买的犬,一方面能保证犬的纯度,另一方面也能保证犬的健康,因为犬繁殖场有较为严格的兽医卫生防疫制度,离场前的宠物犬已注射过疫苗。此外,正规的犬繁殖场都有较好的信誉,一旦出了意外,也可以找场方协商解决,但犬的价格相对较高。对于比较名贵的犬,最好从正规的繁殖场购买。目前我国较好的宠物繁殖场还较少,主要集中在北京、上海、广东、四川、浙江等经济发达的城市或地区。

2.宠物市场或宠物医院

这是目前宠物犬最主要的选购途径。在现有条件下,宠物市场的卫生、防疫、消毒和疾病控制措施离科学的要求还相差甚远。从宠物市场购买的犬,较难保证已注射过疫苗,也较难保证犬的健康,一旦出了问题,无法有足够的证据要求销售者负责,在传染病的高发季节常出现新购犬在一周内生病现象,多数人称之为“星期犬”。此外,宠物市场上买的犬也无法得知该犬的父母代是否优良，只能靠外观来判断幼犬的品质优劣。犬的价格相对便宜，这是宠物市场购犬的最大优势。

越来越多的宠物医院、宠物美容会馆等宠物相关的店面都进行宠物的买卖。宠物医院在进行宠物的买卖时有一定的优势，一些宠物医院的新老客户因对宠物医生的信任而更愿意从宠物医院购买宠物。但应注意购犬时将犬放在犬笼中携带，不宜让犬在宠物医院的地面上走动，以防感染细菌或病毒，减少一些不必要的麻烦。

3. 个人繁殖者

到朋友家买犬，可知道幼犬父母代的情况，知道幼犬是否注射过疫苗，能保证所买犬只的健康，不会上当受骗，即使出现问题，也可以及时得到解决。此外，犬的价格也容易商量。因此，如果是熟人，到朋友家购犬是一个较好的购犬途径。

目前很多家庭饲养主在自家进行犬的繁殖，并对外销售。在做好对母犬和幼犬正常护理和防疫的情况下，能保证幼犬极高的成活率，购买这种幼犬已成为越来越多人新购犬的首选途径。

4. 流浪犬收容所

目前，流浪犬的处置已引起各地政府部门的高度重视，各地也相继成立了流浪犬的救护中心、救助站或收容所，但大多是民间组织或个人创办，极少有政府行为。我国台湾地区关于流浪犬的保护体制最为健全，已相继成立了30多家流浪犬收容所。办理流浪犬领养必须经过严格的评估，确认领养者是否能够胜任领养，评估时会重点考查领养者的经济能力、饲养空间、领养目的及其家人的态度。领养程序一般为：犬主向受政府委托的宠物医院提出领养申请，并提供本人身份证、家庭成员、经济情况说明、宠物犬登记证，经过严格的评估后办理相关手续即可。

5. 网上购买

网上购犬的最大特点是品种繁多，可供选择的余地较大，缺点是有时网上图片有时不能反映犬的真实品质，常常与实物不吻合，上当受骗的可能性较大。

关于宠物犬的网站较多，如世界宠物网（htp：//www9pet. com），淘宝网（http：//www. taobacxcum）、亲亲宝贝宠物网（http：//www. sweetpe. com）、中国宠物网（http：//www. china-pet. com）、库奇网（http：//www. kucy. com）等，大多是犬的主人在网上进行宠物犬的转卖。更有很多专业的宠物繁殖场（犬舍）在网上进行犬的索购，有意向饲养宠物者可直接在Google或百度网页上进行具体品种的搜索、求购。

二、购犬时应索取的相关文件

目前国内购买宠物犬时一般不附带相关文件，但如从国外进口或从国内少数纯种繁育场购买纯种犬时，应索取以下几个文件：

1. 血统证明书

正规的宠物繁殖场大多具有犬的血统证书。血统证书相当于是犬的户口本，它是该犬及其祖先三代的健康状况、训练成绩等的记录。血统证书上一般应有犬种名、犬名、犬舍号、出生时间、性别、毛色、繁殖者、同胎犬名、比赛和训练成绩、登记编号、登记者、登记日期等内容(国外有冠军登录制度,血统证明书上通常还有冠军登录数量和名犬数量)。目前国内尚无此方面的健全机构,真正建立犬血统证书档案的犬舍还很少,但直接从国外进口的名贵犬只多数应具有血统证书。

2.预防接种和驱虫证明书(卡)

无论犬舍或犬场是否对即将卖出的幼犬进行过疫苗预防接种和驱虫,购犬者均应索取此证明材料。如未进行过疫苗预防接种或驱虫,购回后应尽快在适当时间内到当地兽医部门进行预防接种和驱虫,并索取预防接种和驱虫证明书(卡)。如已进行过疫苗预防接种或驱虫,在索回预防接种和驱虫证明书(卡)后,应被告知何时需要再次进行防疫接种和驱虫,每次接种和驱虫后都应在预防接种和驱虫证明书(卡)上做好登记。

3.食谱

在购买犬时,最好索取一份犬原先的食谱,以便在购得后逐渐改变食物,让犬适应新的饲料配方,防止因突然改变食谱而引起犬消化不良,我国绝大多数宠物市场的商贩一般只是口头告知购犬者,尚未形成正规的书面材料,国外引进的犬通常都配有原始的食谱。

4.饲养手册

不同品种类型犬的常规饲养管理措施基本相似,少数犬的饲养管理可能有特殊要求。饲养手册中应包含犬的常规饲养管理措施以及一些特殊要求,甚至犬的美容护理、调教训练、疾病防治等方面的技术要求也应列于其中,以便主人能做到有的放矢。目前在犬只的买卖时,多数情况下没有饲养手册提供,购犬者可进行相关资料的查询。

5.纯种犬转让证明

为了防止出现犬所有权归属的矛盾纠纷,在购买纯种犬特别是较名贵犬时,一定要向犬的原主人索取纯种犬转让证明。国外在名贵犬只的转让时都附带相应的转让证明,我国养犬者急需进一步提高此方面的法律意识。

三、犬的年龄鉴定

目前多数人在购犬时选择幼犬,少数人更倾向于成年犬,因此必须对犬的年龄进行准确的判断。犬的年龄主要根据牙齿的更替、生长情况、磨损程度、外形颜色以及体态、皮肤、肌肉松地度、被毛、颜面和指甲颜色等进行综合判定。

(一)体态外貌

一般说来,犬出生后3个月左右开始换毛,至6~8月龄时接近成犬。成犬被毛光滑,富有光泽;6~7岁时,嘴、唇四周开始出现白发般的老年毛,被毛粗糙;10岁以上的犬的面部、下颌、背部开始出现白毛,被毛变得暗淡无光泽。

青年犬两眼光亮有神,行动灵活敏捷,充满活力,皮肤紧而有弹性;老龄犬眼睛无光,行动迟缓,灵活性差,听力和视力下降,皮肤变干,口、耳、皮肤常发出难闻的气味。

此外，幼犬的指甲色浅，未有磨损，有时可见到血管或神经；青年犬指甲较坚硬，磨损适度；老龄犬的指甲磨损现象较为严重，有时可通过指甲的磨损面看到空而干瘪的血管。通过体态不能准确地判断犬的年龄，只能大致判断出幼年犬、成年犬和老龄犬。

（二）牙齿生长和磨损情况

准确地判断犬的年龄，应根据牙齿生长和磨损情况进行。

成年犬（恒齿）齿式为 2 ×[上颌(3 门齿)(1 犬齿)(4 前臼齿)(2 后臼齿)/上颌(3 门齿)(1 犬齿)(4 前臼齿)(3 后臼齿)]共计 42 枚；幼犬（乳齿）齿式为 2×[上颌(3 门齿)(I 犬齿)(3 前臼齿)/上颌(3 门齿)(1 犬齿)(3 前臼齿)]，共计 28 枚。犬牙齿全部是短齿冠形，上颌的第一与第二门齿齿冠为三尖峰形（中央齿为大尖峰，两侧齿为小尖峰），下颌门齿各有大小两个尖峰，犬齿呈尖端锋利且弯曲的圆锥形，前臼齿为三峰形，后臼齿为多峰形。

根据犬的牙齿生长和磨损情况来判断年龄的参数指标如下：20 天左右，开始长牙；4～6 周龄，乳门牙长齐；2 月龄，乳齿全部长齐，白而细亮；3～4 月龄，更换第一切齿；8 月龄后，全部乳牙脱落，换恒齿；1 岁时，恒齿长齐，齿尖突未磨损；1.5 岁时下颌第一切齿大尖峰磨损至与小尖峰平齐；3.5 岁时上颌第一切齿尖峰磨灭；5 岁时上颌第三门齿尖峰稍磨损，下颌第一、二门齿磨灭面为矩形；6 岁时下颌第三门齿尖峰磨灭，犬齿钝圆；7 岁时下颌第一切齿磨损至齿根部，磨灭面呈椭圆形；8 岁时下颌第一切齿磨灭面向前方倾斜；10 岁时下颌第二切齿、上颌第一切齿的磨灭面呈椭圆形；16 岁时切齿脱落；20 岁时犬齿脱落。

四、纯种犬与杂种犬的鉴别

一般来说，目前血统非常纯正的纯种犬较少，大多数犬都或多或少地有了血统的混杂，我国少数繁殖场、警犬研究所有纯种犬出售。购买纯种犬时要索取相应的血统证明书、预防接种证明书、纯种犬转让证明等。纯种犬通常毛色较纯正，发育匀称，姿势端正，活泼敏捷，气度良好，步态端正，所有的指标都符合本品种特征要求（可参照美国 AKC 品种标准）。杂种犬毛色不纯。常在品种特征之外的部位出现异色毛，异色斑块等，斑块较多的毛色是黄褐色、黑色、白色等，或由几种不同颜色的斑块相混杂，斑块的交界面通常非常清晰。

五、宠物犬应具备的特点

（一）体型外貌要求

目前家庭饲养的宠物犬大多不需要很大的活动空间，能长期生活在室内陪伴主人，主人外出时带上也不麻烦，所以多数人要求宠物犬体型要小（体重小于 10 kg，身高小于 40 cm），一般为小型犬或超小型犬。而且此类犬通常有过人的体态容貌、优雅的姿态和华美的被毛，个性活泼且温文尔雅，处处散发着玩赏犬的巨大魅力，给人们的生活和工作增添了无穷的情趣。但随着人们欣赏水平的不断提高，很多大中型犬也被越来越多的人看作宠物犬。

（二）气质性格要求

宠物犬一般要求性情温顺、友善、机灵、活泼可爱。幼犬应愿意接近人，喜欢和人在一起玩耍，活泼机灵，反应迅速。如在一窝幼犬附近站住或蹲下时，若有一只或几只幼犬主动而有信心地走来时，其眼睛明亮，目光有神，摇头摆尾，以示友善；当用手将其提起仔细审查时，它并不惊恐挣扎，也不乱吠乱咬，而是依据动作的大小有一定的反应，这类幼犬便是理想性情的犬。当接近一只犬时，它如惊弓之鸟，畏缩、躲藏、乱咬乱叫，这可能是一只性情孤单的犬。如对一只犬无论怎样轻柔地抚摸，它依旧想法逃走或吠叫不止，这可能是一只劣等犬。此外，对一些外向型、暴力倾向明显、时常乱咬其他幼犬的犬一般也不宜作为宠物犬来饲养。

（三）神经活动类型要求

根据犬大脑皮层兴奋和抑制过程的强度、均衡性及灵活性等特点，犬的神经活动类型可分为兴奋型、活泼型、安静型和孱弱型四类。

1. 兴奋型

又称胆汁质型、强而不均衡型。这种犬的特点是兴奋过程相对比抑制过程强，因而两者不均衡。其行为特征是急躁、暴烈、不易受约束，带有明显的攻击情绪，总是不断地处于活动状态，形成阳性条件反射比较容易，形成阴性条件反射则比较困难。

2. 活泼型

又称多血质型、强而均衡活泼型。这种犬的兴奋和抑制过程都很强，而且均衡，同时灵活性也很好。这种犬的行为特征是行动很活泼，对一切刺激反应很快，动作迅速敏捷，即便对周围发生的微小变化也能迅速做出反应。在条件反射活动方面，不论是阳性条件反射还是阴性条件反射都容易形成。

3. 安静型

又称黏液质型、强而均衡安静型。这种犬的特点是兴奋和抑制过程都很强，而且均衡，具有较强的忍受性，但灵活性不好，兴奋和抑制过程相互转化较困难且缓慢，其行为特征与活泼型完全相反，表现极为安静、细致、温驯、有节制，对周围的变化反应冷淡。在条件反射活动方面，不论是阳性条件反射还是阴性条件反射的形成都比较慢，但形成后都很巩固。

4. 孱弱型

又称忧郁质型或抑制型。这种犬的特点是兴奋和抑制过程都很弱，因而大脑皮层细胞工作能力的限度很低，很容易产生超限抑制。其行为特征表现为胆怯而不好动，易疲劳，常畏缩不前和带有防御性。

除上述四种典型神经活动类型外，还有很多混合型神经活动的犬。

不同用途的犬。要求的神经活动类型不尽相同，军用、警用或护卫用犬通常以兴奋型和活泼型为宜；就宠物犬而言，一般以活泼型、安静型为好。犬的神经活动类型可以在自然条件下或训练过程中通过观察和研究犬对不同刺激的反应状态来初步加以判定。

判定犬兴奋过程强弱的方法通常有两种。一是采用较强的声音来刺激，当犬在吃食时，突然用急响器（如闹钟、摇铃等）由远而近在食盆旁发声，此时可见有的犬无反应而继续吃食，此类犬的神经类型为安静型；如犬听到声响就停止吃食，但不离开食盆，片刻后继续吃食，此类犬的神经类型为活泼型；有的犬听到声响就离开食盆，并表现出攻击行为，然后又走近食盆照常吃食，此类犬的神经类型为兴奋型；有的犬听到声响就不再吃食，走到远离食盆的地方静卧，此类犬的神经类型为抑制型。另一种方法是观察犬对威胁口令刺激的反应。兴奋过程强的犬不会被大声所抑制，兴奋过程弱的犬常表现极度抑制，甚至停止活动。

犬的神经活动类型往往与其灵活性有很大关系，灵活性好的犬在训练过程中能迅速从一种神经状态转变为相反的神经状态。当训练员发出“非”的口令后，立即发出“来”的口令，这种犬能很快地从抑制状态中解脱出来，并迅速靠近驯犬员；灵活性差的犬在一个较长时间内呈抑制状态，并不能立即按照另一口令做出相应的动作。另外，灵活性好的犬很容易适应新环境，灵活性差的犬则很难适应。

(四)健康状况要求

宠物犬要求健康，这是对宠物犬最基本的要求。犬健康状况的检查应着重注意以下几方面：

1.精神状态

健康犬活泼好动，反应敏捷，体力充沛，情绪稳定，喜欢亲近人，愿意与人玩耍，而且机灵，警觉性高。胆小畏缩而怕人，精神不振，低头呆立，对外界刺激反应迟钝，甚至不予理睬，或对周围事物过于敏感，表现惊恐不安，对人充满敌意，喜欢攻击人，不断狂吠或盲目活动、狂奔乱跑，不可作为训练用犬。

2.眼睛

从犬的眼睛即可分辨犬的健康状况。健康犬眼睛形状应与该品种标准一致，眼结膜呈粉红色，眼睫毛干净、整洁，眼睛明亮不流泪，无任何分泌物，两眼大小、颜色一致，犬目澄清，黑白分明，无外伤或疤痕。病犬常见眼结膜充血，甚至呈蓝紫色，眼角附有眼屎，眼睫毛凌乱粗糙、不整洁，两眼无光，流泪，患贫血病的犬则可视黏膜苍白。

3.犬鼻

健康犬鼻端湿润、发凉，富有光泽感，无浆液性或脓性分泌物。如犬鼻端干燥，甚至干裂，多皱纹，有浆液性或脓性分泌物，则表明犬可能患有热性传染病。极少数情况下，有些犬将鼻着地休息时鼻端也会干燥，可结合其他方面来判定犬的健康状况。

4.口腔及牙齿

健康犬口腔清洁湿润，黏膜呈鲜明的桃红色，舌呈鲜红色或具有某些品种的特征性颜色(如我国的沙皮犬、松狮犬、冠毛犬的舌都为蓝色或蓝紫色)，无舌苔，无口臭，无流涎。

犬牙有钳式咬合、剪式咬合、上颌突出式咬合、下颌突出式咬合等四种形式(图 2-1)。钳式咬合指上门齿齿尖接触下门齿齿尖；剪式咬合指上门齿与下门齿对齐，下门齿的齿表面微触上门齿的齿背，是绝大多数犬牙齿的咬合方式；上颌突出式咬合指上门齿超出下门齿；下颌突出式咬合指下门齿超出上门齿。牙齿咬合形式不正确是一种先天性缺陷，往往是品种退化的表现，健康犬的牙齿咬合形式必须符合本品种特征要求，且无缺齿现象(蝴蝶犬、吉娃娃犬等常有缺齿现象除外)。此外，健康犬的牙齿呈乳白或略带黄色，如犬齿黄色明显，表明犬患病或已老年化。

A. 钳式咬合　B. 剪式咬合　C. 上颌突出式咬合　D. 下颌突出式咬合

图 2-1　犬的牙齿咬合示意图

(引自美国养犬俱乐部,世界名犬大全. 2003)

5. 耳朵

健康犬的耳温适中,无异味,外耳道清洁,无过多的分泌物。病犬的耳温较凉或较热,外耳道污秽不堪,异味较浓,有较多的褐色或黄绿色分泌物,且分泌物较黏稠,病犬常表现为摇头、抖身等多余动作。

6. 皮肤及被毛

健康犬皮肤柔软而有弹性,皮温不凉不热,手感温和,被毛蓬松有光泽。病犬皮肤干燥,弹性差,被毛粗硬杂乱,手感体侧时可触摸到肋骨,如有体表寄生虫病,还可见皮肤上有皮屑、斑秃、结痂和溃烂等,病犬有痒感,常抓搔。

7. 四肢

健康犬的肢型与趾型应符合本品种特征要求。除少数犬(如英国斗牛犬、巴吉渡犬、北京犬等)的四肢形状特殊外,出现前肢呈内足型、斗牛犬型,后肢呈 X 型、O 型、狭膝型、外开型,甚至有跛行现象的,大多是因为四肢有疾病的缘故。

犬趾有猫型和兔型两种,必须符合本品种特征要求。外展脚(叉趾)犬趾不美观,趾间易夹带异物,易滋生病菌;平脚(低跖)犬趾多是因犬爪尖发育不良所致,难以支撑犬体重量(图 2-2)。

A. 猫型趾(医形)　B. 兔型趾(椭圆形)　C. 平脚(低跖)　D. 外展脚(叉趾)

图 2-2　脚趾型示意图

(引自美国养犬俱乐部,世界名犬大全. 2003)

8. 肛门

健康犬肛门应紧缩,周围清洁无异物。如肛门松弛,周围污秽不洁,甚至有炎症和溃疡,则表明犬患有下痢等消化道方面的疾病。

9.尾巴

犬的尾巴形状因品种的不同而所差异，犬尾除了增加美观外，还可以显现犬的表情、精神状况。健康犬的尾巴除应符合本品种特征要求外，还要经常使劲地摇摆尾巴，显得很有生气与活力；不健康的犬则经常懒散地下垂或轻轻摆动尾巴，显得有气无力。

10.体温

成年犬正常体温为37.5～38.5 ℃，幼犬正常体温为38.5～39 ℃，通常晚上高，早晨低。直肠温度稍高于股间温度，日差0.2～0.5 ℃。如犬体温度达38.5～39 ℃为低热，达39.5～40.5 ℃为中热，达40.5 ℃以上为高热。

六、宠物犬的抓抱与运输

1.犬的抓抱

抓抱玩赏犬动作一定要轻，不要用力太猛，以防犬感到不舒服而挣扎或引起犬惊慌而反抗。抓小型犬时，一般用一只手抓住犬的头颈部上方皮肤，另一只手则托住犬的后躯，这样既可避免犬咬人，也可防止犬摇摆不定；也可一只手从犬胸的下面绕过犬的胸部，用手臂托住犬胸，另一只手从犬的腰荐上方绕过犬的腰部，用手稳住犬腰。对于大型犬，在保证安全的同时，可以采取抱起四肢或直接将两手臂分别从犬的前胸部和后腹部呈抱姿将犬托起。如要将犬引出犬舍，则可事先将准备好的脖圈或牵引带给犬套好，用食物逗引走出即可。

2.犬的运输

从外地购犬、外出旅行、参赛或参展，犬的携带和运输是首先要遇到的问题。运输前要做好充分的准备工作，途中同样需进行精心的护理，主要注意以下几方面：

(1)在运输前应对犬只进行一次全面的健康检查，并到当地兽医防疫部门进行检疫，确认免疫注射的时效，办理检疫手续和健康证明并随身携带，只有健康的犬只方可通过车、船、飞机等进行运输。

(2)运输前，先让犬大小便后适当饮水，途中不可饲喂食物，只需适当添加水即可。到达目的地后，不应马上给犬饮食，可先让犬饮些温水，稍休息，排出粪便，再给予少量食物。

(3)犬在刚上车、船时，可能十分恐惧，应在其身边轻轻抚摸，并备有犬常见的一些镇静药、晕车药、止吐药、止泻药等。

(4)运输中应注意车船内的温度和湿度，防止犬中暑或着凉。

(5)汽车运输时，应将犬放在车的后部，并用旅行包或航空箱装犬，防止犬乱动而引起司机分神，同时应保证车厢内通风良好，最好能做到及时给车厢补充一些新鲜空气(可通过适当开启窗户来完成)。

(6)在炎热的夏季，不能长时间置留犬在密闭的车厢中，以防犬在短时间内中暑死亡。如不得已，则应选择可遮阴的地方停车，并微开窗户。

故事二　如何从幼犬中挑选合格的受训犬

【复习思考题】

一、判断题

1. 成年犬因不易患病，饲养更方便，常作为家庭饲养宠物犬时的首选。 （ ）
2. 父本为北京犬，母本为博美犬，其后代为杂种犬。 （ ）
3. 陶瓷食盆具有底盘低、易清洗等方面的优势，更适合用作宠物犬的饮食用具。 （ ）
4. 饲养德国牧羊犬时应选择口径较大、底部较浅的食具。 （ ）
5. 宠物犬用洗浴液，可以人用洗浴液代替。 （ ）
6. 犬的玩具应不易破损、经久耐用、大小适中，并能防止被犬误食，常做成犬喜爱玩要的物品形状。 （ ）
7. 在训练大型犬的初期，应选择伸缩式的牵引带或训练绳。 （ ）
8. 领养流浪犬时通常不对领养者的领养目的进行审查。 （ ）
9. 中小型宠物犬的神经活动类型以活泼型和安静型最好。 （ ）

二、简答题

1. 在购买训练用犬时应如何选择犬窝(笼)?
2. 目前主要的购犬途径有哪些？各有何利弊?
3. 在专业犬舍购买纯种犬时应索取哪些相关文件?
4. 如何根据犬的牙齿生长和磨损情况来判断犬的年龄?
5. 如何判断犬神经活动的兴奋性强弱?
6. 如何判断幼犬的健康状况?
7. 犬运输过程中应注意哪些事项?

项目三

犬训练的基本原理和方法

【项目描述】

本项目是根据宠物健康护理员、宠物驯导师等岗位需求进行编写，本项目为条件反射与非条件反射、受驯犬选择标准和方法、刺激信号和驯导人员、犬训练基本原则和方法及训练的注意事项等，包括反射及反射弧、选择标准、选择方法、训练物资、刺激信号、影响训练的因素等知识点。为从事宠物健康护理员、宠物驯导师等工作做好准备。

【学习目标】

1.熟悉并理解条件反射与非条件反射的概念；
2.掌握受驯犬选择标准和方法；
3.掌握犬训练基本原则；
4.掌握训练方法及训练的注意事项。

任务1　条件反射与非条件反射

【情境导入】

犬是一种适应能力很强的动物，具有较发达的神经系统。和人类一样，犬大脑神经系统的基本活动过程是反射活动，犬的训练是以条件反射原理为基础。条件反射是建立在非条件反射的基础上，经过反复调教刺激后天获得的，是高级神经活动的基本方式，也是脑的高级功能之一。

问题：1.犬的条件反射是如何建立的？
2.犬的训练方法都有哪些？

一、非条件反射

犬的非条件反射就是人们所称的"本能"，是先天遗传的恒定且巩固的神经联系，是建立条件反射的基础，如仔犬生下来就会吃奶、呼吸、排泄、自卫等。大多是局部受到刺激后通过固有的神经通路发生简单而又固定的活动，有一些则属于复杂的有层次序列性的连锁行为，如性本能和猎取反射。这些本能不仅受到外界的随机刺激而产生活动，而且当机体内潜在的活动达到一定生理状态时，也可被相应的刺激所引发而表现特定的行为方式。

与犬的生存有密切关系，并且在犬的训练中可充分利用的非条件反射主要有以下几种：

1.食物反射

犬借以获取食物，以维持生存所需。可以通过饲养管理，保证犬的正常生存和发育，建立和加强犬对驯导员的依恋性。同时，在训练中，也可以利用犬的食欲，以食物刺激为诱饵，引诱犬做出某些动作，并通过食物奖励来加强和巩固犬的正确动作，加速能力的培养。

2.自由反射

犬爱与主人玩耍，喜欢到户外运动，借以挣脱对自身活动的限制，获得自由。为了防止犬在训练过程中产生紧张和厌恶情绪，影响训练效果，常用“游散”作为一项重要的奖励手段，同时也是缓和犬紧张的神经系统活动状态或消除超限抑制的有效措施。自由反射还有助于发展犬的活动、耐力和技巧，对发泄训练后的过剩能量也有一定的好处。

3.猎取反射

犬寻觅或捕获某些猎物为食，这是野生犬生存采食的主要手段。这一特性在犬家畜化后在某种程度上，已逐渐退化，在训练中已转化为获物性质的反射。在训练中，可通过耐心而巧妙的诱导，充分调和培养犬对获取所求物的高度兴奋和强烈占有欲，这是培养追踪、鉴别、搜索能力的重要基础。

4.探求反射

犬为了保持与生存环境动力平衡，必须及时觉察外界环境和事物的变化，探明与自身的利害关系，以便采取相应的行动。犬的探求反射与犬的学习行为关系密切，在训练中可采取新异好奇的刺激手段和方法，引起犬对特定事物的探究与警戒反应，培养犬细致嗅认并保持高度警惕性的能力，这是培养犬警戒能力和诱导犬嗅认气味的基础。这一非条件反射活动，能使犬锐敏地觉察外界环境微小变化，以便犬能不断地适应外界环境。

5.防御反射

犬为了维护自身安全表现出对陌生人的警惕，并对之采取扑咬或躲避的方式，这是犬对自身生存的自卫表现。表现为扑咬的是主动防御，表现为躲避的是被动防御，在训练过程中，可根据训练科目能力培养的要求，采取相应的机械刺激手段，迫使犬产生适度的被动防御反射而做出相应的动作；也可通过较强的机械刺激，制止犬的某些不良行为，如助驯员采取足以激发犬产生仇视性的方法，有利于培养犬凶猛、机警的素质，从而产生攻击、扑咬等主动防御能力。犬的防御反射是培养犬扑咬、守候、看守等能力的生理基础。

6.姿势反射

犬的活动必须保证躯体维持正常的姿态平衡。在训练中，可利用犬固有的自然动作姿态及机体平衡运动反应，通过正确的诱导和适当的强制，使犬完成某些基础科目的动作，并逐步形成规范化要求的各种动作。

7.性反射

犬借以繁衍后代、延续种族的能力，是犬繁殖育种的重要基础。因受到性外激素的影响，在训练时，犬与犬之间可能会相互干扰，而且妊娠后期的犬也不宜受训，性反射活动常常对犬的训练和使用有不同程度的不利影响。因此,在训练过程中应谨慎对待犬的性反射活动。

二、反射及反射弧

犬具有发达的神经系统和高级神经活动的机能,犬之所以能用各种相应的行为应答外界刺激,是由于犬具有各种敏锐的感受器如听觉、视觉、嗅觉、皮肤的感受器等,来分别感受相应的声、光、化学、温度、机械的刺激,并把这些外界刺激的能量转变为神经兴奋过程。兴奋就沿着传入神经纤维到达神经系统的中枢部分,再通过神经中枢的联系作用后,一方面把兴奋传递到大脑皮层相应部分,另一方面新的兴奋就沿着传出神经纤维,到达相应的效应器官,从而产生各种应答反应。这种对刺激作用由感受器感受,又沿着传入神经纤维传递,并借助于神经中枢的联系所引起的应答反应为反射。反射就是在中枢神经系统参与下,机体对内外环境刺激所做出的规律性反应。

犬是一种适应能力很强的动物,这与它具有发达的神经系统有关。反射过程是犬大脑神经系统的基本活动过程,是实现犬行为的生理基础。

反射活动的结构基础是反射弧,反射弧是由感受器、传入神经、神经中枢、传出神经、效应器5个部分组成(图3-1)。

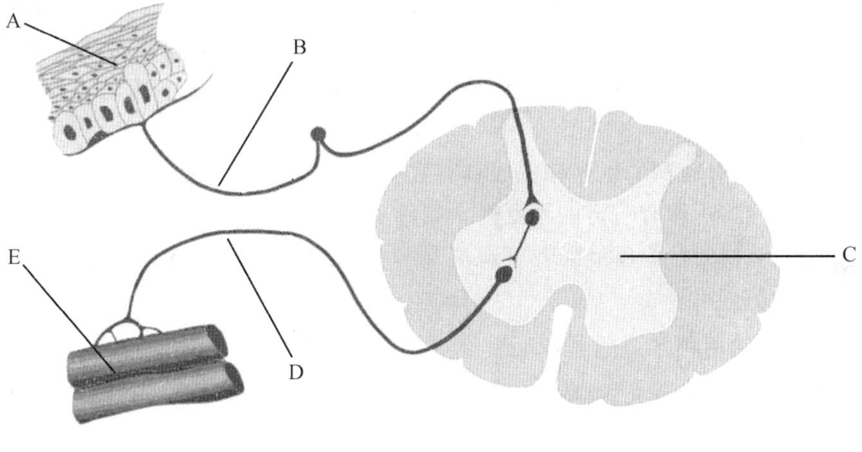

A. 感受器　B. 传入神经　C. 神经中枢　D. 传出神经　E. 效应器

图3-1　反射弧

三、条件反射

条件反射不是先天就有的,而是在非条件反射的基础上后天培养获得的。在不断变化的外部环境中,犬只具有非条件反射是很难保证正常的生理活动的,必须在非条件反射的基础上借助高级神经中枢建立起更多、适应性更强的条件反射。条件反射是在一定的条件下发生和存在的,是暂时的和极不稳定的,很容易退化。因此,对犬已形成的条件反射,必须定期地反复训练,不断强化,动作才能得到巩固。

(一)条件反射的机理

条件反射是犬在后天的个体生活过程中,对周围环境的多个刺激,在大脑皮层内所形成的暂时性的神经联系。条件反射在建立之前,仅存在着结构上的联系,功能上并没有接通,没有神经冲动在这种联系上形成规律性的通过。只有当不同的多种刺激重复而固定地作用于犬，并在大脑皮层的不同部位共同引起相应的兴奋活动时，才会使相关的神经元之间在功能上建立起暂时的神经联系，即形成条件反射。这种暂时性的联系是由于大脑皮层中引起的较强的兴奋部位（由非条件刺激作用引起）能吸引较弱的兴奋部位（由条件刺激作用引起）向其联系，于是两部分之间才发生神经联系。

条件反射的形成，就使原先的无关刺激获得了一定的信号意义，从而变成了具有指使犬体发生某一活动作用的条件刺激，因此，只单独使用这一条件刺激，也可以引起和使用非条件刺激效果相同的活动。此后，条件刺激作用一旦发生，就能同时导致相关部位产生兴奋，因而条件反射也就形成。因此，条件反射形成的标志是大脑皮层多个兴奋点的接通。

例如，为使犬对于“坐”的口令这一声音刺激形成条件反射，就需要在发出这一声音刺激的同时或稍后伴以能引起犬表现坐的非条件反射的刺激（按压犬的腰角），迫使犬做出坐下的动作。最初“坐”的声音刺激通过犬的听感受器感受，并将这一刺激所引起的兴奋沿传入神经传向相应的中枢传递，在大脑皮层的某一区域内产生一个兴奋点，这时犬就表现出聆听声音的动作。接着用手按压犬的腰角，通过皮肤触觉压力感受器的感受，把这一刺激所引起的兴奋沿另一条传入神经传向相应的中枢，同时在大脑皮层的另一区域内产生了另外一个兴奋点，犬为了维持姿势平衡马上坐下。如果把两种刺激结合起来使用，就会同时在犬的大脑皮层不同区域内产生两个兴奋点，重复使用若干次后，这两个兴奋点就从生理机能发生联系接通起来。当两者接通后，只要使用“坐”的声音刺激，不用再施以按压犬就能做出坐下的动作，表明条件反射已经形成。

条件反射的形成对动物的生存和发展具有重要的现实意义，条件反射的信号作用使动物对环境的反应预做准备，即有一定的预见性。条件反射在一定的条件下形成，也能在一定的条件下消退。这样，动物的行为就能随着客观情况的变化而变化，正确而适时地适应经常变化的环境。

（二）条件反射的两种形成过程

兴奋性的条件反射可分为古典式条件反射和操作式条件反射。

1. 古典式条件反射

俄国生理学家巴甫洛夫在他的生理研究实验中以犬为对象，采用一种原来与犬无关的刺激（如灯光）和另一种对犬有生物学意义的非条件刺激（如食物）结合作用，引起犬出现食物反射。经过多次重复结合试验后，只单独使用灯光刺激而不结合使用食物刺激，同样能引起犬的食物反射，说明灯光对犬已具有食物信号的作用。犬的这种行为的产生是在一定条件下通过学习获得的经验，它的反应程序是刺激在前，行为在后，行为是刺激的结果，而犬对刺激的反应是既定的。它的联系表现为：刺激—动作—强化—条件信号活动，这种条件反射称为古典式条件反射。

2. 操作式条件反射

又称“试错法”学习。这种方式表现为动物常以自发的试探性活动与偶然获得正确或错误的行为效果相联系进行学习。例如，犬笼中的犬由于偶然触及挂在笼外的自动饮水器乳头而获得了水，以后便学会通过吮吸饮水器乳头而获得饮水。这样操作杠杆之类的条件性行为反应就成了借以获得奖励强化的工具，因此称之为操作式条件反射。

这种试探行为的结果可能是获得成功受到奖励的经历，也可能是遭受失败挫折得到惩罚的教训，因此，“机会训练法”或“行为整形”就是这种学习方式的体现。根据具体训练科目的要求，利用能诱使犬做出相应动作的机会，当犬的适宜行为出现，就应立即给予奖励强化。如训练“吠叫”科目时，应创造能使犬吠叫的条件和机会，每当犬发出吠叫时，即使吠叫声音不大，也要及时给予奖励。反复多次练习，随着学习的不断深入，强化作用能使动作日趋熟练，直至犬能完全按指令吠叫，当然，在训练过程中，对犬的某些不规范动作应通过耐心的引导和整形加以矫正，对某些与训练不相宜的习性行为应予以制止。

这种学习方式较为实用，有助于调动犬主动学习的积极性。它的反应程序是行为在前，效果在后，行为的后果又能成为下一行为的原因。它的联系表现为：自发动作—强化冲动—条件性主动活动。

（三）条件反射建立的条件

建立条件反射需要一定的条件，否则暂时性的神经联系不能形成。其基本条件主要有以下 5 个方面：

1. 必须将条件刺激与非条件刺激结合使用

条件反射是条件刺激与非条件刺激相结合的结果，是大脑皮层多个兴奋点的接通，没有非条件反射，条件反射是不能形成的，只有将两者结合使用，才能使无关刺激受到非条件刺激的直接强化即直接支持，而获得与非条件刺激作用相同的信号意义。如训练犬“坐”的科目，犬主先发出“坐”的口令（无关刺激），紧接着用手按压犬的腰角（非条件刺激），迫使犬坐下。当犬坐下后，即给予奖励和抚摸，经多次这样的结合训练，如果当犬听到“坐”的口令而不需要按压腰角，就能立即坐下时，说明大脑皮层两个兴奋点已接通，即条件反射形成了。

2. 条件刺激的作用应稍早于非条件刺激的作用

从两种刺激的作用时间来看，条件刺激的作用应稍早于非条件刺激的作用。在训练过程中使用的口令和手势引起犬的听觉和视觉反应，紧接着给予非条件刺激，引起犬相应的非条件反射，从而做出相应的效应动作，这样建立条件反射就快，并且也巩固，否则，条件反射就很难形成，即使形成也是很缓慢、不巩固，因为非条件刺激的作用要比条件刺激的作用强得多，先使用它会在大脑皮层内引起相当强的兴奋点，与此同时，在它周围就诱导出相当强的抑制过程，从而阻碍了无关刺激所引起的兴奋，也就是说，难以出现两个或多个兴奋点接通的条件，因而条件反射难以形成。这就要求在驯犬时，给犬的口令、手势等条件刺激必须先于扯拉牵引带、按压犬身体的某个部位等非条件刺激，只有这样，才能使犬很快学会所教的动作。

3. 必须正确掌握刺激的强度

过强或过弱的刺激显然都不会产生好的作用，当然，还应考虑到犬的神经类型和它对刺激的敏感程度，往往同一强度的刺激作用于不同的犬时，其效果是不一样的。一般来说，只有当条件刺激的生理强度弱于非条件刺激的强度时，才能建立起条件反射。因此，在驯犬的过程中要因犬而异，分别对待，以实际训练效果来衡量刺激的强度。

4. 必须使犬的大脑皮层处于清醒和不受其他刺激所干扰的状态

建立良好的条件反射，必须使犬的大脑皮层处于清醒和不受其他刺激所干扰的状态。因为犬处于抑制过程时，无关刺激发挥不了作用，条件反射的形成就会很慢，甚至不可能形成。

同样，由于外界各种声响、气味等与建立条件反射不相干的刺激，或犬体内的其他刺激如大小便、疾病引起的疼痛等，会在大脑皮层内引起高度的兴奋，这种兴奋会阻止条件反射的建立。所以在训练初期应选择环境清静、外界干扰很小的地方进行。

5. 与建立条件反射相关联的非条件反射中枢必须处于相当的兴奋状态

非条件反射是建立条件反射的基础，如果与建立条件反射相应的非条件反射中枢缺乏足够的兴奋，条件反射的形成是十分困难的。例如，犬在吃饱后参加训练，此时犬的食物中枢的兴奋性就很低，如再用食物作为非条件反射刺激来强化条件刺激，其作用就不大，甚至没有效果。因此，与建立条件反射相关联的非条件反射中枢必须处于相当的兴奋状态，才能促使条件反射的建立。

任务2　受驯犬选择标准和方法

【情境导入】

要训练出一只高质量的犬，必须对受驯犬进行严格的选择，这是驯犬的先决条件。一般情况下，受驯犬应从优良品种或具有显著杂交优势的犬群中择优录用。

问题：1. 如果你来选择受驯犬，你将重点考虑哪些方面？

2. 犬的神经类型有哪些？

一、选择标准

受驯犬的选择标准较多，相比较而言，更应注重从以下6个方面进行选择：

1. 体形外貌

外观各部分发育匀称，被毛光泽，牙齿洁白、匀称、锋利，肌肉发达、雄壮强健，姿态端正，行动敏捷，机警兴奋，运动灵活，反应正常，除应符合各品种基本外貌要求，生长发育也要符合各品种标准，步态、步幅正常。

2. 年龄

训练年龄并没有严格规定，但一般以3～15月龄为最佳的训练时间。3～8月龄可进行犬的基本生活规律训练和专项科目的基础训练，如衔取物品、主动防御反射等；8～10月龄可进行专项训练；10～15月龄可进行高难度的专项训练，随着犬年龄的增大，训练的效果与质量要加强。

3. 性别

作为受驯犬，公犬与母犬均可。一般而言，公犬比母犬更强壮凶猛好斗，作为护卫犬或狩猎犬更合适，适宜接受专业化的训练，但它们接受庭院训练困难一些，易分散注意力和损害物品。母犬比公犬易接受训练，具有良好的家庭行为，表现温顺，对儿童更具有亲和力，但母犬每6个月发情一次，此期间不宜训练。

4. 犬神经类型

最易训练的是活泼型和兴奋型的犬，特点是接受训练科目较快，反应灵活、聪明。安静型的也可以作受驯犬，虽然较容易产生抑制，但形成科目后，条件反射较牢固。孱弱型犬不能作受驯犬,对所训内容的接受能力差。

5.感觉器官的功能

选择受驯犬应听力、视力良好以上,嗅觉灵敏,嗅认方式较好。在选择确定作为受驯犬时,需要对其感觉器官的功能做简单的测试,以免以后造成不必要的浪费,影响整个训练的过程和计划。

6.主要反应

选择受驯犬应以猎取反应、主动防御反应和食物反应占优势且胆大、服从性好的犬。探求反应或被动防御反应强的犬,以及猎取反应退化或抑制型的犬不适合作为受驯犬参加训练。

二、受驯犬的选择方法

受驯犬的选择除了依据上述几个标准外,犬的神经类型、生理机能和主要反应则是必须细致而严格考查的指标。具体的考查方法如下:

(一)生理机能的考查

1.听觉考查

将犬牵至离驯导员 50 m 处,对犬发出口令,如犬对在 50 m 处发出的普通音调口令不能反应时就证明犬的听觉有缺点。也可以在考查犬的主要反应时,根据犬对助驯员所发出的声响刺激的反应情况来判定,或在以后的训练中通过坐、卧、前来等科目的远距离指挥测定。在考查时,应考虑犬的训练程度和外界的影响。

2.嗅觉考查

对于嗅觉灵敏度的测定,可以采取让被蒙目的犬寻找分散在地面上小肉块的方法,如犬能很快地发现肉块,即可认为其嗅觉比较灵敏。在测定时,犬应处于饥饿状态,并呈自由活动。至于犬的嗅分析机能的精细程度,则要通过鉴别训练,根据犬对气味的辨别能力进行测定。在考查时,应考虑到犬的训练程度和考查时外抑制的影响。

3.视觉考查

通过观察犬对眼前晃动的物品的反应来判断。视觉良好的犬,眼睛应随物品晃动而不断地移动,也可在 50 m 远处以手势代替口令指挥进行测定。在考查时,物品的气味不能过于浓烈,以防犬通过嗅觉进行判断,从而影响到对视觉的考查。

(二)神经类型的考查

目前尚无系统而成熟的方法进行犬神经活动类型的判定方法,通常可在犬日常的饲养管理和训练过程中依据犬对不同刺激的反应来加以初步判断其神经活动特点。

1.判定犬兴奋过程强弱的方法

(1)威胁口令刺激法:通过观察犬对威胁口令的反应来判断犬的兴奋性强弱。兴奋过程强的犬,不被威胁的口令所抑制;兴奋过程弱的犬,表现出极度的抑制,甚至活动停止。

(2)音响刺激法:采用急响器或其他物品发出声响,观察犬对声响刺激的反应。对声响不害怕的犬,其兴奋过程强或较强;害怕声响而产生抑制的犬,其兴奋过程弱(抑制)或较弱(超限抑制)。

(3)步表测定法：用 2 m 长的牵引带将犬拴在某一固定的物体上，系步表于其脖上，驯导员在距犬 5～10 m 处以犬喜爱的食物或玩具逗引犬 2 min 后，取表读数。通常读数超过 100 次的犬被视为兴奋过程较强的犬，小于 60 次的视为兴奋过程较弱的犬。

2.判定犬抑制过程强弱的方法

主要通过训练考查犬的忍受能力的判断。抑制过程强的犬在抑制科目中能迅速形成条件反射；抑制过程弱的犬则形成较慢，且抑制过程易被解除。

3.判定犬神经过程灵活性的方法

主要通过犬对环境的适应能力、转换速度、产生超限抑制的难易来判断。灵活性好的犬能较快地适应新环境，对于主人的更换也能较快地适应，容易消退某些不良联系，训练时不易产生超限抑制。而灵活性差的犬正好相反。

(三)主要反应的考查

1.主要反应考查方式

犬的主要反应就是指犬的行为特点，通过对犬主要反应的考查以确定哪一种反应占优势，其方法是：

第一步：助驯员按照驯导员指示，在犬的主人未牵犬到达考查地点之前，先隐蔽于距离拴犬地点约 50 m 以外，考查员则在距离拴犬地点 20～30 m 的处隐蔽，但必须选择能够清楚地观察到犬的行动并能给犬的主人及助驯员发出信号的地方。

第二步：犬的主人带犬到考查地点后，用 1.5～2 m 长的牢固的牵引带，把犬拴在固定物体上，然后避开犬的视线走向助驯员隐蔽处对面距犬约 50 m 处隐蔽。

第三步：当犬已习惯于新的环境，并在主人离开后表现安静时，助驯员根据考查员的信号在原地轻敲木板，稍停片刻再发出较大的信号，如鼓声、扬音器声等。

第四步：当犬安静下来以后，助驯员根据考查员的信号走出接近犬，用温和的音调唤犬名并给肉块吃，然后转回原地隐蔽片刻，再拿树条以佯打的方式逗引犬，然后再返回原地，随之再拿肉块以正常的态度走到犬的跟前，唤犬名并给肉吃，然后再回原处。

第五步：当犬安静后，犬主人根据考查员的信号，以普通音调呼犬名。待引起犬的注意后，将剩食物的食盆送到犬的跟前，然后返回原地。当犬刚开始吃食时，助驯员拿树条出来挑引犬，并佯装将犬赶走，随后助驯员转回原地。

第六步：主人迅速接近犬，以温和的态度抚拍犬，并将食盆端起来喂犬。此时，助驯员出来攻击犬，犬主人应给犬助威，使犬袭击助驯员，助驯员挑引后立即返回原地。

考查员在上述各个程序中，除负责指挥外，还要仔细观察犬对各种刺激的反应，并及时准确地按考查表内容做好记录。

2.主要反应的评定

(1)探求反应占优势的犬在考查时的表现：兴奋地不断嗅地面和环顾四周；对主人的离去反应很弱，仍注意环境；听到音响就立即注意，当助驯员接近时，向前仔细嗅但无所表示，仍继续环顾四周，嗅地面，不吃给予的食物；在助驯员挑逗时，只对助驯员或环境表示探求，而不表现主动防御反应，即使主人在场，也不表现主动防御反应。

(2)主动防御反应占优势的犬在考查时的表现：拴系后表现很强的自由反射，注意生人的走向，并竭力争着到主人身边；助驯员出现时，立即向他吠叫或站立不动，严密注视助驯员的举动，当助驯员走近时，特别是挑逗时，就表现出竭力扑咬，不接受所给予的食物；在吃食时，对助驯员的挑逗，立即表现更强的主动防御反应。

（3）被动防御反应占优势的犬在考查时的表现：主人走开后，夹尾蜷伏，或者力图挣脱绳索外逃；对助驯员敲击的声响，表现明显的胆怯状态；助驯员挑引时，表现挣脱或畏惧发呆，紧贴地面，撒尿，哀叫；助驯员靠近时就向后退，颤抖，不接受食物，即便主人在场，被动防御反应略减，但不能完全消失。

（4）食物反应占优势的犬在考查时的表现：助驯员接近时就摇尾靠近，并贪婪地接受食物。对助驯员挑引，没有明显的反应，并且非常贪婪地吃食物。当主人在场时，也不表现防御反应。

上述4种主要反应的评定，仅是典型的表现，而考查的实践证明绝大多数的犬往往表现有混合的反应。例如，有的犬对助驯员的挑引起初表现主动防御反应，但助驯员靠近时，却又表现被动防御反应；有的犬接受助驯员给予的食物，又对助驯员的挑引表现扑咬等；因此，在评定犬的主要反应时，更应全面加以分析，因为幼犬的发育尚未成熟，机体的各个机能尚不完善，其主要反应往往易受外界条件的影响而发生变化，或表现不典型。只有经过细致而严格考查后确认无缺陷的犬才能作为受驯犬。

三、训练的物资条件

必要的物资条件是犬训练的重要保证，对于训练物品及器材的设置，应从实际出发，力求经济实用。训练犬必备的常用工具、器材主要有：

（一）基本用具

1. 脖圈

有皮制和金属制两种，在管理和训练中便于牵引犬。皮制脖圈通常长60 cm，宽3.5 cm，端连接扣环，以便围成环状及随意调整松紧，在铁扣旁套一铁环，用以扣接牵引带。装有刺钉的脖圈，属于特殊训练所需，主要用于制服高大凶猛、不易驯服的犬，不宜经常使用。

2. 牵引带

用皮革或尼龙编织带、铁链等制成，带长约1.5 m，带宽2～2.5 cm，带前端装有特制金属牵引钩，后端缝合成约15 cm大小的环形套手，在管理和训练时方便用于牵引和掌握犬的行动。

3. 训练绳

用牢固的棉麻线或尼龙丝带制成绳，粗约1 cm，长度约10 m，绳的一端装有特制的金属牵引钩，在训练中用于掌握并控制犬的行动。

4. 锁链

用金属链环结制成，长约2 m，前端装特制金属牵引钩，后端装有一小节0.5 cm的金属圆环，能使金属棒套入圆环内便于拴系。锁链用于拴犬，拉力较强，牢固安全。

5. 口笼

用皮革或塑料制作而成，装活动襻带，可自由调节松紧，口笼前端留有通气孔，前端有若干小孔以排泄口水。给犬佩戴口笼是为了防止犬互相咬架或随意咬人，便于兽医给犬治病，也是训练扑咬的用具。

6.衔取物

小型木球、皮球、布团、木棒、木制哑铃、小型奇异玩具，甚至砖块、石块均可用作为衔取物。这些物品只是在训练初期为了诱导犬的衔取兴趣而加以利用的，对于军犬而言，应在此基础上培养犬衔取各种适应现场实际需要的常用物品。

7.奖食

利用适口性好的食品，如新鲜的肉块、肉干、饼干、商品型犬粮、红肠等，也可用奖励信号器可令克(Clicker)等。

(二)特殊器材

1.障碍训练器材

障碍器材主要是钢木结构，也可用水泥砖石垒砌，但表面不宜光滑。训练过程中可以根据实际需要增减、改变，同时应结合常见的自然障碍物，如矮墙、篱笆、栅栏等。障碍训练的器材主要有以下几种：

(1)天桥：桥高 2.5 m，桥面宽 30 cm，桥长 4 cm，两端有长 4.2 m 的斜阶梯。

(2)平台：高 2.3～3 m，宽 1.4 m，长 1.6 m，一面有长 3.3 m 的斜坡梯，一面有可调节坡度的鱼鳞板，高 2.2 m。

(3)大板墙：宽 1.5 m，高 2.0～2.5 m，插板可自由装卸调节高度。

(4)小板墙：长 1.5 m，宽 1.2 m，插板可自由装卸调节高度。

(5)窗形架(或空心架)：宽 1.5 m，高 1.8 m，空心高度距地面约 1 m，直径不小于 0.5 m。

(6)跳高架：宽 1.2 m，高 1～1.5 m。

(7)壕沟：深 1.5 m，长 2 m，宽 1.5～2 m。

(8)涵洞：用粗形水泥管道联结而成，长 5～7 m，高 0.5 m。

2.扑咬训练器材

护具用于扑咬训练，要求牢固结实，安全适用，如发现有不合格之处，应立即更换修补。扑咬训练的器材主要有：

(1)护身服：帆布、麻袋布、皮革或毛毡缝制成的上下装或短大衣，厚度须超过 1 cm。

(2)护袖：有明袖和暗袖两种，帆布、麻袋布、皮革或毛毡缝制成的衣袖，厚度须超过 1 cm。

(3)皮套袖：皮革制成紧的筒袖，附有可调节松紧的襻带，臂肘部能伸屈自如。

(4)化妆服：普通应季服装即可。

3.鉴别、追踪训练器材

鉴别、追踪训练主要针对军犬和警犬，在器材的需要上要求较高。下面列举了几种常用物品，如因需要，还应增设适应现场使用的实际物品。

(1)镊子及剪刀：长 25 cm 的金属镊子及普通剪刀。

(2)鉴别罐：以不锈金属或结实的陶瓷制品为宜，大小视需要而定。

(3)鉴别夹：以无味无毒的软塑料制品为宜，便于清洁，一般文件夹即可。

(4)鉴别、追踪物品：毛巾、手帕、手套、鞋垫、纱布、无味卫生纸等。

(5)追踪背带：皮革制成，装有活动的襻带，可自由调节，配有特制小型灯具(闪光器)，可装在追踪背带上，供夜间追踪显示的方位。

(6)其他用品：玻璃试管、口瓶、无味无毒塑料袋、酒精灯、嗅源提取器及有关工具、热水袋、玻璃板、小喷雾器、小型冰箱等。

任务3　刺激信号和驯导人员

【情境导入】

犬的训练中，驯导员除了要掌握好各种训练手法外，关键在于是否能牢固地吸引住犬的注意力，提高各种刺激信号传输接受的质量。驯导人员在训练中起到了至关重要的作用，要懂得犬的心理学和行为学并且能够训练犬只，通过对犬的训练调教，可以让犬进行各种各样的科目训练、玩赏科目表演等。

问题：1.刺激信号包括哪些内容？

2.驯导员的作用有哪些？

一、刺激信号

刺激是指作用于犬机体并能引起反应的一切因素，训练中的刺激是指在训练过程中驯导员和助驯员为达到训练目的而采取的训练手段或方法。训练人员通过多种形式表达训练手段和方法，这些表达形式如口令和手势等则称为刺激信号。

(一)刺激的分类

1.按刺激的性质分类

(1)物理刺激：常用的能引起犬的触觉和痛觉，并带有一定强制性的刺激，如按压、拉扯等。

(2)化学刺激：利用局部麻醉药或兴奋剂，对犬神经中枢及外周神经进行有效的调节和控制，调整犬的兴奋和抑制状态。

(3)辐射刺激：利用辐射有目的地改变犬的动作电位，促进或阻断训练信息的传导，加快条件反射的形成，消除对犬的不良联系。

(4)生物刺激：根据犬内在的驱动力安排各种科目的训练，如利用饥饿、口渴、活动欲望等安排训练。

2.按刺激的特点分类

按刺激的特点可分为非条件刺激和条件刺激。

(二)刺激的应用

1.非条件刺激及其应用

凡引起非条件反射的刺激均称为非条件刺激。非条件刺激主要包括机械刺激、食物刺激、引诱刺激。

(1)机械刺激：直接作用于犬的皮肤并能引起犬的压觉、触觉和痛觉，迫使犬做出相应的动作和制止犬的不良行为的刺激称为机械刺激。犬对这种刺激，除抚拍外都会程度不同地表现出被动反应的状态。机械刺激能迫使犬做出各种与刺激相适应且符合训练要求的规范化动作，并具有强化条件刺激的作用。采用机械刺激训练的动作，一般都比较刻板、固定、不易变形，如果奖励不充分，犬的行为将不自然。

使用机械刺激时注意的事项主要有以下几点：

第一，刺激强度要适当，一般以中等强度为宜。不同强度的机械刺激能引起犬的不同反应。在训练中，既要防止使用超强刺激，又要避免不敢使用刺激或刺激过轻妨碍条件反射的形成和巩固。因此，在一般情况下，以采用中等强度的刺激较适宜。

第二，因犬制宜，区别对待。一般来说，对于胆量较小及皮肤敏感的犬刺激量要小些，对胆大凶猛及反应迟钝的犬刺激的强度就要大些。

第三，刺激部位要准确。使用刺激时，必须根据训练科目的要求，选择与训练动作相适应部位，才能收到应有的效果。

第四，要掌握好刺激的时机。使用刺激时，要与犬的动作相吻合，不早不晚，恰到好处，否则影响条件反射的形成和巩固，通常机械刺激应稍晚于口令或手势刺激。

第五，要区别科目性质，恰当使用刺激。一般来说，基础科目、兴奋科目训练适宜多用，使用科目中的嗅觉作业训练就不宜多用，即使使用也应慎重恰当。

第六，与食物刺激相结合使用。由于机械刺激容易使犬产生被动防御，在犬做出正确的动作后，立即给予食物奖励，可以起到缓和犬的紧张状态和调整犬的兴奋性的作用。

(2)食物刺激：用食物来奖励犬的正确动作和诱导犬做出某些动作的刺激，称为食物刺激。食物刺激对犬具有重要的生物学意义，易于引起犬的食物反射，富有引诱性，能使犬处于主动趋向状态，犬做出的动作比较兴奋活泼，表现自然，但动作往往不够规范，且易产生不良联系。食物刺激既是非条件刺激，又是条件刺激。当食物用来强化条件刺激或作为犬的正确动作的一种奖励时，直接作用于犬的口腔，引起咀嚼、吞咽等非条件反射时，食物就是非条件刺激；当食物以其气味和形态作用于犬，使犬做出一些基本动作时，它就属于条件刺激。

使用食物刺激时注意的事项主要有以下几点：

第一，根据犬的状态，充分利用犬的食物反应。食物刺激对食物反应强的犬或食物中枢正处于兴奋的犬，使用效果比较显著。因此，在犬饱食后或犬的食欲不好时不宜使用。

第二，要选用适口性好的食物进行正确奖食。在训练中，食物作为诱饵或奖食使用的量不宜多，但要精，且因犬而异。一般地说，肉类食品(鸡肉味或牛肉味)比较理想。

第三，区别科目性质，掌握好使用时机。食物刺激对大多数训练科目是适用的，但也有些科目如衔取、嗅觉作业、扑咬等，不宜采取食物引诱。尤其在使用时机的掌握上稍有不妥，便会适得其反。因为食物刺激引起的强兴奋，很容易抑制犬正在做的科目动作，或解除延缓抑制及分化抑制。

第四，与机械刺激及“好”的口令结合使用。食物刺激与机械刺激结合使用，可以相互取长补短，达到既能保持犬的作业兴奋性，又能保证训练动作的规范、准确。每次使用食物进行奖励时一定要结合“好”的口令，以便形成奖励性条件反射。

(3)引诱刺激：指通过相应的声响、物品、动作等诱使犬做出正确的动作。引诱刺激具有一定的诱发性，对于条件刺激有增效作用，可提高犬相应神经中枢的兴奋性，同时有助于集中犬的注意力，并能直接诱发犬的某一动作或增强某一动作的反应强度，以弥补其他刺激的不足。引诱刺激诱发的动作兴奋活泼，表现自然，但易受外界抑制影响，巩固性较差，容易形成抵消条件刺激作用的不良联系。

使用引诱刺激时注意的事项主要有以下几点：

第一，训为主，诱为辅。引诱刺激在训练中一般作为辅助手段，不可过多依靠这种刺激，而且要注意使用得当，防止以引诱刺激完全代替正式的口令、手势。如训练"前来"时，只能在犬注意力转移或前来不迅速的情况下，适当以口哨音或反向的假跑动作，弥补口令的不足。如经常使用这些诱因，就会使犬形成只靠引诱而不听指挥的不良联系。因此，随着训练的进展，应逐渐取消引诱。

第二，正确利用"模仿"，防止恶习影响，利用其他犬的行为或动作来激发并影响受驯犬训练，可以提高受驯犬的兴奋性，使其做出相应的动作。例如，在训练扑咬时，可利用多只主动防御反应较强的犬轮流对助驯员进行扑咬，让那些主动防御反应不强的犬临场"观摩"，同时，驯导员要加以"鼓励"和"助威"。依靠群体的影响，逐步进行由群体到个体、由自发到主动训练培养过渡。当然，单常"模仿"并不能达到犬根据指挥执行动作的目的。与此同时，应防止犬相互间的恶习感应。

2.条件刺激及其应用

凡用建立条件反射的信号刺激均称为条件刺激，主要包括口令、手势、驯导员的情绪等。

(1)口令：口令是由一定语言组成的声音刺激。通过犬的听觉引起相应的活动。口令本来对犬是无关刺激，只有将一定口令与相应的非条件刺激结合使用后，才能使犬形成条件反射，同时应经常给予非条件刺激的支持，犬对口令形成的条件反射才能得到巩固。由于犬有敏锐的听觉，不仅能对口令形成条件反射，而且还能对同一口令的不同音调形成相应的条件反射，更有利于驯导员对犬的行动掌握。训练中所使用的口令音调基本分为3种：

①普通音调：用中等音量发出，并带有严格要求的意图，用来命令犬执行动作。

②奖励音调：用温和的声音发出，用来奖励犬所做出的正确动作。

③威胁音调：是用严厉的声音发出，用来迫使犬执行动作和制止犬的不良行为。

同时，一经采用的口令，不要任意改变，以免影响训练和使用。编定和使用口令注意的事项主要有以下几点：

第一，口令既然是一种条件刺激，那么在编定和使用口令时应注意每一个口令的独立性，声音要洪亮清晰，且口令用语要简短。

第二，口令一经采用不能任意更改，不宜附加口令或随意用其他语言指挥犬，以免造成犬反应混乱。

第三，口令强度、音调的应用应根据犬的具体表现、指挥距离、风力、风向等情况灵活掌握。

第四，发出口令的速度要适中。

第五，3种不同音调的作用，只有在结合相应非条件刺激建立条件反射后才能有效。

(2)手势：利用手和臂的一定姿势和动作组成的具有指令性的形象刺激，通过犬的视觉引起相应的活动。犬对手势条件反射的形成，需要结合非条件刺激，同时应经常给予非条件刺激的支持才能得到巩固。与口令一样，手势能在一定的距离内指挥犬的行为。

编定和使用手势注意的事项主要有以下几点：

第一，手势要形象、明显。手势应与人们日常的习惯动作有所区别，不同的手势要有独特性，一经采用的手势不要任意更改，同时应绝对地保持手势的定型与准确性。

第二，使用手势要始终保持规范，且每一动作仅能使用一种手势，以便犬明辨而不至于混淆。

第三，只有在犬注视驯导员时，使用手势才能起作用。因此，在使用手势之前，应让犬注视驯导员。

第四，手势应保证一定的挥动速度。发出手势的速度应根据犬的具体情况和指挥距离而定，且快慢要适中。

(3)驯导员的情绪：在有关条件刺激的应用问题上，驯导员态度表情对犬影响也不容忽视。因为驯导员在对受驯犬实施各种相关刺激的同时，常常因训练效果的好坏而有意无意地流露出自己的情绪，或高兴，或恼怒，或激动。这些态度表情既与相关刺激组成复合动因，也能直接形成条件刺激而发生作用。在训练中，有时犬会通过"察言观色"发生相应反应。正常而自然的态度表情是适合训练需要的，如严肃的指挥、和蔼的奖励、活泼的动作等，而有些情绪的表现如狂欢、暗示、生气、愤怒等对训练是不利的。因此，驯导员要注意保持沉着、冷静，慎重行事。

二、驯导人员

驯导人员是对犬进行训练的人，根据其在训练过程中的作用可分为驯导员和助驯员。

(一)驯导员

驯导员是指对犬进行饲养管理、训教引导和指挥、使用的专门人员。驯导员既是犬的管理者、训练者，也是指挥者，因此驯导员是犬训练和使用的主导者，其对犬所采取的一切影响手段正确与否，都直接关系到训练的效果。

1.驯导员在训练中的作用

(1)驯导员是犬的主要刺激者：在训练的过程中，驯导员对于犬来说，应该是其他一切环境刺激物中最主要的刺激者，因为他对犬采取的一切影响和步骤都能保证犬在执行命令时完成条件反射。

①从犬的生存条件看驯导员的作用：为达到训练的目的，必须改变犬的某些自然生存方式，即改变犬的自由行动为圈养式，从而使它的正常生存紧紧依赖于驯导员的饲养管理。犬需要的饮食，必须经由驯导员供给才能获得；犬需要的自由活动，也要在驯导员的带领下才能进行；犬需要清洁舒适及安全的居住和休息，更离不开训练导员的妥善整理安排。由于对犬施以这种日常生活的影响，较长时间后，犬对驯导员就自然产生了高度的依恋与驯服，驯导员也就成为保证犬得以正常生存的主宰者，与此同时，也使犬形成适应训练所需要的生活规律和良好习性。由于驯导员与犬的接触本身就是现实的、具体的刺激，对犬具有极重要的生物意义。因此，驯导员对犬的日常喂养和管理不能随意更换。

②从犬的能力培养看驯导员的作用：犬的一切行为的产生与变化主要是由刺激引起的，根据行为因果规律的原理，可以说训练就是驯导员利用刺激手段(包括驯导员本身)去影响犬，使它产生人类所需要的行为。训练犬的首要前提是必须亲自接触犬，因此，驯导员本人就是受驯犬的一种刺激物。犬首先要认识驯导员，识主、恋主就是犬所建立第一个条件反射，也只有建立了这个条件反射，才能很好地训练它，尤其是能否迅速准确地使犬的能力达到训练目的与要求，在很大程度上又取决于驯导员影响手段的正确运用与发挥。

(2)驯导员是犬的复杂综合刺激者：巴普洛夫曾指出："自然界常常是很多因素的总和，作为综合刺激物作用于动物。当我们辨别这一个人的面貌时，我们是同时注意到面貌的形状：颜色、神态和大小"。从这段论述中，我们应当能得出这样的一个结论：每一个人，当然这也包括驯导员本人在内，对于犬来说，都是综合的刺激物。驯导员所给犬的影响，首先是他的外貌（包括身材、衣服的大小和样式、颜色等）、行为特点、声音、面部表情、综合气味等，犬在训练的过程中，会逐渐习惯于驯导员的这些特征。

综合刺激者能够同时影响到犬的几个分析器官（感觉器官），在这种影响之下，犬对于全部起作用的刺激物可以同时产生几种条件反射，但是构成综合体的各种刺激物的相对力量，都有着极其重要的意义。也就是说，在这个综合体中，各个刺激物就其相对的力量而言，都有着或大或小的作用，而有着最大的作用的就是驯导员的声音、行动和他的个人气味。

因此，要求驯导员在每个具体的细节训练中都要给犬以明确的信息，使犬对具体信号刺激形成稳定的联系，以便使犬能在短时间内建立有效的条件反射。犬可以很快把自己主人（此时犬视驯导员为主人）声音的一切特点（声音的力量、高度、音色）和其他任何的声音区别开来。当犬和驯导员建立起和谐的关系时，犬只能执行驯导员发出的口令。

2.驯导员应有的职业道德与业务修养

（1）驯导员应掌握一定的驯犬知识。在对犬进行训练之前，驯导员应首先积累一定的、必要的理论知识，这些理论知识可以帮助了解受驯犬，并指导驯犬工作，使得驯导员在训练的过程中能对受驯犬采取正确的态度、方法和技巧。当然，正确的训练方法和技巧，只有在对犬的实际的训练中才能获得，因此，驯导员要不断地钻研业务，求知求训，大胆实践，勇于创新。

（2）驯导员要热爱驯导工作，要做到爱犬如子，精心管理、喂养、训练。对犬的训练成功与否，大多取决于驯导员对此项工作的认知和热爱。因此，驯导员应该通过阅读有关驯犬方面的书籍和各种动物生活的书刊，努力增强自己对驯犬工作的兴趣，很难想象一个不热爱驯犬工作的人能出色地完成驯犬工作。

（3）驯导员要坚持实事求是原则，一切从现实条件出发。犬的驯导是一个日渐积累的过程，不可能一蹴而就。对于犬的每一项实际课程的训练，都应该制定所要达到的目标，驯导员施加于犬的一切行为，都应该经过大脑的深思熟虑，应该把犬的高级神经活动的规律作为自己对犬采用的一切影响步骤的基础。

（二）助驯员

助驯员是指在犬的训练中协助驯导员完成训练任务，达到训练目的的专门人员。助驯员是协助驯练犬的人员，不直接掌握犬，但助驯员在训练中与驯导员同是直接的参与者，分别扮演着不同角色，对训练的成败有共同的责任，其作用不亚于驯导员。

1.助驯员在训练中的作用

助驯员的体型特征、面部表情、语言，尤其运动性的体态变化，对犬构成多成分的刺激整体，借助不同的技术手段和训练方法，协助驯导员对犬进行多方面、多方位的影响，加快犬各种条件反射的形成。助驯员同驯导员一样，对于犬来说，是复杂的综合刺激者，既能给犬以兴奋性的正面影响，也能给犬以抑制性的反面影响。例如，在训练犬对于犯罪嫌疑人的仇视性和不信任的时候，助驯员可以激起犬表现积极的防御反射，同时又引起犬的条件抑制过程，拒绝从别人手中接受食物。

2.助驯员在训练中的主要任务

犬的训练是一个舞台，驯导员、助驯员和受驯犬分别扮演着3个不同的角色。训练中要求助驯员始终扮演黑脸角色，主要是扮演假设敌以及给予犬不同强度的机械刺激，多数在犬的专业科目训练中使用。助驯员在训练中的主要任务有：

(1)在追踪训练中，根据不同阶段的要求及犬的具体情况，认真布设迹线及遗留物，或作为被追踪的所求对象，以其自身的踪迹气味和利用环境条件引起犬的兴奋性，配合驯导员培养犬跟踪追迹的作业能力。

(2)在扑咬、追捕、搜捕训练中，作为被扑咬和捕获对象，以其灵活机动的佯装打犬及败退动作，诱发犬的仇视性及攻击性行为，配合驯导员培养犬胆大凶猛的特性和积极搜捕的作业能力。

(3)在警戒、巡逻训练中以假设敌的身份出现，通过形象逼真的佯攻、假败行动及适当的声音、光信号，充分引起犬的高度警觉，配合驯导员培养犬及时发现情况及报警的能力。

(4)在拒食训练中，以引诱性的动作，试图给犬吃美味食物，当犬欲吃时，又要巧妙地给犬适当的机械刺激，以激发犬对给食者的仇视与攻击行为，配合驯导员培养犬拒绝他人给食吃的良好习性。

(5)在鉴别训练中，提供被鉴别物及气味条件或作为被犬鉴别的对象，配合驯导员培养犬嗅认、区别气味的能力。

(6)在具有实战性的追踪、搜捕等模拟训练中，从不同方面进行助驯，有的需要帮助制造声光效果，培养增强“战斗”气氛，有的需要跟随驯导员及犬，共同作业，配合驯导员擒获押解假设敌，还有的需要化装充当各种对象，从事不同的助驯活动。

(7)与驯导员共同研究，制定具体科目的训练实施方案和总结训练经验，不断改进训练方法，提高助驯效果。

3.助驯员的职业道德与业务修养

助驯员应是专业人员，原则上应由犬不熟悉的人员充当，但也可由驯犬经验丰高的驯导员充当。就训练工作的整体而言，对助驯员的职业道德与业务修养的要求与驯导员是一样的，一个好的助驯员一定是一个好的驯导员，但一个好的驯导员未必是一个好的助驯员。从助驯工作的特点考虑，助驯员还需要具备下列要求：

(1)要有全局观点和协作精神：培训成功一天，如同完成项工程一样，依靠集体的力量方可达到。因此，助驯员既不可把自己的作用估计得过高，也不要妄自菲薄，要从全局出发，相互协作，认真搞好助调工作，为调好犬做出自己的贡献。

(2)互相尊重，不感情用事：在训练中，助驯员与驯导员的相互尊重是十分重要的，每次训练应该做到事前商量研究，统一认识，配合行动，事后总结经验教训，交换意见。出现错误时，要相互谅解，共同勉励，不可相互埋怨，感情用事。

(3)钻研业务，熟悉情况：助驯员要全面钻研驯犬业务，学懂理论，了解犬的能力、培养程序，掌握训练原则，熟知每一科目的训练步骤、方法及易产生的错误和纠正方法。

(4)学习和应用与业务相关的知识：为了做好助驯，多学习了解一些有关识，可多写笔记或调后感想、心得，总结经验，提高自己，使工作更专业化。

(5)增强体质，不畏艰苦：助驯工作是在不同时间、不同气候条件下进行，体力消耗大，艰难险阻多，要求助驯员要有健壮的体质和坚强勇敢不怕吃苦的精神，才能适应工作的需要。

4.助驯原则

助驯工作的基本原则是“服务训练，主动配合，以假逼真，机动灵活”。

(1)服务训练：从全面完成训练犬的任务来讲，助驯和主驯双方面都是同样重要的，具有共同责任。因此，助驯工作的业务指导思想必须从训练任务的实际需要出发，遵循训练原则，按照训练科目具体要求，为顺利地培养和提高受驯犬的能力，创造一切有利条件。

(2)主动配合：助驯员并不是一般的工作助手，更不是完全被动地处于受支配的从属地位。助驯员应该积极主动，有创造性地配合好驯导员工作，在一定意义上讲，他在训练中所起的作用，并不亚于驯导员的工作。如一条追踪迹线布设的好坏，可以说全靠助驯员进行因时、因地、因犬制宜的构思。一次扑咬训练的成败，也直接取决于助驯员因势利诱、临场发挥的水平。

(3)以假逼真：从做好助驯本职工作来说，由于工作性质所决定，助驯员的许多活动往往是以假设敌的面目出现，对犬施加相应的佯装动作，并且显得逼真且符合实际。只有这样，才能使训练达到从难、从严适应实战的要求，否则，假戏假做时间长了会给犬造成训练"走过场"的感觉，影响现场实际使用效果。为了做到逼真，不仅是助驯员方所为，驯导员也必须进行认真的配合。

(4)机动灵活：从助驯员工作条件来说，其情况是复杂多变的。首先，工作对象不固定，在训练中，助驯员和犬是经常更换的，不可能也不允许专犬专助。其次，被助驯的人和犬的特点及所训科目各不相同。此外，训练的环境、地理及气候、时间条件也变化多端。在这样的工作条件下虽然可以按一般规律和事先的计划实施助驯，但不是一成不变的。事实上每次助驯都会有新的情况出现。训练一旦开始，对新情况的处境又来不及与驯导员商量，这就要求助驯员要有一定的预见性和经验，并能机动灵活、随机应变地临场发挥。

任务4　犬训练的基本原则和方法

【情境导入】

驯犬是一项讲究耐心的事情，犬毕竟是一种智商不很高的动物，因此对犬应当由浅入深、由简单动作到复杂动作这样一个渐进过程方才适宜。首先，应当去培养犬的条件反射，应当在一个清静的、外部干扰少的场所进行。其次，应当使犬的条件反射逐步复杂化，即去加强犬不断适应新环境的能力。

问题：1. 犬训练的基本原则有哪些？

2. 犬的训练的方法有哪些？

一、犬训练的基本原则

训练的基本原则是指在训练犬的过程中必须遵循的基本要求和准则，是训练实践经验的概括和总结，反映了训练过程的客观规律。遵循训练原则进行训练，能达到事半功倍的效果；违背训练原则则事倍功半，必然降低训练质量，延缓训练进度。犬所有能力的培养和提高，都是驯导员遵循训练原则并对犬施以有效影响的结果。因此，掌握训练原则，对培养犬的能力具有重要意义。

(一)循序渐进原则

所谓循序渐进，就是根据犬训练的客观规律分阶段、分步骤、由简单到复杂逐步过渡的能力培养过程。在犬训练过程中，要依据犬能力形成的规律、特点、训练科目内容的难易程度以及相互关系，坚持先易后难、由简单到复杂地进行训练。犬的每一种能力的养成，都是按一定的程序训练完成的。

犬的能力培养必须严格按照训练程序和步骤进行，这些程序和步骤也是犬形成各种条件反射所必需的。犬能力的发展规律起伏曲折，是呈波浪式、螺旋式上升，根据循序渐进原则，犬的能力培养一般分为3个阶段完成。

1.第一阶段

是培养犬对口令和手势建立基本条件反射的阶段。要求犬能根据驯导员的口令做出动作即可。如犬听到"来"的口令后能走到驯导员面前，听到"坐"的口令后能坐下等。

为了使犬能迅速建立条件反射，本阶段训练应注意以下几点：是必须选择较清静的训练环境，防止外界引诱刺激对训练的干扰；二是对犬的正确动作要及时给予奖励，对不正确动作要及时且耐心地加以纠正；三是正确利用正负强化对比，使犬对不同的口令和手势形成分化。

2.第二阶段

为条件反射复杂化阶段。这个阶段训练的目的是使犬将第一阶教建立的条件反射有机地联系在一起，具备初步完整能力。如第一阶段仅要求犬听到"来"的口令走近驯导员，而第二阶段则要求犬来到驯导员面前后，必须靠着驯导员的左侧坐下。此外还要求犬对驯导员的口令达到迅速而顺利执行的程度，同时在犬对口令形成条件反射的基础上，建立对手势的二级条件反射。

为了加速培养和巩固犬的能力，在本阶段训练中应注意如下几点：一是训练环境不宜复杂化，在不影响训练的前提下，可以更换训练场所，锻炼犬适应新环境的能力，为第三阶段的训练打下基础：二是为了使犬顺利而正确地执行口令，对犬的不正确动作和延误执行口令的行为，必须及时加以纠正，并运用强迫手段，适当加强机械刺激的强度，但对犬的正确动作也要及时给予奖励。

3.第三阶段

是环境复杂化阶段，要求犬在有外界引诱的情况下，仍能顺利执行口令。当犬在比较清静的环境里能顺利地表现完整的能力时，就应该使训练环境逐渐复杂化。在初期，犬可能会对新异刺激产生探求反射或防御反射，面对指令不发生反应或延误执行。此时，驯导员应采用比平时更强的强制手段，加强口令的威胁音调，并结合强有力的机械刺激，迫使犬做出动作，然后给予充分的奖励。为了使犬尽快适应环境，在本阶段仍应加强日常的环境锻炼。

此阶段训练要注意以下几点：一是进行环境复杂化的能力培养时要因犬而异，使训练条件难易结合，且易多难少；二是条件复杂化应结合实际，逐步增加难度，不能超越犬的生理功能限度。

(二)因犬制宜原则

因犬制宜原则是指在训练过程中，依据年龄、犬种和个体的自身素质特点和神经类型，在训练方向、科目选择和进度安排上要因犬而异，区别对待。这一原则体现了犬个体的特殊性和犬种的差异性，强调了在训练中具体问题具体分析。对不同年龄和神经类型的犬训练时，必须考虑其特殊性和差异性，因犬施训。

1.不同年龄犬的训练方法

(1)未成年犬:此类犬的特点是机体各部功能发育快,可塑性大,个体活泼可爱,好奇心强和游戏欲望强,学习速度快,对机械刺激的承受能力较差。因此在训练中应坚持诱导为主,强迫为辅,多用奖励,慎用禁止的训练方法。训练时,一方面要充分利用犬自身行为的主动性,使犬做出的动作活泼自然,符合训练要求;另一方面要利用适当的强迫手段加速训练科目条件反射的建立,规范犬的行为、动作,消退已形成的不良习惯。坚持诱导与强迫相结合,既保证训练的顺利进行,同时又保证犬的兴奋性,但要注意掌握强迫的强度和时机。对犬的正确动作应及时奖励,对不良行为应及时纠正,坚持在训练中游戏,在游戏中训练,并注意科目之间的联系,对已形成的条件反射要巩固,防止消退和产生不良联系。

(2)成年犬:此类犬的特点是机体各部功能发育已基本完全,品种特性明显,性格较沉稳,对机械刺激的承受能力较强。训练中应根据各个品种的特性和不同神经类型及行为反应采用相应的训练方法,坚持诱导与强迫相结合,及时、适度地加大刺激强度。对已经形成的不良习惯要及时果断地进行禁止和消退,在保证犬的兴奋性的前提下,规范人、犬的动作。合理运用强迫、诱导、奖励等训练方法,快速建立条件反射,进一步完善犬的神经活动过程。

2.不同神经类型犬的训练方法

(1)兴奋型:这类犬的特点是大脑神经兴奋过程强,抑制过程弱,凶猛好斗,活动力强,不易安静。因此,在训练中形成阳性条件反射(兴奋性条件反射)迅速,形成阴性条件反射(抑制性条件反射)较慢,且两者都不易巩固。在训练时,重点是逐步改善和发展这类犬的抑制过程,使其兴奋与抑制相对平衡,每次训练前适当降低其兴奋性,以平衡神经过程。平时要严格管理,加强犬的依恋性和服从性培养。除训练需要外,要多牵引,少散放,减少它自由活动的时间和机会。在培养延缓抑制能力时,延缓的时间需从最初的3～5 s逐渐延长到1～2 min,并且要长短结合,促使其能力的巩固与提高,同时要注意每个训练阶段和步骤之间的相互衔接。兴奋型的犬能忍受强的机械刺激,因此在训练基础科目或制止某些不良行为时,可以采取较强的机械刺激,但不能超过反应阈值上限,否则容易产生超限抑制。

(2)活泼型:这类犬的主要特点是兴奋和抑制过程都较强,且均衡,相互转换也很灵活,其行为活泼,动作敏捷。在训练中形成阳性和阴性条件反射的速度都较快,且较巩固。训练时如方法得当,进展会很顺利,否则易使犬产生不良联系。因此,驯导员要注意训练的方式和手段,根据犬的主要反应特点采取相应的方法,通常能收到良好的训练效果。

(3)安静型:此类犬的特点是兴奋和抑制过程都很强,但相互转换的灵活性较差,其行为活动常表现为抑制过程相对突出。在训练中形成阳性条件反射的速度较慢,形成阴性条件反射较易,且阴性条件反射形成后比较巩固。训练时不能操之过急,应耐心地着重培养它的灵活性和适当提高其兴奋性,应多采用重复口令和诱导的训练手段,避免快速而连续地发出不同的口令或使用兴奋和抑制相冲突的刺激。

(4)被动防御反应型:此类犬的特点是对强刺激或突发活动的适应慢,行为活动受到抑制,表现为消极的被动防御(恐惧),训练时重点培养其主动防御的能力。训练中,训练员接近时,多采用温和的音调和轻巧的动作,以防其受到惊吓而不敢接近训练员,从而影响亲和关系的建立。遇到犬害怕的事物,要采取耐心诱导的方法,使犬逐渐消除被动状态并加以适应。

(5)探求反射较强的犬:此类犬对于周围环境中的某些新异刺激很敏感,经过多次接触,仍不减退和消失，这与犬的灵活性和适应性不良有关。对待这种犬平时应注意多进行环境锻炼，使之逐步适应。每次训练前，先让犬熟悉环境，尽量选择清静、无外界刺激诱惑和干扰的训练场地。训练中出现探求反射时，主人要设法把其注意力引到训练科目上来，也可适当使用强制手段抑制探求反射。

(6)食物反应强的犬：此类犬对食物的兴奋性高，许多行为受食物刺激诱发。训练时应充分利用所长，多采用食物刺激进行训练。食物反应强的犬容易接受各方来的食物，影响有关科目动作的建立。因此，要加强“拒食”科目的训练，使犬养成拒食别人给的食物和不随地捡食的良好习惯。

(7)凶猛好斗的犬：此类犬基本属于兴奋性高的犬，要适当加强机械刺激，强化其抑制过程。在训练和日常的管理中要严格要求，加强依恋性、服从性和扑咬训练，充分利用其所长，但要防止乱咬人或其他犬。

(三)巩固提高原则

犬的各种能力，都是在其所具有的本能的基础上，通过后天的学习和培养获得的。一种能力形成后，如果不经常进行重复和巩固，就会逐渐减弱和消退。巩固是指加强犬能力的稳定性和基础的扎实性，提高是指在原有能力的基础上有新的发展和突破。

训练中要求驯导员主动采取措施，在训练计划的安排、训练条件的把握和每次训练的要求上做到难易结合、易多难少。其中易是为了巩固基础，有效地调节训练的兴奋性和保持作业的积极性；难是为了能力的提高，使犬的作业能力逐渐得到完善。

(四)适合应用原则

训练的目的是应用。训练内容要根据应用的需要来选择。应用需要什么样的内容就选择什么样的内容进行训练，需要什么样的科目就训练什么样的科目，不能片面地相互攀比。

适合应用原则主要包括3个方面的内容：一是训练的方法要适合应用的需要，训练和应用是紧密联系的，训练的手段和方法必须有利于应用，不能与应用脱节；二是训练的标准要符合应用的要求。训练标准的高低一方面取决于犬的自身素质，另一方面取决于应用的实际要求，在保证犬身体质量的前提下，要以应用需要为标准来确定犬的训练标准。不同科目有不同的训练标准，这些标准都必须适合应用的要求，通过应用来检验训练标准的科学性。三是受驯犬种的选择要适合应用需要。不论大型犬、中型犬或小型犬，哪种犬适合应用的需要，就选择哪种犬进行训练，以便在应用中能发挥作用。

二、犬训练的基本方法

训练犬的方法是贯穿于整个训练过程的关键性的要素，即使是优良犬种，如果不掌握适宜的训练方法，也不能达到预期的训练效果。训练犬的方法、方式多种多样，为了使受驯犬能根据驯导员发出的口令和手势顺利而准确地完成各项动作，驯导员就必须运用一套合适的训练方法进行训练，以保证受驯犬迅速建立良好而稳定的条件反射。

(一)诱导训练法

1.概念

诱导是驯导员或助驯员使用食物、物品、自身的动作或利用犬的自发行为，并与口令、手势结合使用，诱使犬做出某种动作，借以建立条件反射或增强训练效果的手段。这一手段通常也称为诱导训练法或机会训练法。

诱导训练要求驯导员创造一种舒适愉快的气氛，对于犬所表现出的符合训练要求的行为都要给予奖食或“好”的口令进行强化，对不符合训练要求的行为要迅速加以纠正。利用此训练方法，训练犬的目的性越明确，气氛越和谐，能力的形成就越快。特别是在训练初期，为了使犬对口令和手势尽快形成条件反射，加快训练的进度，采用诱导训练是非常有效的。例如，利用食物诱导犬做出坐下的动作，在发出“坐”口令的同时，持一块犬喜食的肉块让犬看，但不给吃。当犬急切地想获取时，驯导员慢慢将肉提至犬的头顶以上，这时犬就会用眼睛盯着肉块坐下来等待。

2.种类

诱导训练主要是利用食物、新异刺激、人的动作三种方式引诱刺激犬做出相应动作。

（1）食物诱导法：食物诱导法是利用犬对食物的兴奋来诱使犬做出一定动作的方法。例如训练站立科目时，驯导员发出“站立”的口令的同时，在保证犬不能获取的情况下，将食物在犬鼻端前上方，慢慢向犬的头顶方向移动，犬因想获取食物会自然地做出站立动作。

（2）新异诱导法：新异诱导法是利用犬对新异刺激的探求反应诱使其做出一定动作的一种方法。例如训练“嗅”科目时，驯导员把犬所未接触过的物品附上气味后，令犬嗅闻，犬因探求而做出嗅认的动作。

（3）动作诱导法：动作诱导法就是利用驯导员或助驯员的动作引起犬兴奋而诱使犬做出一定动作的方法。例如训练“前来”科目时，驯导员发出“来”的口令后迅速往后跑，犬因反向作用而向驯导员跑来。

3.注意事项

（1）诱导训练通常在训练初期使用。初期使用诱导，有利于犬对口令建立条件反射。幼犬培训时，因为幼犬的体质和神经系统的发育尚不健全，忍受强迫的程度较差，使用诱导尤为适宜，但要防止以诱导取代口令和手势的作用。

（2）诱导有利于加快训练进度和能力的培养。犬因动作表现兴奋、活泼、自然，并能巩固和增进犬对驯导员的依恋性，对所训科目不会产生抑制，故诱导训练能加快训练进度，促进能力的培养。但利用诱导训出的科目不巩固，动作不规范，而且不能保证犬在任何情况下都能按照要求准确地做出动作。

（3）诱导的使用应因犬而异。诱导手段的使用要因犬而异，掌握时机，不能一成不变地使用，如饱食后的犬则不宜采用诱导训练。

（4）诱导要与强迫相结合。诱导应与强迫相结合，诱导保持犬受训的积极性、兴奋性，强迫能使动作达到整形和规范化的要求，两者有机结合，互相取长补短，从而保证训练的顺利进行。

（二）强迫训练法

1.概念

强迫是驯导员或助驯员用机械刺激或威胁音调的口令迫使犬准确而及时地做出某种动作的手段，这一方法通常也称为强迫训练法。

在建立条件反射初期，强迫的刺激强度要适中，其目的是迫使犬做出动作，并对口令形成条件反射。例如，驯导员以普通音调发出“来”口令，同时结合拉扯训练绳的机械刺激迫使犬前来，反复多次，犬就能很快形成对“来”口令的条件反射。当进入到复杂阶段训练时，由于外界刺激的引诱,犬往往不能顺利执行口令,常有多余动作的表现。在这种情况下,为使犬能顺利地执行口令,就必须采用威胁音调的口令,同时结合强有力的机械刺激,强迫犬做出相应动作。经这样多次结合使用的训练,犬就能对口令的威胁音调形成条件反射,即使在以后的训练中单独使用威胁音调的口令,也同样能迫使犬顺利地做出动作。

2.注意事项

(1)强迫应与机械刺激相结合。训练初期,在口令、手势不具备信号作用时,通过中等强度的机械刺激结合口令、手势,迫使犬做出某种动作,从而建立口令、手势条件反射。犬对口令、手势已建立条件反射时,由于外界干扰因素影响,犬不能顺利地按照指令做出动作,此时可利用较强的机械刺激强化和威胁音调的口令,形成具有强制性的条件反射。

训练中犬的动作拖拉或不规范时,可通过机械刺激与口令、手势的重复结合,进行动作整形,使犬做出正确的动作。

(2)强迫使用应适时、适度,使用强迫方法训出的科目牢固,犬的动作标准规范,姿势固定,适时强迫还可以强化口令和手势的信号作用。但是强迫使用过多或不当,易破坏亲和关系,使犬产生超限抑制。

使用强迫要适时、适度。适时是指当犬一出现不执行口令、手势的苗头,就要抓住不失时机地进行强迫。所谓适度,就是强度要适当,要有效果,采取了强迫方法,就一定要达到目的,同时要防止犬对驯导员产生惧怕的后果。

(3)强迫要与奖励相结合。威胁音调和强有力的机械刺激会给犬的神经系统造成紧张状态,造成兴奋和抑制过程的剧烈冲突,犬常会短时间地出现惶恐、呆滞等现象。为了缓和犬的神经紧张状态,达到巩固条件反射的目的,在每次强迫犬做出动作以后都必须给予充分的奖励,而且奖励的强度要大于强迫的强度。

(4)使用强迫方法应因犬施教,因科目、环境而异。强迫方法的使用应根据犬的类型特点分别对待。对那些能忍受强刺激的犬,刺激的强度可适当大些;对皮肤敏感、反应阈值低的犬,特别是胆量比较小的犬,刺激强度则应适当小些;对患疾病或疲劳过度的犬,不能使用强迫训练。

使用强迫方法要因科目、环境的不同灵活掌握。由于所训各个科目性质及训练环境的不同,要求在运用强迫的范围及其要求上应有所区别。一般而言,训练基础科目时可以较多地使用强迫,在嗅觉作业训练中要少用;训练环境较复杂或因距离指挥较远时应加强。

(三)禁止训练法

1.概念

禁止是驯导员或助驯员通过采用威胁音调发出“非”的口令,同时伴以强有力的机械刺激,制止犬的不良行为所采用的负强化手段,对犬而言,实质上是一种抑制性的惩罚。

禁止的使用仅限于制止犬的一些不良行为。不良行为是指不利于训练和使用的一些恶习,如追扑家禽、乱吠、随地大小便或随地捡食的行为。在犬刚有不良行为的苗头时,驯导员就应及时用威胁音调发出“非”的口令,同时结合猛拉训练绳的机械刺激加以制止。由于这样经常结合运用的结果,犬对“非”的口令就形成了抑制性的条件反射。以后,当犬一旦出现不良行为时,只要使用“非”的口令,就能达到禁止的目的。

2.注意事项

(1)禁止的使用只能用于制止犬的不良行为。在训练过程中,禁止只能用于制止不良行为，如犬延迟执行指令或服从性差而不能按要求执行指令时，不能使用"非"的口令，只能施行强迫方法。

(2)要与机械刺激相结合使用。在犬对"非"口令形成条件反射后，要经常结合机械刺激，以保持强烈而有效的抑制作用，以防消退。

(3)"非"口令的使用要及时。制止犬的不良行为必须及时，最有效的时机是在犬出现不良行为之初或发生时，而不是之后，事后制止或斥责不但无用，反而会使犬的神经活动产生紊乱。

(4)要及时结合奖励。当犬停止了不良行为时要及时奖励，以缓和犬的紧张状态，防止犬产生超限抑制。在制止犬不良行为时，驯导员必须严肃，但绝不是乱施打骂或体罚，尤其对幼犬更应注意。制止犬的不良行为必须贯彻始终，以加速犬对"非"的口令形成条件反射和彻底纠正不良行为。

(四)奖励训练法

1.概念

奖励是驯导员或助驯员为加速培养和巩固犬的能力，鼓励犬执行指令，调整和缓和犬的神经活动而采用的正强化手段。奖励通常包括：给予美食、抚拍、抛物、游散以及采用"好"的口令等。

例如，训练犬"前来"时，当犬按指令迅速地来到驯导员身边时，应对犬及时给予奖励。奖励时应根据犬的非条件反射活动的不同分别对待。对所有的犬，都可采用轻抚其头颈部、轻拍其两肩侧部或以"好"的口令实施奖励；对猎取反射强的犬，可以抛玩具让犬衔取；对食物反射强的犬，可给予火腿肠等作为奖食；对自由反射强的犬，可允许其游散。

2.注意事项

(1)奖励是一种使用频率最高的训练方法。为使犬对新训科目迅速地建立条件反射，不断巩固犬已养成能力的条件反射，都需要通过奖励来达到。每当犬能根据口令、手势做出正确动作时，应及时给予奖励。

(2)各种方式奖励的使用不尽相同。使用奖励要因犬、因科目制宜，奖励方式要灵活多变。不能千篇一律。

"好"的口令是条件性奖励刺激，适用于所有科目，也适用于训练过程的任何阶段，只要多次与食物、抚拍等结合使用，就能较快地形成条件反射而起到奖励的作用。

食物是非条件性奖励刺激。作为刺激物的食物要美味可口，通常是犬平时吃不到但犬又很喜爱的食物，如鸡肉、牛肉、点心等。奖食块要小，便于携带。食物奖励时不允许将食物抛扔到地上，而应放在手上让犬进行嗅食，或进行抛喂，防止犬养成在地上捡拾食物的坏习惯。在科目训练初期，可结合"好"的口令多用食物奖励，此后视训练效果，食物的奖励则可减少，但不能完全停止，否则已形成的条件反射会出现消退。

抚拍也是非条件性奖励刺激，能使犬得到一种爱抚、舒适的感觉，通常用手抚摸犬的头顶或轻拍犬的前胸或肩胛部，也可轻挠耳根周围，同时要伴以"好"的口令。抚拍适用于各种科目的训练，也适用于训练过程的任何阶段。

给犬衔取它所喜欢的物品，对多数犬来说是种欲望的追求和满足。有些犬因此获得的兴奋性甚至超过奖食。在犬完成所训科目之后，抛扔一个犬所喜欢的物品让其追衔，能起到奖励的作用和提高犬对所训科目的兴奋性。

令犬游散，即放犬自由活动，可以满足犬的运动或游戏欲望，也是一种有效的奖励。在犬完成某一训练科目之后，放犬自由活动片刻，犬会感到特别舒畅兴奋。这样既起到奖励训练的作用，又可使犬的神经紧张状态得到缓和。

(3)奖励的时机要适宜。奖励的使用能加速犬对科目条件反射的建立，并能使犬兴奋地结束训练。如过早地使用奖励，容易导致犬产生有奖即做、无奖不做的心理，导致所做科目的动作变形；如过晚使用，又不能起到奖励作用。合适的奖励应在犬正确执行指令后立即进行，而且驯导员的态度必须和蔼可亲，以便使犬对驯导员的温和表情产生同步反应。

任务5　犬训练的注意事项

【情境导入】

驯犬是一项认真、细致的工作，需以科学的态度严格落实训练计划，注意训练的连续性，不能随意更改计划或调整训练科目。通常应先进行基础科目的训练，然后再进行专业科目的训练。在基础科目的训练中也应由简到繁，由低级到高级，只有这样，方可收到事半功倍的训练效果。另外，在训练中要十分注意用训练的基本理论去指导具体的训练实践。

问题：你认为影响犬训练的最大因素是什么？

一、影响犬训练的因素

（一）人的因素

在影响犬训练的因素中，驯导员对训练的影响最大。在日常生活及饲养管理中，犬与驯导员在一起的时间最长，接触的机会最多，这就增强了犬对驯导员的依恋性。犬训练的好坏在很大程度上取决于驯导员所使用的方法是否得当。驯导员的外貌(面部表情、思想情绪等)、行动，声音，气味等都可成为犬的各种刺激，并可形成各种条件反射。如果处理不当，都会直接影响训练效果。现举例如下：

第一，对犬提出过高要求，常使训练受到挫折，甚至使犬受到损害。如犬在无意中做错了事，用威胁的音调令犬来到眼前，并用绳抽打以示惩罚。这样，以后犬听到“来”的口令时，不但不来，反而逃跑。

第二，将对犬的训练口令与平时用语混同使用。这样，一方面使犬难以对口令形成条件反射，另一方面使不必要的语言成为犬的新刺激，引起犬的探求反射，从而影响犬按照正常口令来执行训练的步骤。

第三，训练中不能做到因犬施教，而在同一种条件下采用同一种方法进行训练，这样只能使犬对信号进行极简单的执行。

第四，“超限”训练。所谓“超限”训练，是指过分长时间地令犬重复同一动作或同一科目。这样，就可导致犬的神经系统过分疲劳，不但不能缩短训练过程，反而拖延训练时间，有的甚至造成犬被淘汰。这种情况常在多数犬训练进展较快，而个别犬进展较慢的情况下发生，多因操之过急所致。

第五，不适当的奖励。奖食、抚摸或“好”的口令，对犬的训练可起到奖励和强化的作用，如不科学地使用奖励，则会引起相反的作用，使犬模糊正确与错误的界限。

（二）环境的因素

1. 风的影响

风向、风速、风力都可影响训练效果，尤其对犬的嗅认能力和气味鉴别的影响更大。如风向、风力可影响气味的传送，改变迹线气味的方向和减低气味的浓度，或混淆鉴别物品的气味。一般来说，风力在 4 级以上的天气不适宜进行室外训练。

2. 气温的影响

气温升高超出犬的正常适应限度时，犬的神经系统会产生疲劳。如气温在 25 ℃时，犬呼吸加快，神经的兴奋性降低，这就影响训练效果。当气温很低时，气味不但不能上升和蒸发，反而逐渐下沉并浮于地表，以致与地面冻结在一起，明显地影响追踪、搜索等训练的进行。一般而言，气温在 5～15 ℃时最利于犬嗅觉作业的训练。

3. 湿度的影响

湿度过犬，影响气味的保留和传送，如大雨、大雪，不仅能冲刷掉物品上的气味，而且可覆盖住气味，使之消失；湿度过小，如长期干旱，能使气味的传送和蒸发加快，保留时间较短。同时，湿度过高或过低也会影响到犬的神经活动，降低犬的兴奋性，通常，最适合训练的湿度为 40%～70%。

4. 环境的影响

训练场所环境复杂，如车辆、人员、畜禽流动量大的地带，气味复杂难以辨别。此外，不同的地带保留气味的程度也不同。一般来说，草地、松土和树林，保留气味较好，而水泥地、柏油地、无草木的秃山地等保留气味的时间较短。

（三）饲养管理的因素

1. 饲养的影响

饲养与训练有密切的关系，只有正确的饲养，才能使犬参加正常的训练。如果餐具不洁，饲料有刺激性、不新鲜或饲料过热过凉、不定量，不保持一定的营养标准以及未给足够饮水等，都会影响到训练的效果。

2. 管理的影响

不按照训练规定，私自纵犬乱跑，任其与其他犬咬斗或胡乱咬人等，都会影响到训练，因此，在训练犬过程中，切不能将犬任意交给他人饲养和管理，要密切注意犬的行动，防止误咬事故发生。平时要培养犬良好的生活习性，做好卫生工作，防止私自交配等，以提高训练水平。

二、犬训练过程中的注意事项

每一个养犬爱好者都希望自己有一只听话、能按自己意愿办事的犬，这需要严格的训练才能达到。对于驯导员而言，更是希望自己的训练技巧和水平得到犬主的肯定。训练效果的好坏除了与犬的素质有密切关系外，驯导员主要应注意以下几个方面：

1. 掌握好训练的时机

犬的训练最佳时间应在喂犬前后 3～4 h，犬处于饥饿或半饥饿状态。此时的犬较愿意与人接近，食物对犬有极大的诱惑力，较容易训练。但要注意不能让犬处于极饥饿的状态下，此时犬因过度饥饿而导致兴奋性过高，同样不利于训练。

2.训练的环境要安静

在训练初期，防止环境对口令造成影响，通常要求环境安静，因犬对大的声响较敏感，常因突如其来的声响躲藏起来，而不愿接受训练。不可几个人同时驯犬，要求专犬专人，训练的手势动作不能太大。警犬、工作犬在进行少数科目训练时有时还刻意营造嘈杂环境，此种情况另当别论。

3.训练计划切实可行

犬的训练是项认真细致的工作，需要以科学的态度落实训练计划。通常应先进行基础科目的训练，然后再进行专业科目的训练。如3月龄的犬可加强灵活性等方面的训练，3～8月龄的犬进行服从性科目的训练，1岁以上的犬进行耐力方面的训练，不可颠倒，这样才能取得事半功倍的效果。

4.多种刺激结合使用

训练过程中，注意各种手段和条件的配合是非常重要的。机械刺激、食物奖励、口令、手势等手段要有机地结合使用。训练时既不能态度强硬，更不能放任自由，要刚柔相济，宽严结合，同时应要注意，在训练某一个动作时，不可采用过多的方式，以免犬无所适从。

5.需要有耐心和毅力

犬的训练是一项较枯燥的事，驯导员需要有足够的耐心和毅力，切勿急躁和粗暴。“天才”犬毕竟是少数，有的犬领会驯导员的意图比较迟缓，而有的犬生来就有“反叛”心理，如果因某些口令犬有时不能执行而采取粗暴的行为如漫骂、踢打等，反而会引起犬的畏缩和惊慌。

6.循序渐进，由简到繁

驯犬要坚持到底，不能操之过急，更不能半途而废。一般一次只能教学一个动作，不可同时进行几项训练。每次的训练时间不宜太长，通常不超过15 min。每天可进行多次训练。不要希望所有的犬都是“天才”，很多动作都是靠习惯性养成的。因此，训练中必须反复多次地进行，直到犬学会、做对、做到位为止。

7.劳逸结合

在训练的初始阶段，每个动作可以重复3～5次，以后随着条件反射的建立，动作的数量和重复次数可逐渐增加。当犬每完成一个动作时，应给予2～3 min休息。利用这段时间让犬游散，给犬自由行动的机会，以利于再训练。对于体力消耗较大的科目如匍匐、扑咬等，要适当地间断休息。每次训练之后，不要让犬有过度疲劳之感，以免犬对训练丧失兴奋性。

8.注意安全

在训练过程中，要保证人与犬的安全。对于兴奋性极强的犬，在训练之前应给予充足的活动，以降低其兴奋性，同时保证牵引绳的牢固，防止在训练过程中伤及驯导员或他人。在专业科目训练时，要注意检查设施、器材的安全性，防止犬只受伤。

故事三　如何训练警犬

【复习思考题】

一、名词解释

反射、反射强、机械刺激法、奖励、强迫、诱导、禁止

二、判断题

1. 机械刺激的方法都带有明显的强制性。（　）
2. 驯犬时，应遵循循序渐进的原则。（　）
3. 犬的条件反射就是人们所称的本能。（　）
4. 条件反射是犬在后天的个体生活过程中，对周围环境多次刺激，在大脑皮层内所形成的暂时性的神经联系。（　）
5. 训练犬年龄选择一般以6个月至3岁为宜。（　）
6. 手势是驯导员用手的一定姿势和形态来指挥犬的一种刺激。（　）
7. 受训工作犬的神经类型最好是活泼型和安静型。（　）
8. 结合训练法是驯导员采用一定的诱导刺激来引起犬的兴奋，使犬做出一定的动作的方法。（　）
9. 诱导训练法可以使犬迅速形成条件反射。（　）
10. 禁止是制止犬的不良行为而采用的一种手段。（　）
11. 强迫是指训练只使用机械刺激和威胁音调的口令，迫使犬准确而顺利地做出相应动作的一种手段。（　）
12. 制止犬不良行为要及时，最好在犬刚出现不良行为时加以制止。（　）
13. 在影响犬训练的因素中，环境对训练的影响最大。（　）
14. 使用强迫手段时，其机械刺激的强度要大于通常使用的机械刺激的强度。（　）
15. “非”的口令必须与强有力的机械刺激结合使用，态度表情要严肃认真。（　）

三、简答题

1. 犬的本能活动有哪些？在训练中应如何利用？
2. 条件反射与非条件反射的主要区别有哪些？
3. 条件反射建立的条件有哪些？
4. 受驯犬的选择标准有哪些？生理机能的考查包括哪些方面？
5. 驯犬的基本方法有哪些？
6. 驯犬的基本手段有哪些？
7. 犬训练的基本原则是什么？
8. 影响犬训练的因素有哪些？
9. 犬的神经类型有哪些？在训练中如何做到因犬制宜、分别对待？
10. 犬调教训练过程中应注意哪些事项？

项目四

幼犬的训练与调教

【项目描述】

本项目是根据宠物健康护理员、宠物驯导师等岗位需求进行编写，本项目主要是幼犬的培训与调教和幼犬不良行为的纠正，包括亲和关系培养、呼名训练、新环境适应培养、散步训练、定点排便训练、安静休息训练、唯主是从训练、定时定点采食训练、吠叫、扒门、啃咬物品、偷食、随地捡食、异常攻击行为等。为从事宠物健康护理员、宠物驯导师等工作做好准备。

幼犬的培训与调教是指根据犬的生物学特性，利用外界条件以及人为影响作用于幼犬生长发育过程，使其养成良好的行为习惯并学习社会行为。幼犬培训与训练是指对3～6月龄的犬进行训练。这个阶段的训练是整个服从性训练的基础，充分了解有关训练的基本知识，熟练掌握这套训练方法，把整个训练的模式框图牢记在心中再去训练，将会收到事半功倍的效果。这一阶段是在犬先天具有的本能的基础上，依赖于主人的调教，遵循调教与培训原则，培养犬形成良好的行为习惯、健康的心理以及比较完备的服务能力。训练中，应尽可能使用赞扬和鼓励，让犬轻松愉快地学习，避免批评与消极的矫正，带着固执偏激、低落情绪或其他错误的方法训练，会导致训练的失败。

【学习目标】

1. 掌握与犬进行亲和关系培养、呼名训练、新环境适应培养、散步训练、定点排便训练、安静休息训练、唯主是从训练、定时定点采食训练的方法；
2. 掌握制止犬吠叫、扒门、啃咬物品、偷食、随地捡食、异常攻击等不良习惯的方法。

任务1　幼犬的培训与调教

【情境导入】

幼犬的培训与调教是一项充满爱心的劳动。犬的行为是否有“修养”，完全依赖于早期培训与调教。早期培训好，会使犬训练有素，不招他人厌烦，这与人必须遵守社会准则的意义是相同的。幼犬在培训与调教过程中，要有耐心，遵守训练规则，具有奉献精神，而且必须精力充沛地投入。

问题：你认为幼犬需要训练吗？

一、亲和关系培养

所谓亲和关系是指采取一定的方法和手段使犬对主人或者驯导员产生信任和依赖，并对人的气味、声音、行动等特点能产生兴奋反应，使犬与主人或驯导员建立稳定的情感联系。建立亲和关系对幼犬今后的调教与训练是非常重要的，因为以后的调教与训练都是建立在犬与主人或驯导员的良好感情基础之上。绝大部分幼犬培训科目的开展都贯穿了犬与主人或驯导员的亲和关系，良好的亲和关系会使培训与调教获得意想不到的收获。就新购的幼犬来说，到达新居住的环境初几天内往往有一个不适应期，少则1～3天，多则1～2周，主要表现为慌乱不安、惊恐、寂寞等，如购入的幼犬是刚断奶或分窝，尚未独立生活的幼犬，这种不适应期会更长一点。但是，只要主人密切注意陪伴它，与它建立感情，它可很快将以前的牵挂遗忘，对主人产生依恋性。

（一）方法

1.给犬准备一个舒适的窝箱

幼犬购回后，应将犬放在准备好的室内犬床上，而不应放在院中或牲畜棚中，使犬与主人建立初步感情。

2.亲自喂食

俗话说“人恋恩，狗恋食”，食物是犬类动物与人类在一起共同生存的根本驱动力，也是犬生存的第一要素。远古的犬类就是因为发现和人类在一起经常会得到人类打猎食后遗弃的食物残骸，才主动与人类相伴到今天。因此，在早期培训与调教阶段一定要亲自喂食，满足犬的第一需要，以增进彼此的信任和情感，使犬的依恋性不会受他人喂食的诱惑而减弱。

3.多与幼犬接触

幼犬购回后，主人每天都必须花费一定的时间来陪伴和调教它，不断地设法与幼犬交谈、游玩、逗乐，使幼犬感到无穷的乐趣，喜欢与主人在一起戏耍，对主人产生依恋性，从而确立犬与主人的初步感情。

4.呼叫幼犬的名字

每条犬都有自己的名字，简单易记的名字往往让幼犬能愉快地接受并牢牢记住，驯导员必须尽快让犬习惯于呼名。犬在没有习惯呼名前，犬名对犬来说只是一种无关刺激的信号而已。当驯导员多次用温和音调的语气呼唤幼犬名字时，呼名的声音刺激可以引起犬的“注目”或侧耳反应，这时驯导员应该给犬喂食或带它散步等亲密的活动。通过有规律地反复之后，驯导员对犬的呼名就具有指令性的信号作用，犬习惯于呼名。但驯导员也要注意，不要不分场合和时间总把犬的名字挂在嘴边，这样即便每次召唤都给予奖励也易使犬产生抑制而不听召唤。

5.带幼犬适当进行运动

带幼犬适当运动，给其自由活动的机会，可以消除犬的戒备，在跑动中愉快地呼唤犬的名字，并适度地抚拍，可增进犬对驯导员的依恋性，也使幼犬得到了运动锻炼。

6.“好”的口令和食物奖励

“好”的口令要求用普通音调或奖励音调发出，同时与美味食物结合使用。通过多次训练后，“好”的口令并不是可以随便使用，通常在犬按驯导员的意图完成某种动作后给予。在调教的过程中，“好”的口令可以鼓励犬去执行驯导员的命令，完成指定的训练动作。但如果没有完成，切记不能给予“好”的口令，这样会加深犬对所发的口令不予理睬的毛病。奖励美味食物也是同样的道理，在调教的过程中，要正确地使用食物奖励，不要在发出口令时就给予奖励，这样犬不知为何得到奖励，结果使犬感觉受食来得容易，最终习以为常，使奖赏失去了应有的作用。因此，食物奖励只有在犬正确理解驯导员意图并做出正确动作时使用。

7. 抚拍

就是抚摸和轻微拍打犬的身体部位，尤其是犬的头部、肩部和胸部。抚拍是使犬感觉舒服的一种非物质刺激奖励手段，通常与“好”的口令结合使用。抚拍的力度不宜过大，否则会使犬产生疼痛感，变成机械性刺激。除了让犬站立接受抚拍外，还可以在犬坐着时进行。驯导员也可以用手握住犬的前爪上下摇动，使犬觉得舒服，并带有一定的玩耍性，这样就能起到完美的抚拍效果。

（二）步骤

犬与驯导员建立亲和关系，除了犬先天易于驯服的特性外，主要是通过饲养管理，逐渐消除犬对人的防御反应和探求反应，使犬熟悉驯导员的气味、声音、行为特点并产生兴奋反应而建立起来的。从实践上说，犬对驯导员的依恋性，是因为驯导员及时有效地运用喂食、散放、梳刷、呼名、抚拍、玩耍等手段的结果。后期的训练项目，也能增强犬对驯导员的依恋性。

1. 在清静环境中建立亲和关系

初次和接受调教的幼犬接触时要选择一个安静的环境，身边不宜有更多的人或犬。保证感情交流是一对一，这样才会让犬感觉驯导员十分在乎它，从而增强人犬之间的相互依赖感，达到增进交流目的。这样连续 2～3 天，犬就会很快熟悉驯导员，并初步产生依恋性。这时，可以适当地将犬放开，让其自由活动，但要注意犬的行为表现。同时还要时刻注意周围环境，预见并及时处理可能出现的情况，确保犬的安全。

2. 一般环境下亲近关系的培养

一般环境是指有人、犬、车辆等外界刺激干扰，是犬比较熟悉的环境。在这种情况中，使犬养成一定的抗干扰能力，从而表现出良好的亲和关系和服从性。在这阶段主要解决的问题是“前来”问题。常用的方法是将犬放开，让其自由活动，排大小便，然后令犬“前来”。如果犬因其他因素的干扰而不服从命令，驯导员可以采取拍手、蹲下、后退、朝相反的方向急跑、躲藏等方式诱导犬前来，迫使犬服从于驯导员的呼唤。对犬随地捡食等不良行为，必须及时制止。如果犬在有干扰的情况下，听到驯导员的呼唤，能够迅速“前来”的话，说明亲和关系达到了一定层次。必须注意的是，如果犬不能执行，驯导员不能跑上去抓犬，也不能在犬开始靠近驯导员时用突然的动作控制犬，以免犬对驯导员产生恐惧感，不敢接近。

复杂环境下亲和关系的培养复杂环境通常指车来人往的大街上、闹市区等地方。这些地方，犬容易受到外界各种刺激的影响而不服从驯导员的召唤。因此驯导员必须牢牢控制犬，让犬始终在驯导员身边活动和行走。当犬对某种刺激表现恐惧时，应及时缓和其神经活动，如果表现出主动防御而进行攻击时，应当立即加以制止。如此反复训练，使犬能够完全适应外界刺激的干扰。

(三)注意事项

1. 驯导员应始终保持良好的情绪

这要求驯导员要通过欢快的声音、轻柔的抚拍、正确的奖励方法积极地和幼犬交流,让它感觉到和你在一起是件非常愉快的事情。幼犬到了新环境总喜欢嗅闻,检查房间的每一个角落,甚至钻进衣橱,在这种情况下,不必过多地责备,因为太多的限制反而会使它感到沮丧,甚至对你产生敌意。

2. 清静而单一的环境

清静的环境使得犬只能把注意力放在驯导员的身上,使犬只对驯导员产生信任和依赖。

3. 多与幼犬接触

通过与犬玩耍增加亲和关系,丰富亲和内容,使犬始终保持轻松愉快的心情,从而增强人与犬的依恋关系。

4. 关注幼犬的攻击行为

幼犬之所以攻击陌生人和驯导员,完全是出于一种自我保护。对带有攻击性的幼犬,驯导员一定要特别关注,在没有取得犬的完全信任前,不要去谋求和它进一步的接触。应给予充足时间,用喜欢的食物喂它,在它解除了对你的防备后,再寻求和它进一步接触。

二、呼名训练

幼犬的调教与训练至关重要的一步就是呼名训练。一般取名常使用犬易分辨和记忆的单音节或双音节清亮词语,越简单越好,不宜太长和拗口。

(一)方法和步骤

1. 给幼犬取名

给幼犬取名,可根据犬的毛色、性格及自己的爱好来取名,最好选用容易发音的单音节和双音节词,使幼犬容易记忆和分辨。如果幼犬有两只以上,名字的语音更应清晰明了,以免幼犬混淆。

2. 选择适宜的时间和地点

选择在犬心情舒畅、精神集中的地方,与主人或别人嬉戏玩耍或在向你讨食的过程中进行。训练必须一鼓作气,连续反复进行,直到幼犬对名字有了明显的反应时为止。当幼犬听到主人呼名时,能迅速地转过头来,并高兴地晃动尾巴,等待命令或欢快地来到人的身边,训练就初步成功。少数犬如北京犬就会装耳聋,明明已听到呼它名字,却不做出反应,所以应在训练中注意这一点,发现后及时纠正。

3. 利用食物奖励和抚慰训练

方法在幼犬对呼名有反应后,立刻给予适当的奖励(如食物奖励或抚拍)。另外,切忌在呼犬名时对其进行惩罚,使犬误认为呼其名是为惩罚而不敢前来,影响训练效果。

4. 呼名语气要亲切和友善

在训练过程中要正确掌握呼唤犬名字的音调,同时要表情和蔼友善,以免造成唤犬名引起害怕,尤其是当犬听到呼名做出反应或马上跑回到主人身边时,不仅要轻轻拍它,而且也表现得很亲近温和，使犬逐渐形成一种条件反射，呼叫来就必须过来，就会得到一种好处。

（二）注意事项

（1）犬名只能固定一个，不能随意更换。如果不同的家人、不同的场合和不同的阶段对犬名的叫法不一样，就会给犬造成混乱，也不便于犬对名字形成牢固的记忆和条件反射。

（2）犬名要有易辨性。在幼犬调教和训练过程中，如果犬名与常规训练科目同音，会造成犬将主人呼唤的名字与要求执行口令相互混淆。同时，由于犬与主人及家人同在一个生活环境中，如果犬名与家人名字有同音字，则容易造成呼唤犬名的混淆。

三、新环境适应培养

（一）方法和步骤

犬刚到新的环境以后，常因惧怕而精神高度紧张，任何较大的声响和动作都可能使其受到惊吓，因此要避免犬声喧哗，更不能出于好奇而多人围观、引逗。最好将其直接放入犬笼或在室内安排好休息的地方，适应一段时间后再接近它。接近犬最好时机是喂食时，这时可一边将食物送到犬的眼前，一边用温和的口气对待它，用温和的音调呼喊犬的名字，也可温柔地抚摸其背毛。所喂的食物应是犬特别喜欢吃的东西，如肉和骨头等。犬起初可能不吃，这时不必着急强迫它吃，当犬适应以后通常会采食。如果它走出笼或在室内自由走动，表示已经适应了新环境。犬有这样的一种习惯，即来到新环境以后，第一次睡过觉的地方就被认为最安全，以后每晚睡觉都会来到这个地方来，因此，第一天晚上它睡觉时一定要在犬笼或犬室内指定睡觉的地方，即使成年犬也是这样。数天后，就会固定下来，如果偶尔发现它在其他地方睡觉，就要将其抱回原来地方。犬一般经3～5天后就会适应新的环境。

（二）注意事项

1.友善待犬

在适应新环境期间，要友善对待犬，不能对它进行机械刺激和打骂。如果犬按着驯导员或主人的要求做了某些事情，要及时予以奖励，让它知道这是驯导员或主人所喜欢的事情。

2.身体力行

在犬适应新环境阶段，最好由驯导员或主人亲自饲喂。让犬到新环境行走，慢慢进行呼名训练，从而建立牢固的亲和关系。

3.防止逃跑

在犬适应新环境阶段，还要防止其逃跑。如发现幼犬行动诡秘，躲躲闪闪，不听招呼时，必须立即制止，予以斥责，使其不再想要逃跑。

四、散步训练

幼犬到80～90日龄时，因其已能习惯带上脖圈，拴上牵引带，在这一阶段应加强幼犬散步的调教与训练。

（一）方法和步骤

1.使犬适应牵引带

幼犬的牵引带，可用系有一轻质牵引钩的短棉网绳制成，长0.8～1.0 m，脖圈则可用软而平滑的尼龙制成，宽以 0.6 cm 左右为宜。为使幼犬习惯于牵引带，可先让它系着牵引带玩耍或奔跑 20 min 左右，犬会忘记身上系着的牵引带给它的限制，而像平常一样顽皮地蹦跳奔跑。

训练结束后要取下牵引带。在非训练时间，不要将牵引带系在犬的脖圈上。一段时间后，幼犬就能习惯系短牵引带。当幼犬适应短牵引带后，再换用长约 1.8 m 的棉制牵引带。

2. 掌握牵引带的正确使用

将牵引带末端的套环挂在右手拇指上，轻轻把牵引带靠套环一端 1/3 段折叠握于右手，右手抬至齐腰高度。在训练时，即使折叠的一段牵引带被犬挣脱了，驯导员仍然握住了牵引带套环，可以控制住犬，主要目的是为了让幼犬习惯于牵引。

3. 选择较安静场所

开始散步时，陌生的环境和气味使幼犬很感兴趣，犬会完全忘记主人的存在而到处乱跑。选择一个安静的地方训练，可减少犬的好奇心，对外界环境的反应较小。在一个新环境中，犬会习惯地表现出惊异地嗅闻，有时会莫名地欢腾乱跳，有时在原地许久未动拒绝同行。遇到类似现象是正常的，此时应用温和的语调呼唤犬的名字，并用新奇物品逗引犬，如犬来到身边，应充分鼓励。

4. 户外训练的时间逐渐延长

第一次散步的时间一般不超过 10 min，随后几天逐渐延长训练时间。一般 1 周后散步时间可延长到 20 min，6 月龄的犬散步时间不超过 30 min，6～9 月龄可延长到 1h。

(二)注意事项

1. 注意牵引带的使用方法

在刚开始训练幼犬散步时，牵引带的使用方法正确与否将对训练效果产生重要影响。驯导员在实际接触幼犬前，应跟有经验的驯导员学习使用牵引带，学会利用牵引带来控制犬。应选用轻质固定扣环的脖圈，因为幼犬发育尚未成熟，颈部肌肉还不强健，颈椎骨较软，比较弱小无力。如果用硬质笨重的脖圈，加上纠正不良行为时用力过猛，很可能会伤害幼犬。此外，如用活环的脖圈，可能在牵引时颈部勒得太紧，使犬惧怕戴脖圈和牵引带，对训练造成不利影响。

2. 牵引带要自由灵活

牵引带不宜扯得太紧，应有紧有松，灵活适度，以保证犬运动自由。在系牵引带时，为消除犬的疑虑，讲话语调要柔和。给犬系上牵引带后，犬可能会尽力挣脱，此时驯导员应跟着犬走，主动适应幼犬。牵引带要始终保持松弛状态，使脖圈没有任何拉力。如果牵引带缠绕驯导员或犬的四肢，应停下来慢慢解开牵引带，同时为了不使犬紧张，要轻声地呼唤犬的名字。解开后，幼犬可能不愿意继续行进，此时驯导员应握着牵引带先走几步，呼唤犬名鼓励犬继续走，必要时可轻轻拉下牵引带。当犬开始跟着走时，应充分奖励它，可边走边表扬，行进时始终让犬在驯导员的左侧。

五、定点排便训练

培养幼犬定点排便是使幼犬有良好行为习惯的重要手段之一，特别适用于家庭养犬。犬主可以通过对幼犬的训练培养，使其到固定地点排便。幼犬一旦会爬行就离开犬窝排便，幼犬喜欢嗅找从前排便过的地方。如果幼犬住在房间外或能自由进出犬舍，会自己选择排大小便的时间、地点。此时只要在幼犬常活动的地方放些泥土或乱草，很快幼犬就会选择这一地方作为“厕所”。为了防止幼犬外出时随意排便而污染环境，在这一阶段要加强定时定点排便训练。室内养犬时，一般可放在车库或阳台、浴室的角落，放有旧报纸或硬纸板并铺上一层塑料薄膜作为简易的厕所，也可训练幼犬到移动厕所排便。

(一)方法和步骤

1.排便地点应较隐蔽

在犬舍隐蔽处选固定角落，放置一张报纸或塑料布，上面撒些干燥的煤灰或细砂，上放几粒犬粪，表明过去曾有犬在此大小便。

2.关注犬排便前的举动

排便训练的关键一点就是要掌握犬在排便之前有何特殊的举动。不同的犬会有不同的举动，有的犬大便前会来回转个不停，有的则是忽然地蹲下来。幼犬的训练应充分利用犬吃食后想排大小便的机会加以驯导。主人立刻将犬抱进已准备好的带有泥土或杂草的盒子里，训练犬“如厕”，幼犬每 3 h 左右一次，发现犬有排便的预兆，如不安、转圈、嗅寻、下蹲等，立即将犬抱进盒子里或人用的厕所里让它排便，经过 5～7 天，犬一般就会自己主动到自己的厕所或固定地点排便。

3.正确奖励方法

在掌握了犬排便前的举动后，当出现这些征兆时，立即把它带到事先选择好的排便地方，直到排便结束，立即进行奖励，可给以食物或抚摸。当犬在一定的时间内排完便后，应充分地奖励它，然后再在犬的熟悉环境里游戏、玩耍后，让犬回犬床睡觉。如犬仍然随意大小便，或因发现过晚，犬已开始排便，给予斥责并强行把它带到应去的地方，令其排便，数次重复后，犬就能学会在指定的地点排便。

(二)注意事项

1.不能用粗暴的方法惩罚

在犬已排便后训斥是毫无意义的。甚至有人把犬拖到排便物前，按下犬头让它嗅闻，边打边训斥，这种方法是极其错误的，只会给犬造成“被虐待”的坏印象。这种印象一旦形成，会使犬产生上厕所是件可怕的事，即使再带它到厕所里，它也不会排便，甚至会躲避主人，事后在一些隐蔽地方排便。

2.地点应固定

选定的排便地点要固定，这样有利于犬形成条件反射。如果经常更换，会给犬造成可在任何地点排便的印象，定点排便也就失去意义。

3.掌握幼犬生活规律

定点排便训练前应掌握幼犬的生活规律，同时还要注意犬的健康、饮食等方面。犬通常在采食后 0.5～1h 及睡觉前后 0.5～1h 排便的可能性较大，应重点关注这两个时间段内幼犬的举动。如犬能在指定地点排便后，可进行定时排便训练。定时排便训练必须保证饲喂的定时。幼犬如果患上痢疾，首先要进行治疗，让幼犬恢复健康后，再进行定点排便训练。

4.排便时要保持安静

看见幼犬遗便要保持安静，不可失声喊叫，否则会使犬受惊，影响犬的排便训练。

六、安静休息训练

宠物犬对人的依恋性很强，与人在一起时会安心地卧在脚旁或室内某一角落。当犬主休息或外出时，它会发出呜咽或嗷叫，尤其是小型的伴侣犬、玩赏犬，从而影响主人休息或周围的安宁。

(一)方法和步骤

1. 选择犬窝

首先要为幼犬准备一个温暖舒适的犬窝，里面垫一条旧毯子先与犬游戏。待犬疲劳后，发出"休息"的口令，命令犬进入犬窝休息。如果犬不进去，可强制命令其休息，休息时间可以出最初的 3～5 min 慢慢延长到 10～20 min，直至数小时。

2. 放置一些玩具

把小闹钟或小半导体收音机放在犬不能看到的地方(如犬窝垫子下面)，当主人准备休息或外出时，令犬进去休息。因为有小闹钟和收音机的广播声(音量应很小)可使犬不觉得寂寞，从而避免犬乱跑、乱叫。经过数次训练之后，犬就形成安静休息的条件反射。

(二)注意事项

在安静休息的培训与调教过程中，除了主人或驯导员以外，其他人员在对幼犬的教育训练应保持同样的认识，采用统一口径。对幼犬做出的某一件事，如果有人态度暧昧，有人训斥责备，幼犬就会很迷惑，不能分清是对是错、该不该做。如幼犬发出呜咽或嗷叫时，应立即斥责批评；当幼犬按照指令安静休息时，则要表扬。在训练中最重要的是必须坚持不懈。

七、唯主是从

如果主人想拥有一只完全听从自己的犬，和爱犬一起度过所有的欢乐时光，这是完全可以做到的，但要求幼犬的饲养、管理、调教和训练由犬的主人亲自进行，不得允许其他人训练、抚摸、奖励和饲喂犬。主人要使犬确信，在这个世界上只有你是最爱它的，因而主人应请他人经常对犬进行挑衅和威吓，主人应对其他人进行惩罚，与此同时对幼犬予以奖励。一段时间后，幼犬就会养成唯主是从的习惯，有些品种的犬天生具有这种习性，如京巴犬、八哥犬、藏獒、日本秋田犬等。在训练过程中，要注意幼犬的逆反心理。幼犬的这种心理在 100～250 天时就会出现，幼犬就会变得有主见，对主人或他人的强烈刺激较敏感，幼犬很快就会失去对主人的信赖感。因而在这个时期，犬主需要有足够的耐心，要坚持循序渐进的诱导方法，既不能迁就幼犬的不合理要求，也不能强行、粗暴、过度地刺激犬。只有这样，幼犬才能信赖、尊敬和服从主人，否则幼犬就会变得唯我独尊，而不是唯主是从。

八、定时定点采食训练

有些犬主因工作较忙，每天早晨给犬足够的食物，以便犬的全天采食。这种做法极不科学，也很不卫生，特别是夏天，由于食物放得太久容易变质，犬采食后就会导致腹泻。幼犬习惯在固定的场所采食，如经常更换采食地点，可能会引起犬的食欲不正常。因此，养成幼犬定时定点采食的良好习惯是很有必要的。

(一)方法和步骤

1.定时采食

幼犬期间,每天不管是喂1次还是2次,最好都在相对固定的时间内喂食。定时间喂可以使犬每到喂食时间胃液分泌和胃肠蠕动就有规律地加强,饥饿感加剧,使食欲大增,对采食及消化吸收大有益处。如果不定时间喂,则将破坏这一规律,不但影响采食和消化,还易患消化道疾病。幼犬通常每天可喂3次,早、中、晚各1次,且每次的饲喂时间应相对固定。不同季节的饲喂时间不尽相同,通常春季、冬季饲喂时应早餐宜晚、晚餐宜早,夏季、秋季饲喂时应早餐宜早、晚餐宜晚,以保证幼犬的正常睡眠时间,但应注意同季节内的饲喂时间应相对固定。犬采食后离开食盆时,即使食物还没有吃完,也要拿走食盆,这样做既卫生又方便饲养管理,更利于定时采食习惯的养成。

2.定量采食

每天饲喂的日粮要相对稳定,不可时多时少,防止犬吃不饱或暴饮暴食。随着幼犬的生长,应及时调整饲喂量以满足幼犬的生长发育。应注意,不同个体间的食量可能有差异。中小型犬通常按每千克体重饲喂20～25 g饲料,基本能满足幼犬的营养需要,同时可保证幼犬在10～15 min内吃完。犬主应根据幼犬采食时和采食后的行为来判断喂量是否合适。幼犬如果在5 min左右采食结束,且仍然舔食盆上残留的饲料,表明饲喂量可能不足,需要适量添加;如幼犬在15 min内不能吃完,且在采食过程中时而离开,时而返回继续采食,表明饲喂量可能过多,需要适量减少。

(二)注意事项

1.把握饲喂时机

可在正常饲喂幼犬的时间内进行,但必须保证幼犬处于饥饿状态,这样才能准确地把握每次的饲喂量。

2.与不良采食行为的纠正同步训练

在进行定点定时采食训练时,可与幼犬不良采食行为的纠正同步进行,这包括拒绝吃陌生人的食物、不偷食、不随地捡食等。

任务2　幼犬不良行为的纠正

【情境导入】

宠物犬作为家庭中的一员,必须通过调教养成人们喜欢的文明行为。如不注意平时调教,幼犬会养成一些不良习惯,如随便吠叫、搔扒客人、抓扒或啃咬家具等。只有饲养一只训练有素的犬,主人才能从中获得乐趣,免除不必要的麻烦。犬的不良行为有先天性的,也有后天形成的。宠物犬文明行为的调教培训,应从幼犬开始,对于已养成不良行为的犬,纠正时需要有足够的信心和持之以恒的耐心。

问题:幼犬最让你头疼的坏习惯有哪些?

一、吠叫

不少幼犬在刚到新家的第1天中，常会不停吠叫。有人逗它玩或守在旁边时表现得较温顺，但如果让它独自留守或犬主夜晚休息时关灯，幼犬就马上开始吠叫，犬主走近时，它就会停止吠叫。反反复复，吵得犬主整夜无法入睡，还惊扰了邻里人家。

幼犬吠叫的原因主要是离开原来的群体，新到一个陌生的环境而产生恐惧感或者是感到寂寞孤独。纠正幼犬无故吠叫，最好在入睡前把幼犬关入笼子，而且不要关灯，在笼中放置玩具或咬骨供幼犬玩耍，幼犬玩累了自然会睡觉。必要时可在旁边开着一个收音机，调到一个通宵节目频道，音量调小些，可令幼犬安心休息。

幼犬如果仍然吠叫，犬主可装作听不到，任其自然。切忌幼犬叫，犬主就过去呵护、安慰，这样会使幼犬产生只要吠叫就招致犬主过来陪护的感觉。也不能因为幼犬夜里吠叫就严厉地训斥，更不能实施暴力的体罚，否则幼犬虽暂时停止了吠叫，却会因此而产生对犬主的恐惧和不信任感。

幼犬在适应新环境期间，犬主应友善对待幼犬，尽可能多陪伴幼犬，努力缩短幼犬对新环境的适应时间。一般而言，幼犬在2～3天之后就会因逐步熟悉和适应新环境而停止夜里吠叫。

二、扒门

幼犬单独被关在家中，有时会表现出异常的惊慌、不安，在家中来回走动，有的甚至会出现扒门的现象。幼犬扒门的不良行为当场纠正效果较好，一经发现，应立即制止。常有以下几种方法纠正幼犬的扒门现象：

1.恐吓法

主人当听见第一次扒门的声音时，应快速地将门打开，拍打房门或以卷叠的报纸恐吓犬，也可用抛扔小型物块的方法惊吓幼犬，同时发出“非”的口令，但不能体罚幼犬。幼犬很快明白扒门会使犬主不愉快，一旦幼犬停止这种行为，应及时给玩具奖励进行强化。

2.分散注意力法

幼犬因长时间被拘禁而感到无聊出现扒门行为，可通过适当的户外活动、游戏等来调节纠正幼犬的这一不良行为。也可通过给犬一个安全的玩具或听音乐的方法来分散犬的注意力，以达到纠正的目的。

3.气味刺激法

在幼犬经常扒抓的地方涂上特殊气味(幼犬极敏感)，给幼犬造成一个消极的环境。也可将气味刺激法与恐吓法和分散注意力法结合使用。平时训练过程中，应将这几种方法结合使用，训练效果更佳。

三、啃咬物品

有些犬会啃咬家具、衣物等东西，给犬主造成一定的损失，犬喜欢啃咬东西可能有3方面的原因：一是幼犬对周围的环境充满好奇，把物品当作玩具；二是幼犬在出生后3～6月时，乳牙要转变为恒齿。此时特别喜欢咬东西，是牙床发痒而产生一种胜利欲求的现象；三是由于幼犬的精力旺盛，以啃咬东西作为消遣或发泄。一般犬都或多或少地具有啃咬物品的习惯，完全没有啃咬物品习惯的幼犬，要么身体患病，要么秉性不好。啃咬家具、衣物的不良行为当场纠正效果较佳，一经发现，应立即制止。

发现幼犬出现这种不良行为时，主人安静地走近幼犬，用手支住它的上颌部，把物品自口中取出，同时以威胁的音调发出"非"的口令或用手轻拍打幼犬的鼻子，并重复"非"的口令，反复训练，即可制止幼犬乱啃物品的坏习惯。在进行这种不良行为纠正时，除了正面进行惩罚外，还应根据具体情况，减少幼犬啃咬物品的机会。幼犬在室内时限制其玩耍，可放在犬笼中，选择些玩具让幼犬啃咬；增加在外面活动时的机会；也可在幼犬磨牙期间，把可啃咬的物品放置于犬不易够着的地方或收藏起来。所有这些方法的采用，其主要目的就是尽最大可能地减少幼犬接触被啃咬物的机会，同时加以正确的引导。

四、偷食

犬是天生的"清道夫"，特别是幼犬，见到什么食物都想吃，偶尔的偷食会加速、加深偷食行为的形成，最终形成"惯偷"的坏毛病。在幼犬良好生活习惯养成的过程中，应注意对偷食陋习的纠正。当发现幼犬在家中偷食时，应以严厉的口气制止，并最好常用一个固定的词语如"No"，制止时态度与表情要坚决，细声细语或表情不严肃则犬会以为在与它玩耍，不能起到有效的制止作用。犬被制止后会夹尾、低头，一副可怜相，此时切忌理睬，更不能立即去安抚。幼犬停止这种不良行为时，应及时给犬奖励。反复多次，即可达到制止效果。纠正幼犬偷食的不良行为，最好从预防做起，养成幼犬不寻找食物的习惯。每次喂食时，都要将食物放在食盆中，不能直接从餐桌上取食喂给，让幼犬懂得只有服从才能有食可吃。作为一种预防，最好把引诱性强的食物放在幼犬找不到或够不着的地方。

五、随地捡食

随地捡食，一方面可能是因为犬饥饿，另一方面是犬的天性。但如果食物不洁或不安全，犬捡食后可能引起消化不良，甚至会有生命危险。幼犬良好生活习惯的养成，应该纠正其不随地捡食的不良行为。常用的方法主要有以下几种：

1.机械刺激法

带幼犬外出散步时，不能让犬捡食地面上的食物。如果发现它想捡食时，应立即发"非"的口令，并伴以猛拉牵引带的刺激，当犬停止捡食之后，应给予奖励；如食物已被咬于口中，必须强制打开犬嘴，掏出食物，然后给予抚摸或奖食。在此基础上，可将食物藏在隐蔽处，主人或驯导员用长绳控制犬，采取上述方法训练，直至解脱长绳，犬在自由活动中，能闻令而止，彻底纠正犬捡食的不良习惯。

2.欲擒故纵法

在幼犬经常游散的地方，提前放置一些犬喜爱的食物。如香肠、鸡肉等，再在这些食物中掺入令犬讨厌的气味如酸味、辣味和苦味等。牵引犬让犬前去捡食，充分感受这些气味的强烈刺激和因此带来的痛苦不适。通常经过2～3次，犬会养成不随地捡食的习惯。

3.预防法

平时应注意幼犬饲料的调制，保证其全价性和适口性，尽可能饲喂颗粒料，且每餐的喂量要足。这样，在幼犬外出活动时，就不会因为饥饿而随地捡食。当然，以上3种方法都有一定的局限性。在对幼犬的日常调教和训练过程中，应充分将这几种方法结合使用，取长补短，会达到更好的效果。在训幼犬不随地捡食的同时，还应注意纠正幼犬捡食粪便的陋习。纠正幼犬捡食粪便的陋习，应主要从杜绝粪源角度着手，调教的方法也可参照上述方法。

六、异常攻击行为

幼犬的异常攻击行为主要有无故攻击行为、犬间的争斗行为和攻击人的行为三种。

(一)无故攻击行为

幼犬的攻击行为是其一种本能，但无故的攻击则多是犬主纵容的结果，在大型的工作犬中更为多见。纠正犬这一不良行为，主要是通过机械刺激手段结合平时严格的管理来解决。当犬攻击他人或动物的行为即将发生或正在进行时，对犬发出“非”的口令，同时猛拉牵引带。如犬停止攻击应及时对犬进行奖食强化，多次人为创造类似的积极环境引诱犬，多次反复调教，直至犬对“非”的口令建立条件反射。在以后的饲养和训练过程中，在加强管理的同时，需要不断地进行强化。

(二)犬间的争斗行为

家庭中饲养多只犬时，常会出现犬与犬之间打架、撕咬的情况。多发生于同性别犬之间，异性犬之间较少见。其主要原因主要是犬间争夺支配地位，都希望得到主人更多的关心与爱抚。纠正犬间的争斗行为主要有以下几种方法，在实际使用过程中可结合灵活运用。

1.机械刺激法

对生性好斗的犬，一经发现与其他犬打架时，应给予严厉惩罚，如用水枪冲击犬面部，使其明白自己的这种行为是主人或驯导员非常不愿意看到的。同时，平时应多加强对好斗犬的控制，尽可能避免与其他犬的接触。

2.预防控制法

犬只在饲养时，避免将体型相差不大的犬混养。在饲喂时，尽可能不在同一时间饲喂养多只犬，可先饲喂个体较大、平时领导地位明显的犬。大型犬与小型犬因形体与特性上的差异较容易互相达成共识，彼此和睦相处。结合饲养可有效地减少犬与犬之间争斗现象。

3.顺从强化法

在平时的饲养管理过程中，留意观察，判断处于支配地位的犬只，在与处于支配地位的犬接触中，应给予其充分的尊重与特权，如给以更多的关心，或外出散步时让其走在最前面等。如果其他犬不服从，应及时对它们加以惩罚。这样就强化了犬群间的支配与服从关系，一般不会再出现犬与犬之间争斗的不良行为。

(三)攻击人的行为

犬的攻击行为是其本能。只有当犬认为自身安全受到威胁、侵犯或受到不良待遇时，才表现得较明显。少数从小娇生惯养的小型犬可能会由于嫉妒心理而攻击小孩。我国少数地方实行的“打犬令”，某种程度上更是刺激了犬对人的戒备心理，加大了犬攻击人行为发生的可能性，这点应引起各级部门的重视。引起犬攻击人的原因很多，应根据其不同原因采取不同的纠正方法。

1.奖惩并举、以奖为主

对于领地意识很强的犬采用。当来访者出现时，犬主人要给予更多的爱抚和食物，同时也让来访者善待犬只，使犬明白来访者并无恶意。如果犬对来访者采取攻击行为，主人应给以呵斥或击打等惩罚，让犬明白主人不喜欢它随便攻击别人。同时应注意主人不宜与来访者打闹，以免犬因误解而攻击来访者。

2.爱心引导法

对于嫉妒心理较强的犬采用。犬因嫉妒心理而对小孩实施攻击时，首先应及时制止，然后当着小孩表达对犬足够的爱心和爱抚，让犬明白自己在主人心目中的地位，同时也可让小孩饲喂给犬特别喜爱的食物，引导小孩和犬的友善相处。经过多次接触，犬就不会再攻击小孩。

3.防微杜渐法

对于凶猛性高、经常出现攻击外来目标的犬采用。此类犬通常体型较大，攻击性强。对于此类犬，最好的办法是送至专门驯养凶猛性犬的部门对犬进行专门的调教。规范犬的攻击行为，同时加强日常管理，不要让犬单独外出随意玩耍。外出时应对之进行严格控制。

4.综合管制法

对于经常被虐待而形成心理阴影的“疯犬”采用。“疯犬”通常由于在幼年时遭人打过而产生心理阴影，犬为报复人类而对人实施攻击。对于此类犬，一方面主人在平时要加强管理，不应随意散放犬；另一方面应给予充分的关心和爱护，让犬慢慢消除心理创伤，逐渐与人友好相处。当犬攻击人时，应及时加以最严厉的制止；如果多次调教后犬仍然对人攻击，则应选择淘汰。

故事四　警犬小全的故事：忠爱无言，有你在心才安

【复习思考题】

1.幼犬的培训与调教有哪些意义？

2.简述幼犬培训与调教内容及注意事项。

3.试述亲和关系培训与调教的方法与步骤及注意事项。

4.呼名训练应注意哪些事项？

5.试述幼犬定时定点排便的训练方法与步骤及注意事项。

6.简述牵引带的选择与使用方法。

7.简述犬有哪些不良行为，如何给予纠正？

项目五

犬的科目训练

【项目描述】

本项目根据宠物健康护理员、宠物驯导师等岗位需求进行编写。本项目为犬的基础科目训练、犬的玩赏科目训练和犬的专业科目训练，包括建立犬对驯导员的依恋性关系、随行、游散、延缓、坐下、立、前来、衔取、吠叫与安静、拒食、越障碍、卧下、躺下、匍匐、游泳、坐立、站立、后退、前进、接物、乘车、跳舞、睡觉、回笼、打滚、跳跃、算术、识字、绕桩、钻火圈、谢幕、搜索、追踪、鉴别、警戒、监视与押解、巡逻等训练。学习本项目为从事宠物健康护理员、宠物驯导师等工作做好准备。

犬作为人类最忠实的朋友，属于典型的高智能动物，其反应敏捷，记忆力、判断力和模仿能力都较强。通过训练，犬可以根据人的有声命令，甚至一个手势或眼神就能按照人们的要求做某些事，学会一些常见的、具体的或较为复杂的工作，为人类的工作、学习和生活增添无穷的乐趣。犬的训练科目主要有基础科目、玩赏科目以及专业科目等方面。玩赏科目主要针对一般的中小型宠物犬，专业科目主要针对大型的工作犬，而基础科目则适用于所有类型的犬。

在警犬和宠物犬的基础科目训练中，应先着重训练前来、亲和、坐下、卧下、吠叫、衔取、禁止、站立、坐立、匍匐等与使用实际需要直接有关的科目，而其他的科目可在使用的过程开始前后，相继穿插进行训练。

每一个科目的训练可根据情况划分为2～3个阶段进行，即先建立对口令、手势的基本条件反射，再使科目的动作规范化、完善化，此后再逐渐进入比较复杂的环境条件中锻炼。在每一个阶段中，可以从实际需要出发划分若干个步骤进行训练，训练时，除必须掌握基本的刺激手段外，可根据犬的具体情况采用多种方式，不应强求一致，要有创造性和应变性、灵活性。

【学习目标】

1. 熟悉建立犬对驯导员的依恋性关系的要点；

2. 掌握基础科目中随行、游散、延缓、坐下、立、前来、衔取、吠叫与安静、拒食、越障碍、卧下、躺下、匍匐、游泳、坐立、站立、后退、前进的训练方法；

3. 掌握玩赏科目中接物、乘车、跳舞、睡觉、回笼、打滚、跳跃、算术、识字、绕桩、钻火圈、谢幕的训练方法；

4. 掌握专业科目中追踪、鉴别、警戒、监视与押解、巡逻的训练方法。

任务1 犬的基础科目训练

【情境导入】

犬的基础科目训练是为使用科目的训练和实际使用奠定基础的，犬的服从性也必须通过基础科目的训练培养形成。因此，犬的基础科目又称为服从科目。实践证明，犬基础科目训练的好坏与否，将直接影响作业能力培养的速度、质量和使用效果。同时，通过这样的训练可增强犬的体质和胆量，平衡犬的神经活动过程及相互转化的灵活性，还可以进一步考查与确定犬能否进入使用科目的训练或适合何种科目作业的训练。因此每个训练员都必须对此有足够的重视。

问题：犬的基础科目应包括哪些内容？

一、建立犬对驯导员的依恋性关系

为了使犬驯服于驯导员，使训练工作顺利进行，驯导员从接犬的第一天起，就应必须注意培养犬对自己的依恋性（或亲和关系）。如果犬对驯导员的依恋性很差，甚至没有依恋性，那将直接影响训练的成绩、效果和质量，甚至造成训练中断。

犬类对驯导员的依恋性，除了其先天易于驯服的特性外，主要是驯导员通过饲养管理逐渐消除犬对自己的防御反应和探求反应，使犬熟悉自己的气味、声音、行动特点，并产生兴奋反应而建立起来的。所以说在培养犬的依恋性过程中，驯导员应亲自喂犬、散放犬、给犬洗澡，谢绝别人（特别是原主人）在正常情况下接近犬；好的环境里应适当增加散放犬的次数，经常用温和的音调呼唤犬名，给犬零食奖励、抚拍、逗引、戏耍等，驯导员在与犬接触的时候，声音要温和，态度要灵活，举动要正常，避免粗暴的恐吓，突然的动作以及能引起犬主动或被动防御反应的刺激。当犬对驯导员表示亲切的兴奋反应（即驯导员的出现或招呼已成为犬获得食物和自由活动的信号反应）时，听到驯导员的声音能不停挣拉牵引绳，可以认定犬对驯导员的依恋性已基本建立。

驯导员培养犬对自己的依恋性，要根据犬的年龄和行为特点加以区别对待。如果驯导员接管的是幼犬，可按幼犬的训练方法进行培养；对成年犬的培训则要通过对原主人的访问或根据自己的观察，掌握该犬的特性；对主动防御反应占优势的可能会咬人的犬，驯导员要胆大心细，沉着应付。接管后不必急于散放接触，可先通过多次喂犬食、呼犬名，使犬逐渐熟悉驯导员。喂食和呼名时，原主人必须回避。在接管这种犬时，也可以采取从原主人的手中秘密将犬牵引过来往前走的方法，即当原主人牵犬行走时，新主人从后边跟上来与原主人并排走一段路后，在犬不知不觉中接过牵引绳将犬带走。新主人要耐心对待犬，与犬多接触，接触时声音要温和，动作要和缓。通过食物诱导及抚拍、挠痒等方法，使犬消除被动防御反应。对食物反应强的犬，多用食物引诱，可取得犬对驯导员的亲近，建立良好的亲和关系。

培养建立犬对驯导员的依恋性。特别要防止急躁情绪。对于那些转化慢的犬，适应新驯导员和环境需要有一个过程，只要驯导员精心饲养管理和爱护犬，一旦建立起依恋性往往比较牢固。

二、随行

(一)目的和要求

犬的随行训练主要是培养犬靠近驯导员左侧并排前进的能力,要求犬的前肢与驯导员两腿并齐前行,并能跟随驯导员进行随行中方向和步伐速度的变换,犬可略有超前5～10 cm。

(二)口令和手势

口令:“靠”“快”“慢”。

手势:左手轻拍左腿外侧。

(三)步骤和方法

随行训练的内容主要有建立犬对口令和手势的条件反射、随行中方向和步伐速度的变换、脱绳随行等(图5-1,彩图11)。

1.建立犬对口令和手势的条件反射

左手反握牵引带,将牵引带收短,发出“靠”的口令,令犬在驯导员的左侧行进。如犬不能很好地执行,可用牵引带强迫。当犬有了一定的随行基础后,可结合手势进行训练。训练过程中,驯导员在发出口令的同时,左手轻拍左腿外侧,做出随行的手势,如此多次地将口令和手势相结合,逐步养成犬对随行的条件反射。

图5-1　随行示意图

训练过程中,也可根据犬的随行能力的实际情况,单独使用手势进行。此时犬对随行的手势尚未产生条件反射,因此,随行手势对犬来说是无关刺激。驯导员在做完手势后,给犬以适当的机械刺激,促使犬能做出相应的随行动作后,及时给予奖励。如此反复训练,逐步养成犬对手势的条件反射。对于性格倔强、不听指挥的犬可借助墙、沟、坎等进行辅助训练;对特别兴奋的犬,可用“非”的口令或刺钉脖圈来控制犬的行为。置犬于驯导员和上述地物之间,将牵引带收短,发出“靠”口令和手势,令犬并排前进,犬如果超前则下“慢”的口令,犬落后就下“快”的口令,同时以牵引带来控制犬的行进速度;犬表现好时,发出“好”的口令奖励,这种方法可以利用牵引带和地物来纠正犬的位置,反复多次训练后,可转到平坦地形上训练。

2.随行中方向和步伐速度的变换

步伐变换是指犬在随行过程中的快步、慢步和跑步的相互转化。方向改变是指在行进中左转、右转和后转的相互转化,使犬能在随行中跟上驯导员的步伐。训练时,要注意每次变换步伐和方向时,都应预先发出“靠”的口令和手势,并轻轻拉扯牵引带对犬示意,不能使犬偏离位置。当犬能准确地进行步伐和方向的变换时,应及时对犬奖励。在此训练中,犬行进中方向和步伐速度的变换是随着驯导员动作的节奏改变而改变的。

3.脱绳随行

脱绳随行是在牵引随行的基础上训练的。首先把牵引带放松,使其对犬起不到控制作用。当犬离开预定位置后,用口令和手势令犬归位。如犬不能很好地执行,可用牵引带强迫其归位。在此基础上,可将牵引带拖于地面令犬随行。经过一段时间的训练后,犬熟悉拖绳随行时，可进行解除牵引带的随行练习。但要注意犬拖绳随行不能太突然，而应在拖绳随行的过程中使犬在不知不觉中脱绳。当犬随行正确时要及时给予奖励，出现偏离时及时下令纠正；如犬不听从指挥，则应采用牵引带强制令其执行，不能任其自由行动，直至犬能服从指挥正确随行时才能解除牵引带，如此反复多次训练，直到达到预定要求为止。

(四)注意事项

(1)当犬对"靠"的口令和手势还未形成条件反射以前，不要过早地解除牵引带。

(2)随行中驯导员不要踩着犬的脚趾，防止犬产生消极防御反应，给训练增加难度。

(3)随行训练要严格要求与日常管理密切结合，牵引散放犬时，不能让犬放任自流，否则会前功尽弃。

(4)每次训练过程中或训练结束都要给予适当的奖励和休息时间，让犬高兴地结束训练。

(5)随行中如犬的注意力不集中，因疲惫或抑制性而落后时，应适当多给予食物或物品引诱奖励来刺激犬的兴奋性，同时尽量避免外界环境的影响。

三、游散

(一)目的和要求

犬的游散训练是使犬养成根据指挥进行自由活动的良好服从性，并以此来缓和犬因训练或作业引起的神经活动紧张状态，也是驯导员作为奖励的一种手段。

(二)口令和手势

口令："游散"。

手势：右手向让犬去活动的方向一甩(图 5-2，彩图 12)。

图 5-2　游散示意图

(三)步骤和方法

本科目的训练分两个阶段进行，可与随行、前来、坐 3 个科目同时穿插进行，主要分为建立犬对口令、手势的条件反射和脱绳游散两个阶段。

1. 建立犬对口令和手势的条件反射

驯导员用训练绳牵犬向前方奔跑，待犬兴奋后，立即放长训练绳，同时以温和音调发出"游

图 5-5　正面坐示意图

1. 建立犬对口令和手势的条件反射

建立犬对左侧坐和正面坐的口令和手势的条件反射。

(1)左侧坐：首先选择一个相对比较清静平坦的场地让犬游玩，排除大小便并熟悉周围环境，以消除犬的外抑制。当犬基本熟悉环境后，驯导员将犬牵引到身体左侧站好，然后右手持牵引带的脖圈处，左手置于犬的后腰角部位，发"坐"的口令，同时，右手向上提脖圈，左手适力按压后腰角，迫使犬坐下。当犬被迫做出动作后，驯导员不要立刻给犬游散，应及时用"好"的口令奖励，并伴随"抚拍"或"奖食"的强化，10～20 s 后令犬游散，按此方法同一时间内可驯 2～5 次。经过多次的重复训练，犬即可听到"坐"的口令在驯导员左侧坐下，基本形成条件反射，在以后的训练中，适时加入手势训练。当犬对侧面坐口令和手势初步形成条件反射后，令犬坐的姿势不动，延缓 3～5 min 时间，就可以转入正面坐的训练。当犬对左侧坐初步形成后，可结合随行进行训练。在随行过程中突然停步，令犬左侧坐，然后再随行，如此反复训练。也可结合前来进行训练，随行中驯导员突然后退，发出"来"的口令，并拉扯牵引带令犬前来，待犬来到驯导员正前方时，发出"坐"的口令和手势，犬坐下后立即给予奖励(彩图 15)。

(2)正面坐：首先牵犬在主人的正面站好，主人拿出事先准备好的美食，举到犬的头上方，同时发出"坐"的口令，犬因想获得食物会顺势坐下，然后待 5～10 s 后以食物奖励犬，这种方法叫食物诱导法。利用食物诱导法形成科目的固定性程度不高，最好能结合机械刺激法，在发出口令和手势的同时，左手拉着犬的脖圈向上轻提，这样训练的效果会好得多。也可在犬左侧坐形成后再进行正面坐的训练。犬侧面坐定后，驯导员发出"定"的辅助口令，然后将牵引带放长，逐渐离开犬身，重复发出"坐"的口令，并用"好"的口令及时强化。当犬有动的表现时，及时向上抖动手中的牵引带，同时做出正面坐的手势。初期训练时间不可过长，在同一时间内训练不超过 5 次。也可在游散犬的过程中，将牵引带放长，当犬到主人正面时，立刻做出"坐"的口令和手势，同时向上抖动牵引带，当犬坐下后，及时强化，片刻后奖励游散犬(彩图 16)。当犬能够通过驯导员的指挥迅速执行动作时，条件反射基本形成，在以后应多进行强化，巩固已形成的条件反射。

2.环境复杂化

当犬在清静的环境中能顺利执行动作后,应加强环境复杂化训练,以增强犬的抗干扰能力。此时犬受外界新异刺激的影响,往往不能很好地执行驯导员发出的指令,可能出现乱动、张望等多余动作或延缓时间不长,因此在训练时要适当地使用强迫手段进行机械刺激,以纠正犬在训练过程中的不正确动作。

(四)注意事项

(1)在初期训练时,最好选择在早、晚比较清静的环境里进行,同时地面不能有水、热物、草茬等使犬感到不舒服的杂物。

(2)进行延长指挥距离的训练时,一定要控制好犬只,以防犬逃避训练。如犬逃避训练,驯导员应耐心引导犬回到自己跟前,不能追赶或追打。

(3)在长距离训练坐定延缓中,驯导员每次都要回到犬跟前,进行奖励,不能唤犬前来奖励。

(4)纠正犬自己解除坐定延缓要及时,最好是在犬欲动而未完全动时纠正,同时刺激量也要适当加大。

(5)对兴奋性高的犬在进行坐定延缓训练时要有耐心,延缓时间的提升幅度要适宜。

六、立

(一)目的和要求

犬立的训练是为了培养犬根据指挥迅速执行动作,并能保持一定立、延缓的持久性和在一定范围内进行距离指挥的能力,要求犬姿势正确,目视驯导员,四肢伸直并垂直着地,头自然抬起,尾自然放松。

(二)口令和手势

口令:"立"。

手势:右臂以肩为轴由下而上直臂前伸至水平位置,五指并拢掌心向上(图 5-6)。

图 5-6 立示意图

(三)步骤和方法

立的训练主要包括建立对手势的条件反射、距离指挥立和延缓立三方面内容。

1. 建立犬对口令和手势的条件反射

带犬到清静环境，驯导员令犬坐下后，走到犬前1～2步远处，面向犬，左手持牵引带，右手做出立的手势，同时发出“立”的口令和手势，如犬立起，应及时给予奖励。如犬不能在发出口令和手势的同时做出立的动作，则应重复指挥，用左手或左脚伸入犬腹部，轻轻地向上托，右手牵犬，迫使犬立起后，及时给予奖励，如此反复训练，直至建立对口令和手势的条件反射(彩图17)。

2. 距离指挥立

当犬能在距驯导员1～2步远的距离内根据指挥顺利地做出立的动作后，就可以利用训练绳掌握，逐渐延长到指挥距离为10 m，在此过程中，要不断地巩固犬的动作，适当加大强迫手段，切不可单纯地追求延伸距离。只有在犬服从指挥并能顺利地表现动作的基础上，才能继续延伸指挥的距离，逐步延伸到30 m以上。指挥距离也应远近结合，不能只远不近，否则不利于巩固和及时纠正犬的不正确动作。训练中，口令和手势通常要结合使用，在训练后期要单独分别使用，这样可以达到使犬分别建立对口令和手势条件反射的目的，有利于指挥犬的灵活性。

3. 延缓立

在距离指挥立的基础上，要求犬能在较长的时间内延缓立的动作。最初只要求犬能在几秒到十秒之内立着不动，如犬能准确执行命令应立即给予犬奖励，然后再逐步延长立的延缓时间。采取边巩固边提高的方法，最终能达到5 min以上。在训练过程中，距离要远近结合，时间要长短结合交替使用。当犬对立的能力有一定的基础之后，可结合随行继续训练，即在随行的途中突然停止，令犬站立。如犬能闻令即止，应及时给予奖励，否则应采取强迫的手段进行纠正，然后再随行。如此反复训练，随行中的站立能力即可形成。

(四)注意事项

(1)在距离指挥时，犬易向前移步，所以要进行近距离指挥，以便于及时纠正犬的不正确动作。

(2)犬不能准确做出动作时，手和脚尖对犬的刺激部位要准确，强度要适当，防止抑制。

(3)在距离指挥初期训练的距离应近多远少，以利于对犬的控制。

(4)奖励要及时，多发“定”“好”的口令，且最好多采用归位奖励，以免破坏立延缓。

(5)在立延缓的基础不巩固时，不宜结合前来的训练。

七、前来

(一)目的和要求

犬的前来训练是为了培养犬根据指挥顺利而迅速地回到驯导员身边，并在驯导员面前坐下的服从性。要求犬的动作兴奋、自然、迅速，取捷径回到驯导员前面坐好，抬头认真看着驯导员的脸色，等待发口令。

(二)口令和手势

口令：“来”。

手势：左手向左屈臂，而后向左平伸，随即放下(图5-7，彩图18)。

图 5-7　前来示意图

(三)步骤和方法

前来科目的训练可分三个阶段进行,同时可与游散、坐、随行科目结合进行。

1.建立犬对口令和手势的条件反射

驯导员带犬游散,然后呼唤犬的名字,接着发"来"的口令,同时边向后跑,边拉扯训练绳。在犬来到面前之后给予奖励,也可以用食物或物品逗引犬前来,如此反复训练,犬对"来"的口令即可形成条件反射,以后逐渐减少诱导或拉扯训练绳。在此基础上可将手势适当加入,使之能尽快对手势形成条件反射。

2.使前来复杂化

此阶段主要包括前来正面坐和左侧坐。训练犬前来正面坐时,驯导员在唤犬来之前,双手持物品置于小腹处,或将物品夹放在下巴下,然后唤犬前来。当犬来到驯导员正前方时,立即发出"坐"的口令和手势,待犬坐下目视驯导员时,用准备好的食物对之进行奖励。训练中,也可将食物衔在口中,待犬前来后吐出给犬奖励。训练犬前来侧面坐是在犬能按指挥执行正面坐的基础上进行的。驯导员提拉犬的牵引脖圈,适当往左腿边拉扯或按压犬的腰角部,同时发出"靠"的口令和手势,待犬靠于驯导员的左侧坐好后,及时给犬奖励,随着训练的深入,应减少直至不用强迫手段。

3.复杂环境中前来能力的培养

驯导员应视环境的复杂情况而定,通常以带绳、去绳穿插进行训练。初期以带绳为主。当犬由于新异刺激影响出现延误时,立即拉扯训练绳迫使犬前来,以后可逐步去绳训练。同时使环境复杂化,如营造有他人在场、吵闹混杂的环境,直至犬在类似复杂的环境中,只要听到驯导员的口令就能准确地根据指挥迅速前来。

(四)注意事项

(1)要正确使用训练绳,不得妨碍犬前来的动作。

(2)应防止犬在前来时绕行,在采用机械刺激时要掌握刺激时机和强度。

(3)犬不执行前来时,应采用诱导与刺激强迫相结合,不宜追赶犬只。

(4)前来坐和靠坐的结合训练次数不宜过多,间隔的时间也不能有规律,以防犬形成不根据口令自动靠坐的不良习惯。

八、衔取

(一)目的和要求

犬的衔取训练是训练鉴别、追踪、搜索物品等科目的重要基础。通过训练使犬养成根据指挥将物品衔来交给驯导员的能力，要求犬的衔取欲望要强，寻找物品积极性要高，并且不破坏被衔取回来的物品。

(二)口令和手势

口令：“衔”“吐”。

手势：右手指向所要衔取的物品(彩图 19)。

(三)步骤和方法

本科目应在前来、坐的科目形成条件反射之后进行。训练可分为三个阶段进行：一是培养对“衔”“吐”的口令及手势形成条件反射；二是培养犬衔取抛出和送出物品的能力；三是培养犬鉴别式和隐蔽式衔取能力。

1.建立犬对口令和手势的条件反射

训练的方法可分诱导法和强迫法两种。

(1)诱导法：在清静的环境内，选用犬对其兴奋而易衔取并附有驯导员气味的物品，持于右手，对犬发出“衔”的口令和手势后，将所持物品在犬前面摇晃几下，以引起犬的注视，并重复“衔”的口令。如犬在口令和物品的引诱作用下衔住物品时，驯导员即用“好”的口令或抚拍奖励；如犬不能执行命令，则可将物品放到犬的嘴边，待犬稍有张口动作时就势塞入，或轻扒犬嘴塞入物品，让犬稍衔片刻后，再发“吐”的口令，在犬将物品吐出后，再对犬进行奖励，在同时间内可按照上述方法重复训练 3 次。当犬能衔、吐物品后，应逐渐减少和取消摇晃物品的引导动作，使犬完全根据口令、手势衔取、吐出物品。

也可采用以下的诱导训练方法：准备好几种新奇的物品，把犬的牵引带解开，让犬自由活动，突然拿出物品让犬看或嗅闻，犬会因探求反射强、好奇而对物品产生兴趣后跟随驯导员走动。驯导员把物品上系一细绳，逗引犬 2～3 次，将物品抛向 3～5m 远的地方，犬会主动去衔物品。当犬欲衔物品时，驯导员发“衔”的口令，然后在犬衔住物品的同时，慢慢拉动物品到自己身边，犬也会跟随着物品来到驯导员面前，让犬在离驯导员正面前 30cm 处坐下，发“吐”的口令，驯导员将物品接住，令犬靠在驯导员左侧，充分奖励后，给犬物品，逐渐形成衔取物品回到驯导员身边呈左侧坐并等待奖励的条件反射(图 5-8)。

(2)强迫法：首先让犬坐于驯导员左侧，驯导员右手持衔取物发出“衔”的口令，用左手轻轻扒开犬嘴，将物品放入犬的口中，再用右手托住犬的下颌，同时发出“衔”和“好”的口令，并用左手抚犬的头部。犬如有吐出物品的表现，应重复“衔”的口令，用左手抚犬的头部，并轻击犬的下颌，使犬衔住不动。训练初期，犬只要能衔住几秒时即可发出“吐”的口令，反复训练，直至犬能根据口令完成对物品衔吐动作，即可转入下一步训练。

上述两种方法各有利弊，犬对诱导方法表现兴奋，但动作不易规范；强迫方法训练的犬虽然动作规范，但犬易产生抑制。所以，应根据犬的具体情况将两者结合使用，取长补短。

2.培养犬衔取抛出和送出物品的能力

(1)抛物衔取：驯导员牵犬坐于左侧，当犬面将物品抛至 10 m 左右的地方，待物品停落并

图 5-8　衔取示意图

使犬注意后，发出口令和手势，令犬前去衔取。如犬不去则应引犬前往，并重复口令和手势，当犬衔住物品后，即发出“来”的口令奖励，随后令犬吐出物品，再给予抚拍奖励。在训练过程中，不仅要求犬能兴奋而迅速地去衔取物品，还必须能顺利地衔回，靠在驯导员左侧或正面坐，吐出物品，使犬形成根据指挥去衔回物品的条件反射。如果犬出现衔而不来的情况，应采取以下3个方面进行纠正：一是每次衔回物品都要及时奖励，不能急于要回物品；二是用训练绳加以控制；三是用食物或其他物品引诱犬前来后替换衔取物。

（2）送物衔取：先令犬坐待延缓，驯导员将物品送到 10 m 远左右能看见的地面上，再跑步到犬的右侧，指挥犬前去衔取。犬将物品衔回后，令犬坐于左侧，然后发出“吐”的口令，将物品接下，再加以奖励；犬如不去衔物品，应引导犬前去，犬如衔而不来，应采取诱导或用训练绳控制纠正。本阶段训练中，还要注意培养犬衔取不同物品的能力，为以后鉴别、追踪和搜索的训练奠定基础。

3. 培养犬进行鉴别式和隐蔽式衔取能力

（1）犬鉴别式衔取：训练员事先准备 3～4 件不附有人体气味的干净物品，将物品摆放在平坦而清洁的地面上，然后牵犬到距离物品 3～5 m 处令犬坐下，当着犬面将附有驯导员本人气味的衔取物品放到其他物品中去，然后令犬去衔。当犬能通过逐个嗅认物品后，并将带有驯导员本人气味的物品衔回时，给“好”的口令加以奖励，然后靠驯导员左侧坐下或正面 20 cm 处坐下，吐出物品。驯导员接下物品，再给食物奖励或抛衔取物奖励。如犬错衔物品，应让犬吐掉，再指引犬重新嗅认后，继续去衔。反复训练多次，犬就会形成条件反射，对鉴别形式反应兴奋。对于兴奋性高而嗅认不好的犬，可带绳牵引进行训练。

（2）隐藏式衔取：驯导员将犬牵引到事先选好的训练场地令犬坐待延缓，驯导员手持衔取物品在犬眼前晃动几下引起犬的注意后，将物品送到 30 m 远处的地方隐藏起来，并用脚踏留下气味，再按原路返回，发出口令和手势，令犬衔取物品。犬如能通过寻找衔回物品，则驯导员应令犬坐于正面或侧面吐出物品后给予奖励；如犬找不到物品时，驯导员应引导犬找回物品，然后加以奖励。如此反复多次训练，当犬能顺利地运用嗅觉发现和衔取隐蔽的物品后，则应延长送物距离至 50 m 或更远，以提高其衔取、搜索物品的能力，同时也为以后的追踪训练奠定基础。

(四)注意事项

(1)为保持和提高犬衔取的兴奋性,应经常更换令犬兴奋的物品,训练不宜过频,次数不宜过多,对犬的每次正确衔取都应给予充分的奖励。

(2)要注意及时纠正犬在衔取时撕咬、玩耍和自动吐掉物品的毛病,以保持衔取物品动作的正确性。

(3)抛物衔取时,抛物距离应先近后远。

(4)为防止犬过早吐出物品,驯导员接物的时机要恰当,不能太突然,食物奖励也不应过早、过多,只能在接物后给予奖励。

(5)为养成犬按驯导员指挥进行衔取的良好服从性,应制止犬随意乱衔取物品的不良习惯。

(6)当衔取训练有一定基础后,应多采取送物衔取的方式,少采用抛物衔取,防止犬养成衔动不衔静的毛病。

九、吠叫与安静

(一)目的和要求

犬的吠叫和安静训练是使犬养成根据指挥进行吠叫和安静的服从能力,为以后的警戒和护卫等科目的训练打下基础,要求犬听到口令和手势后能迅速做出吠叫和安静动作。

(二)口令和手势

吠叫口令:"叫"。

安静口令:"静"。

吠叫手势:右手食指在胸前轻点(图 5-9,彩图 20)。

图 5-9 吠叫示意图

(三)步骤和方法

1.吠叫

对于不同类型的犬可采取不同的训练方式。

(1)利用食物引诱法:此法适用于食物反射强的犬。在犬饥饿状态下或喂犬前,驯导员提着犬食盆或手持食物,站在犬舍外引诱犬,犬由于急于获得食物,表现出兴奋,这时驯导员发出"叫"的口令和手势,同时用食物在犬面前逗引。犬由于急于想获得食物而又得不到,就会发出叫声,这时驯导员立即将食物给犬,并给予抚拍。初期只要犬有叫的迹象,就应给予鼓励,也可在完成一次大的叫声之后,给予奖励,以后逐渐减少食物,直至完全根据指挥发出叫声。

(2)利用犬的主动防御反射:此法适用防御反射占优势的犬。当犬在熟悉的犬舍内时,发现有陌生人走近或助驯员逗引时发出叫声,驯导员可及时发出"叫"的口令和手势,犬如有狂叫、狂咬声,应给予奖励。也可让驯导员牵犬,助驯员由远及近,并对犬加以逗引,当引起犬注意之后,驯导员用右手指向助驯员并对犬发"叫"的口令,当犬有吠叫表示时,驯导员奖励犬,助驯员停止逗引或隐蔽起来,然后继续逗引犬吠叫。如此反复训练多次后,可逐步减少或取消助驯员的逗引，只用口令和手势指挥。

(3)利用犬的依恋性：此法适用于依恋性较强的新犬。将犬带到清静而陌生的环境里，拴在物体上，驯导员先用物品、食物等引逗犬，使之兴奋后，慢慢走离犬，边走边呼唤犬的名字。犬由于看到驯导员离开并喊它的名字，就会发出叫声，这时驯导员用口令和手势指挥犬叫几声之后，立即跑回去，给犬奖励，重复训练 2～3 次后，放犬游散。

(4)利用犬的自由反射：此法适用于自由反射较强的犬，可在犬被牵出犬舍前训练。驯导员把其他犬牵出犬舍后，站在被驯犬的犬舍外面，被驯犬看到其他犬出了犬舍而急于出去，但因驯导员不放而不停地发出叫声，此时，驯导员发出"叫"的口令或手势，指挥犬吠叫。待犬吠叫后放其出来。也可牵引其他犬站在被驯犬前，这时被驯犬欲跟随出来，因而会更加着急，驯导员可趁势发出"叫"的口令或手势，指挥犬吠叫，犬发出叫声后，及时奖励。

(5)利用犬衔取物品的兴奋性：此法适用于猎取反射强的犬。用犬喜欢的物品逗引犬，当犬兴奋性很高时，将物品举起或放到犬衔不到的地方，此时犬由于急于获得物品而发出叫声，与此同时，驯导员发出"叫"的口令和手势，促使条件反射的形成。

(6)模仿训练：模仿训练是利用其他训练有素的犬去影响被驯犬的训练方法。训练时，将被驯犬牵到其他喜欢叫或已形成条件反射的犬附近，当其他犬吠叫时，被驯犬也跟随吠叫。

2. 安静

这一训练应在犬形成吠叫条件反射之后进行。方法是驯导员牵犬进入训练场，助驯员由远及近地逐渐接近驯导员。当犬欲发出叫声时，驯导员及时发出"静"的口令，并用手轻击犬嘴，如犬安静，立即给予奖励，然后助驯员继续重复上述动作。驯导员则根据犬的表现，也可以加大刺激量，经过反复训练，直到使犬对口令形成条件反射。在此基础上，训练犬养成能在强烈音响刺激的环境下安静的能力，可选择在犬舍附近进行。训练时，在距犬舍 40～50 m 处以鞭炮、发令枪、锣鼓等发出各种声响，初期犬会有胆怯、退缩现象，这时驯导员采用安慰鼓励、游戏、抚拍和食物等引起兴奋反应，分散犬的注意力，使犬习惯于平静地对待各种音响。当犬能适应各种音响之后，驯导员可视犬习惯程度，逐渐缩小距离，使犬接近刺激物。平时也可带犬到各种不同刺激的地方(汽车、火车、村庄产生噪声、人群嘈杂音等)，使犬逐渐习惯平静地对待周围一切，训练方法与普通训练方法类似。

(四)注意事项

(1)在吠叫时的奖励要及时，防止犬频繁地吠叫而产生抑制反射。

(2)距离指挥犬吠叫时，犬易向前移步，因此应多进行近距离指挥，以便及时纠正，待近距离吠叫能力规范后，再逐步进行远距离的指挥。

(3)吠叫属兴奋性科目，不能用训练吠叫来调节犬在其他科目训练中产生的抑制现象，以防犬降低对吠叫科目的兴奋性。

(4)刺激犬嘴令犬静止时，要注意掌握强度，防止犬过于被动，影响其他科目的训练效果。

十、拒食

(一)目的和要求

犬的拒食训练是指犬在脱离驯导员管理和监督的情况下，养成不随地捡食、拒绝他人给食或物品的良好习惯，要求犬能根据驯导员的指挥，迅速停止不良采食行为，并对陌生给食或引诱以示威反应，最终达到让犬闻令即止的效果。

(二)口令

口令："非"。

(三)步骤和方法

拒食训练主要包括培养犬禁止随地捡食和拒绝他人给食训练两方面内容。

1.禁止随地捡食

驯导员训练时将几个食物散放在训练场，然后牵犬到训练场游散，并逐渐接近食物。当犬有欲吃食物的迹象时，驯导员立即发"非"的口令，并伴以猛拉牵引带的刺激，犬停止捡食之后，应给予奖励。按此种方法训练数次，以后经常更换训练场地，让犬达到嗅闻地上的食物或物品而不捡食或避开的习惯。在此基础上，可将食物藏在隐蔽的地方，驯导员用长绳控制犬，仍采取上述方法训练，直至解脱长绳，犬在自由活动中，能闻令而止，彻底纠正犬捡食的不良习惯。在以后的训练中，应结合平时的饲养管理随时进行，否则会前功尽弃。

2.拒绝他人给食

驯导员牵引犬进入训练场，助驯员很自然地接近犬，手持食物给犬吃。如犬有吃食物的企图时，驯导员用手轻击犬嘴，同时发出"非"的口令，然后助驯员再给犬食，如犬仍有吃的欲望，驯导员可加大刺激力度，同时发"注意""叫"的口令，并假装击打助驯员或让助驯员慢慢退后。表示害怕犬的攻击，以激发犬的主动进攻防御反射，当犬对助驯员狂叫时，助驯员边逗引边假装逃跑后隐蔽。如此反复训练，使犬形成条件反射，不但不吃他人给的食物，反而攻击乱咬给食物的人。有了上述基础之后，驯导员可将犬牵引带拴在树上，隐蔽起来监视犬，助驯员走近犬先用食物给犬吃，犬若有吃的企图，则打击犬嘴；犬若不吃，并有示威举动，助驯员扔下食物离开犬，若犬捡食，助驯员猛然回头刺激犬，训练员则在隐蔽处发"非"的口令和"注意"的口令。犬如有不捡食而攻击的表现，则应及时给予奖励，3～5次训练后即可形成条件反射。

(四)注意事项

(1)禁止犬的不良行为应长期不懈地进行，不可一劳永逸，否则会有反复。

(2)因训练"拒食"科目造成犬过分抑制而影响其他科目的训练时，应及时暂停，以缓和犬紧张的神经活动。

(3)机械刺激的强度要把握准确，奖励要充分、及时。

十一、越障碍

(一)目的和要求

犬的越障碍训练是为了培养犬根据驯导员指挥，顺利通过各种障碍物的能力从而适应实际使用的需要，要求犬在越障碍物时动作兴奋、自然、灵活、勇敢。

(二)口令和手势

口令："跳""上""下"。

手势：右手挥向障碍物。

(三)步骤和方法

越障碍训练主要有跳越小板墙、栅栏、跳高架等,登越断桥、天桥等,跳越三级跳台,犬板墙、火圈等。

1.跳越小板墙、栅栏、跳高架等

带犬到训练器材场,带犬跑向训练器材,同时发出"跳"的口令,将牵引带向上提拉,促使犬跳过,然后给予奖励。如果犬不能跳过,驯导员应先跳过障碍,然后发"跳"的口令和手势,并上提牵引带,迫使犬跳过,反复训练即可形成条件反射(图 5-10,彩图 21)。

图 5-10　跳越高架示意图

2.登越断桥、天桥、人字板等

带犬到障碍物前,发"上"的口令,驯导员带犬一起上,并重复"上""好"的口令。如犬不上,驯导员可在侧面,通过助驯员辅助慢慢往阶梯上挪动犬的四肢,驯导员不断鼓励犬,也可以用犬喜欢的物品、食物等在犬前面逗引,如此反复训练。无论用哪种方法,只要犬敢于上下几次后,基本上就能适应了,以后可逐步减少或取消引诱和强迫,训练犬逐渐根据指挥单独上下,自觉跳跃障碍(图 5-11,彩图 22)。

图 5-11　登越断桥、天桥示意图

3.跳越三级跳台、大板墙等

驯导员可牵引犬到三级跳台前几米处，由助驯员牵引犬，驯导员手持训练绳上到三级跳台上部，唤犬前来，同时发“上”的口令，并拉扯牵引带迫使犬跳到顶端驯导员的身边，随即给予奖励物品或食物，然后驯导员带犬下去。也可以用食物、物品逗引犬，然后抛到顶端，或助驯员站在三级跳台顶部逗引等，均能起到一定的效果。但通过训练，应逐渐减少强迫或诱导（图 5-12、图 5-13）。

训练犬跳大板墙的初期，大板墙应矮一点，随着能力提高，逐渐增高三级跳台，应培养犬一气呵成跳过。

图 5-12　跳越三级跳台示意图

图 5-13　跳越大板墙示意图

（引自中国人民解放军原总参谋部军务部，军犬驯导员培训教材.2004）

4.通过自然障碍

当犬通过专用障碍器材有一定能力之后，就应结合自然障碍，如训练通过矮墙、栅栏、矮树、篱笆、壕沟、车子、攀登木梯等，其方法与通过障碍训练基本相同，只要适应之后，都能顺利通过（图 5-14）。

图 5-14　跳越树障墙示意图

(四)注意事项

(1)强迫手段使用要适度,训练必须成功,不能失败,奖励要充分,以免犬对障碍产生恐惧,逃避训练。

(2)每次训练次数不宜过多。饱食后不宜参加障碍训练,以免产生不测。

(3)训练中,要注意人犬安全,加强保护措施。

(4)注意检查训练器材是否牢固安全,雨雪天、刮风天不宜训练。

十二、卧下

(一)目的和要求

犬的卧下训练是为了使犬养成根据指挥迅速地执行动作,并保持卧下延缓静止的持久性。要求犬前肢着地平伸向前,后肢着地,头部自然抬起,尾巴平伸,卧姿正确、兴奋、自然,延缓卧的动作在 3 min 以上。

(二)口令和手势

口令:"卧下"。

正面卧手势:右手五指并拢垂直上举,然后迅速向前下压 90°,掌心向下。

左侧卧手势:驯导员右脚向前一步呈弓步,上身微曲,右手五指并拢,向犬鼻前方下挥伸。

(三)步骤和方法

卧下科目的训练必须在坐的基础上进行,通常分 3 个阶段进行,一是建立对卧下口令和手势的条件反射;二是卧下距离指挥和延缓的培养;三是复杂环境中训练。

1.建立犬对口令和手势的条件反射

驯导员令犬坐于左侧,右腿向前一小步,身体弯前下方,右手持物品向前下方引诱,同时发"卧下"的口令,并以左手向前下方拉扯牵引带或用手按压犬的肩部,犬卧下以后,立即给予奖励。如此反复训练,直至形成条件反射,以后应逐步减少引诱刺激。在以后的训练中,适时加入手势训练,使犬对手势形成条件反射(图 5-15)。

图 5-15　左侧卧示意图

2.距离指挥和延缓能力的培养

令犬坐下,驯导员持牵引带到犬前方 1～2 步距离处,面对犬发出口令和手势的同时,左手向前下抖动牵引带,迫使犬卧下,然后给予奖励。当犬能顺利执行动作后,应加强距离指挥,逐步延长距离,用训练绳指挥,适当加强强迫手段,直至达到 30 m 以上,但应做到有近有远(图 5-16,彩图 23),延缓卧下的训练方法与坐延缓的训练方法相同。

3.复杂环境中训练

在清静而平坦的环境中,犬能顺利地执行动作,应加强环境复杂化训练。可带犬到公路、居民区进行训练。当犬在复杂环境中因外界干扰而不执行动作时,应适当增加强迫性,迫使犬执行动作,然后奖励犬,直至犬在复杂环境中能顺利地执行动作。

图 5-16　正面卧示意图

(四)注意事项

(1)保证犬的卧势正确,防止犬半躺半卧。

(2)掌握机械刺激和食物引诱的时机,同时奖励要及时、恰当。

(3)训练过程中应注意前来对延缓的破坏,在卧待延缓尚未巩固前,不宜结合前来训练。

(4)训练初期,口令和手势要结合使用,后期再分开单独使用。

(5)当犬对卧的能力有一定基础时,可结合随行训练,随行中卧。

十三、躺下

(一)目的和要求

犬的躺下训练主要是使犬养成根据指挥正确躺的服从性,及保持延缓的持久性,要求犬听到口令必须迅速做出躺的动作。要求犬身体侧着地,头部、四肢和尾部自然平展于地面。

(二)口令和手势

口令:“躺”。

手势:右臂直臂外展 45°,右手向前下方挥,掌心向前,胳膊微弯。

(三)步骤和方法

躺下训练主要包括培养犬对“躺下”口令、手势形成基本条件反射和培养犬的距离指挥和延缓能力两方面内容。

1. 建立犬对口令和手势的条件反射

选安静平坦的训练场地,驯导员令犬卧好,发出“躺”口令的同时,用手掌向右击犬的右肩胛部位,迫使犬躺下。犬躺下之后,立即给犬以食物奖励,并发出“好”的奖励或给予游散,如此反复训练,直至犬能根据口令迅速执行动作。在此基础上,逐步加入手势进行训练,以使犬能准确地对“躺”的口令和手势做出动作。在以后的训练中,犬能在驯导员发出口令和手势后准确而迅速地做出躺下的动作后,可让犬坐起来或让犬游散或直接以“好”的口令进行奖励,一般不再采用食物来进行奖励,以免犬产生有食即躺、无食不躺的不良习惯。

2. 距离指挥和延缓能力的培养

在犬对口令、手势形成基本条件反射后,驯导员令犬卧下,走到犬前 50~100 cm 处,发出

“躺”的口令和手势，如犬能顺利执行动作，应立即回原位奖励。如果犬没有执行动作，立即回原位刺激强迫犬躺下，然后奖励犬，延缓2～5 min令犬游散或坐起；如此反复训练，即可使犬形成条件反射（彩图24）。当犬能在1～2 m距离迅速执行动作后，可用训练绳控制犬，逐渐延长距离，适当加强使用强迫手段，直至达到30 m以上。培养犬躺延缓的能力同坐的科目训练方法一样，距离远近与时间长短结合，奖励适当。

（四）注意事项

（1）当犬不能很好地执行口令和手势时，对犬的刺激强度应因犬制宜。

（2）犬的躺下训练应注意与坐、卧等科目结合使用。

（3）注意及时纠正犬的小毛病，如躺的动作不到位等。

十四、匍匐

（一）目的要求

犬的匍匐训练是为了培养犬根据指挥迅速匍匐前进的服从能力，是在犬对“卧下”的口令形成条件反射之后的进一步训练。要求犬匍匐方向要正确，姿势低、速度快，训练距离不宜过远。

（二）口令和手势

口令：“匍匐”。

手势：右手伸直向前，掌心向下，向内摆动手掌。

（三）步骤和方法

匍匐训练主要包括培养犬对口令、手势形成条件反射和培养犬距离指挥匍匐前进能力两方面内容。

1.建立犬对口令和手势的条件反射

在清静的环境下，选择平坦、松软的地面，驯导员手持食物或物品逗引犬，然后将物品放在犬面前20～30 m处，令犬卧下，驯导员发出“匍匐”的口令，同时左手按压犬的肩胛部，右手向前拉扯牵引带。犬由于急于获得食物，且在手和牵引带控制下，就会匍匐前进，如犬能匍匐前进1 m，此时驯导员应给予奖励，直至到达物品或食物处，给予食物、物品或口令“好”进行奖励，也可借助左手较柔和地向食物方向推进。如此反复训练，直至取消物品或食物，犬也能对“匍匐”口令形成条件反射。在以后的训练中，适时加入手势训练，使犬对手势形成条件反射（图5-17）。

图5-17　匍匐示意图

2.距离指挥匍匐前进能力的培养

当犬对"匍匐"口令和手势形成条件反射之后，驯导员可令犬卧下，站在犬正前方 50～100 cm 位置，左手持牵引带，发出"匍匐"的口令和手势，如犬匍匐 1 m 以上，则给予奖励。如犬不执行命令，应向前轻拉牵引带，并用物品或食物远引诱犬，鼓励犬匍匐前进，如此训练直至达到犬匍匐 30 m 为止。随着犬匍匐能力的形成，驯导员可走到犬的正面 2～3 m 远的地方，命令犬匍匐着过来，然后给予奖励。

(四)注意事项

(1)在训练过程中，应注意诱导、强迫等手段的结合使用。

(2)因匍匐训练时犬的体力消耗较大，应注意初期的训练量不宜过大、过多。

(3)训练过程中，犬出现过度疲劳时，一定要及时纠正。

(4)警用犬对匍匐的要求较高，可用匍匐架结合训练。

十五、游泳

(一)目的和要求

犬的游泳训练是为了培养犬根据指挥下水，能顺利游过一般的河流和捞取小型漂流物的能力，为以后实际使用奠定基础。要求犬游泳速度快，不在水中玩耍漂浮物品，衔到漂浮物品后立即返回。

图 5-18　游泳示意图

(二)口令和手势

口令："游"。

手势：右手挥向水面或水面漂浮物品(图 5-18)。

(三)步骤和方法

驯导员带犬到清洁而又较浅的池塘、小河、海滨、海滩等处，采用抛物衔取的方法引犬下水。如将犬极感兴趣的木棒、皮球或玩具等能漂浮在水面上的物品，在犬眼前晃几下，引起犬的注意，然后当着犬面扔向水中，同时发出"游"的口令和手势，并引导犬下水。犬如为获取物品而下水衔取，应及时奖励，当犬衔取到物品上岸后，再次奖励。如果犬表现胆怯不敢下水时，驯导员可一边抚拍诱导犬下水，一边自己换好游泳衣轻轻地抱犬下水，初期可采取给犬洗澡的方式，然后不停地奖励犬，指挥犬游泳，当犬感到舒适后，犬能在水中自由游动时，可进一步将犬引到较深的水中游泳。少数犬初到深水处可能出现用前肢乱打乱抓的慌张状态，驯导员可用左手轻托犬的腹部往前游，随着犬的适应性和游泳能力的提高，可逐渐延长游泳的时间和距离，锻炼犬根据指挥捞取漂浮物和游过河到对岸衔取物品的能力。大型工作犬具备上述能力之后，在使用科目训练中可结合追捕锻炼，让犬游过河流进行追击扑咬，也可结合追踪到河边断线后，使犬游过河接线追踪罪犯。

(四)注意事项

(1)游泳训练应在气温较高的时候进行，切不可在冬季，以防犬被冻伤或引起犬感冒。

(2)不可采用直接将犬抛扔至水中强迫游泳的方法，这样会使犬对游泳训练产生极度的被动防御反应。

(3)不可带犬到急流或水草多的水域游泳,以免发生意外,更不能到污水中训练游泳,以防传染疾病影响健康。

(4)每次游泳后,应让犬运动 5～10 min,用清水冲洗被毛后用毛巾擦干。

(5)游泳训练应有组织地进行,以确保人犬的安全。

(6)游泳训练之前应对犬健康进行检查,发现异常不应下水进行游泳训练。

(7)利用食物、鸭子、兔子等活的畜禽诱导训练,训练效果更好。

十六、坐立

(一)目的和要求

犬的坐立训练是为了培养犬根据指挥迅速执行坐立动作的能力,要求犬坐立姿势必须端正,臀部和后肢着地,前肢抬离地面,延缓原地 3 min 以上。

(二)口令和手势

口令:"坐立"或"蹲"。

手势:右臂以肩关节为轴自然后摆,前臂以肘关节为轴上抬至水平,五指并拢,掌心向上提至腰部(图 5-19、彩图 25)。

图 5-19　坐立示意图

(三)步骤和方法

坐立训练主要包括培养犬对坐立口令、手势的条件反射和培养犬距离指挥坐立延缓的能力两方面内容。

1. 建立犬对口令和手势的条件反射

在清静的环境中,让犬坐好,驯导员到犬身后,两脚夹住犬的后股部,左手握住牵引带,右手拿着犬喜欢的物品或食物置于犬眼的前上方,发出"坐立"或"蹲"的口令后,左手上提牵引带,右手用物品逗引犬,使犬的前肢离开地面,犬背部依靠在驯导员的双腿中间,同时发"好"的口令,如犬能持续 5～10 s 时即可给犬食物或物品奖励,以后的训练中适时加入手势训练。另一方法是让犬在驯导员前面坐好,同样背对着驯导员,发"坐立"或"蹲"的口令和手势,如此反复训练,当犬能依靠着驯导员坐立起来时,就可慢慢让犬脱离依靠驯导员双腿的习惯,左手提牵引带离开犬 30～50 cm,犬如依然能够坐立住,即建立了口令、手势的条件反射。

2. 距离指挥坐立延缓能力的培养

驯导员先让犬坐好,然后向前或向右侧走出 30～50 cm 发出"坐立"或"蹲"的口令,如犬执行动作,给予食物或物品奖励或"好"的口令奖励,延缓 10～20 s 后,带犬跑开,原地游散奖励;如犬不执行动作,应结合强迫手段,迫使犬执行动作。如此训练,逐步延长指挥距离和犬坐立延缓时间,直到达到 20～30 m,并延缓 3 min 左右。随着犬坐立能力的提高,应带犬到复杂环境中加以锻炼、强化。

(四)注意事项

(1)要注意坐立与坐、立的手势区别,并能及时纠正犬的非标准动作。

(2)对犬实施奖励时要及时充分，正确把握奖励时机。

(3)刺激犬部位要准确，刺激强度要恰当，不能引起犬的抑制反射。

十七、站立

(一)目的和要求

犬的站立既是一项服从性科目，也是一项玩赏科目，其训练主要是使犬养成根据指挥迅速站立的能力，要求犬站立时，后肢着地，犬体立起，前肢掌握平衡，站立姿势稳，不前后左右移动。

(二)口令和手势

口令："站立"。

手势：右手上举，食指和中指向天空伸去，其他手指自然握于掌心(图 5-20)。

图 5-20　站立示意图

(三)步骤和方法

站立训练主要包括培养犬对站立口令、手势形成条件反射、远距离指挥站立和站立延缓 3 个方面内容。

1. 建立犬对口令和手势的条件反射

选择清静环境，带犬游散片刻后，用犬喜欢的玩具放置犬的眼前上方逗引犬，当犬的兴奋性达到一定程度之后，将玩具上举于犬的头部上方，犬由于急于想得到玩具，眼睛直视着玩具，会身体后仰地站立起来衔玩具，这时驯导员即发出"站立"的口令、手势，左手轻提牵引带，使犬保持站立的姿势。初期训练，犬有站立的意向或能站立几秒钟时，立即将玩具抛给犬，注意不要让犬向前跳，并发出"好"的口令。但也要注意，不能频繁地与犬做这种游戏，如果犬对此感到厌烦时，就应立即停止训练；如果犬拒绝站立，可走过去用右手温柔地拉起脖圈，左手放在其腹下，将其轻轻地托起，同时发出"站立"的口令与手势，然后再进行抚摸奖励。如此反复多次训练，中途留有几分钟的休息时间，犬对"站立"的口令与手势就极易形成条件反射。

2. 远距离指挥站立能力的培养

当犬在驯导员的正前面能持续站立 10～20 s 后，根据实际情况驯导员在犬原地站立的基础上，向后退 1～2 m 距离，发出口令，犬如能执行动作，站立延缓 5 s，就令犬放下并游散奖励，然后再训练犬站立延缓的时间和指挥的距离。如此反复训练，犬站立的条件反射即形成(彩图 26)。

3. 站立延缓能力的培养

站立延缓训练应采取时间长短、距离远近相结合的原则。在 1～2 m 的距离指挥站立延缓 10～20 s，在此基础上可提高至 5 m 的指挥距离站立延缓 30 s，最后可提高至 10 m 的指挥距离站立延缓 30 s，然后突然降低为 3m 指挥距离站立延缓 1 min 左右，如能完成再提高距离和延缓时间。

(四)注意事项

(1)训练时应根据犬的反射活动的不同来选择训练食物或玩具。对食物反射强烈的犬应以食物奖励为主，物品奖励为辅；对玩具感兴趣的犬应以物品或玩具奖励为主，食物奖励为辅。

(2)奖励应在犬站立状态下进行，不能在召回到驯导员面前时，否则容易破坏已形成的条件反射，从而影响训练效果。

(3)训练时注意延缓时间和指挥距离的循序渐进、难易结合、长短结合的原则。

(4)在训练过程中尽量不使用机械刺激，而多采用诱导的方式，这样犬做出的动作更自然、更准确。

(5)训练时注重结合犬的实际体能。

十八、后退

(一)目的和要求

犬的后退训练目的是让犬在各种复杂环境的表演中听到命令迅速完成后退动作的行为。要求犬后退的姿势正确，方向要正，表现兴奋自然，无其他不良多余动作。

(二)口令和手势

口令："退"。

手势：右手伸直向前，掌心向下，向外侧摆动手掌。

(三)步骤和方法

1.训练方法一

驯导员带犬到安静、清洁、平坦的地方，在立延缓的基础上，将牵引带一端拴在犬的脖圈处，另一端系住犬的后小腹部，驯导员站在犬的右侧，左手拿后小腹牵引带，右手抓犬的脖圈处，发出"退"的口令，左手轻拉牵引带向后上方，右手同时向后拉脖圈。犬只要有退的表现或向后退几步就给予奖励，如此训练多次后，犬对"退"的口令即形成条件反射。

2.训练方法二

也可用诱导法使犬后退，对"退"的手势建立条件反射。带犬到熟悉的训练场所，先挑逗引起犬的兴奋性，然后将犬喜欢衔咬或吃的物品放在犬的头部后上方，左手牵训练绳发出"退"的口令，驯导员正面对着犬头走前几步，犬自然会向后退去，右手拿物品的同时手掌带动手腕，掌心向下向前摆动，犬如能后退 1～2 m 就给予奖励游散(图 5-21、彩图 27)。

图 5-21　后退示意图

3. 训练方法三

驯导员牵犬到事先安排好的宽 40～50 cm、深 30～80 cm、长 10 m 以上的土沟里，驯导员正面对着犬头，在犬立的基础上，正面迎着犬前进，犬在无法回头或转身的情况下只有后退。驯导员一边发出"退"的口令，一边发出"好"的口令奖励犬，犬很快就会对退的口令、手势形成条件反射。在此基础上可训练犬在复杂环境中后退。方法是犬在清静环境里形成条件反射后应到人多、噪声复杂的环境中进行训练，以增强犬在复杂环境中执行命令指挥的能力，为以后的表演任务打下坚实的基础。

（四）注意的问题

（1）训练犬后退的方法要有技巧，要因犬而异，刺激量也要因犬而异。

（2）训练犬后退的能力、指挥距离与坐的方法一样，要讲究远近结合，诱导与机械刺激相结合。

（3）每次训练必须成功，不能失败，次数不宜超过 5 次。

十九、前进

（一）目的和要求

犬的前进训练目的是让犬在没有任何诱导因素的情况下，能根据驯导员命令指挥向正前方快速跑出 30 m 以上的距离，然后听到驯导员发出"卧"的口令后迅速面向驯导员卧下，为搜索和巡逻等科目的训练奠定基础。要求犬的前进方向准确，前进时动作快速、兴奋。

（二）口令和手势

口令："前进"或"去"。

手势：右臂前伸，掌心向内，指向前进方向，同时右脚向前一步呈右弓步（图 5-22）。

图 5-22　前进示意图

（三）步骤和方法

前进训练主要包括培养犬对前进口令和手势形成条件反射、无引诱物作用下的前进能力和前进中卧下训练 3 个方面内容。

1. 建立犬对口令和手势的条件反射

可结合送物引诱培养犬对前进手势形成条件反射。首先带犬到清静的训练场上，用长牵引绳控制犬，牵引绳一端从 50 m 远前方固定滑轮中穿过，让犬在指定位置左侧位坐好，并发出“定”的延缓口令，然后驯导员跑步把一个能令犬兴奋的物品或食物送到犬正前方 30～50 m 以外的地方，跑回到犬的右侧位后奖励犬，并发出“前进”或“去”的口令，同时做出前进的手势指挥犬前进。如果犬能迅速地跑到物品处，则应立刻对犬发出“卧下”的口令，最好让犬回头看着驯导员；如果犬不前进，驯导员轻拉牵引绳，慢慢地将犬强迫拉到滑轮边，然后驯导员跑步到犬身边给予奖励，此时如使犬保持卧下的姿势 3 min 后再令犬前来正面坐好给予奖励，则效果会更好。犬如果能顺利完成 30～50 m 距离前进，根据犬的能力，实际可以把前进距离增加到 50～100 m，由于口令与手势的结合使用，犬便会对手势形成条件反射。也可将手势稍早于口令来结合训练，使手势的作用得到口令作用的支持。

2. 培养犬在无物品或食物引诱下的前进能力

要训练之前，助驯员提前在训练场地放置好物品，驯导员带犬进入训练场地指挥犬前进。如犬在没有任何送物动作的诱导下不按口令前进时，驯导员要积极地向前跑动引导犬前进获得物品，使犬在没有送物作用的引诱下，同样可以通过前进而获得物品。经过这样反复训练，犬就会自动排除送物动作的诱导作用形成按口令、手势前进的能力。在此基础上，应逐步减少提前在训练场放置物品的训练，直至取消诱导作用。

3. 前进中卧下的训练

前进训练一般是用犬最感兴趣、能引起犬兴奋的物品，以送物的方式引诱犬而达到前进的目的。因此当犬前进到一定的距离后，寻物欲望较高，无论驯导员采取的是真送物品还是假送物品的形式，犬的兴奋点都集中在寻找的物品上，从而影响了犬对卧下的执行。在卧下训练时，可用较长的训练绳进行训练。当犬快要获得物品时，驯导员猛拉训练绳迫使犬卧下，但要掌握好刺激的强度，以防犬前进过程中形成前进速度慢、回头、自动卧下等不良联系。在平时训练中多多加强卧下的服从性训练，可对前进中卧下的训练起到一定的辅助作用。

(四)注意事项

(1)驯导员要根据犬的实际能力正确把握训练的进度和次数，以免造成抑制，一般每次训练最多不超过 5 次。

(2)初训期的场地环境要清静、宽广，后期的训练场地要经常更换，以提高犬在各种环境下的前进能力。

(3)训练中对犬奖励要及时、恰当。

(4)送物诱导、假送诱导及取消诱导的使用和结合不能规律化，以防犬形成不良联系。

任务 2　犬的玩赏科目训练

【情境导入】

犬玩赏科目主要针对中小型的宠物犬，包括握手、感谢、跳舞、打滚、钻火圈、算术、识字等。

这些科目实际上是源于犬的一些本能活动，类似于人与犬的游戏。玩赏科目在犬的杂技表演中屡见不鲜，也给人们的日常生活增添了不少的乐趣。

问题：你最喜欢的犬玩赏科目是哪个？

一、握手

（一）目的和要求

犬的握手训练是培养犬与人握手的能力，要求犬在听到驯导员发出握手口令或手势后能迅速伸出一条前肢与人握手。

（二）口令和手势

口令："握手""你好"。

手势：伸出右手，呈握手姿势（图5-23，彩图28、彩图29）。

图5-23　握手示意图

（三）步骤和方法

握手对任何品种的犬来说都很容易训练，而北京犬、博美犬等小型犬甚至不用训练，当你朝它的前肢伸出手时，它都会主动地伸出前肢与你握手。训练时，让犬与驯导员面对面坐着，然后驯导员伸出一只手，并发出"握手"或"你好"的口令，如犬抬起一条前肢，主人就握住并稍稍抖动，同时发出"你好、你好"的口令，以进行奖励。如此经过多次训练后，犬就会形成对握手口令和手势的条件反射。

如驯导员发出"握手"的口令后，犬不能主动抬起前肢，驯导员则抚摸犬的头部并用手轻轻推动它的肩部，使其重心移向左前肢，同时伸手抓住犬的右前肢，上提并抖动，发出"你好、你好"的口令，予以鼓励，也可抚摸犬的颈下、前胸或以食物奖励，并要求犬保持坐势。如犬不能执行命令，也可用食物引诱，当犬想获得食物时就会伸出前肢扒在驯导员握食物的手上，此时发出"握手"的口令，并用另一只手握住它的前肢，上提并抖动，与此同时，用食物进行奖励。经过一段时间的训练，犬能根据口令，在驯导员伸出手的同时递上前肢进行握手。

（四）注意事项

（1）对少数神经质明显的犬训练时，不能贸然伸手与之握手，以防犬伤人。

（2）用食物引诱训练时，通常奖励食物与引诱物不能混用，奖励时机要恰当。

（3）利用机械刺激强迫犬伸出前肢时的刺激强度要适宜，以防犬的身体失去平衡而产生抑制反射。

二、感谢

（一）目的和要求

犬的感谢训练是为了培养犬向人作揖的能力，要求犬能根据驯导员发出的口令和手势迅速地做出谢谢或作揖的动作。

(二)口令和手势

口令:“谢谢”“作揖”。

手势:两手掌心向下,提至胸部,五指并拢,手指上下自然摆动(图5-24)。

图 5-24 感谢手势示意图

(三)步骤和方法

“感谢”训练应在“站立”训练的基础上进行,对小巧玲珑型的犬如博美犬、玩具型贵宾犬来说很容易训练。训练时,驯导员在犬的对面,先发出“站”的口令,当犬站稳后再发出“谢谢”“作揖”的口令,同时用手抓住犬的前肢,轻轻上下摆动,重复数遍后给予奖励。然后逐步拉大距离,发出口令,不用手辅助,让犬独立完成。

如犬不能执行命令,也可用食物引诱。将犬感兴趣的食物放到犬眼前上方,当犬想获得食物时就会用嘴去吃食物,此时驯导员可将食物慢慢地向犬头上方移动,并保证犬不能吃到。为了能顺利地吃到食物,犬会拍起前肢,努力地想获得食物,此时驯导员发出“握手”的口令,并用手握住它的前肢,上提并抖动,与此同时,以食物进行奖励。经过一段时间的训练,犬能做到驯导员发出口令后把站立和作揖的一系列动作一气呵成。

大型犬体重较大,不宜长时间站立,而且站立时身体很高,可能使人感到害怕,可进行坐着举足致谢训练。初训时,先让犬坐靠墙角,防止犬后退或后仰。也可由助驯员站在犬的后面,令犬抬起前腿,与此同时驯导员发出口令,必要时可做些示范。根据犬的不同特点,适当刺激它的前腿,让其抬高,并逐渐延长时间。

(四)注意事项

(1)要注意感谢与握手口令和手势的区别,不能相互混淆。

(2)少数对主人依赖性强的犬在训练时需要先培养其对驯导员的依恋性。

(3)此科目训练的最佳时机应在犬呈半饥饿状态下进行,这样利用食物进行奖励时更有利于形成条件反射。

三、接物

(一)目的和要求

犬的接物训练又称衔取抛出物训练,是为了培养犬在空中接住抛出物品的能力,要求犬能在物品落地之前用嘴接住抛出物,而不能在物品落地后再叼起抛出物。

(二)口令

口令:“接”。

(三)步骤和方法

犬喜欢运动的物体,所以大多数犬都爱做这种游戏。灵活、敏捷的犬如日本狐狸犬、可卡犬、边境牧羊犬等都极易学会,少数犬如巴色特猎犬、罗威纳犬等在训练过程中则要给予足够的耐心和信心,在反复的训练中学习和掌握空中接物的技巧。

训练时,先令犬正面坐好,驯导员手持犬喜爱吃的小块饼干或牛肉干,让犬先闻一下,向后退几步,抛向犬的嘴上方,同时发出“接”的口令。如犬能顺利接住,则给予抚摸奖励;如不能接

到，可降低抛出的高度，减慢抛出的速度，此时一般犬都能顺利接住，几次训练后，犬就会明白驯导员的动机是要求它接住抛出的物品。

在犬能顺利接住抛出的小物品后，可用犬感兴趣的玩具或飞盘训练（图 5-25，彩图 30）。先让犬叼住玩具或飞盘，并试着从它嘴中夺回，以激起它的兴奋性。然后将夺回的玩具或飞盘抛出去，同时发出“接”的口令。这时犬会竭尽全力地去追赶，如能在跑动中跳跃起来，并在空中接住，则要给予口令奖励后再给予食物奖励。

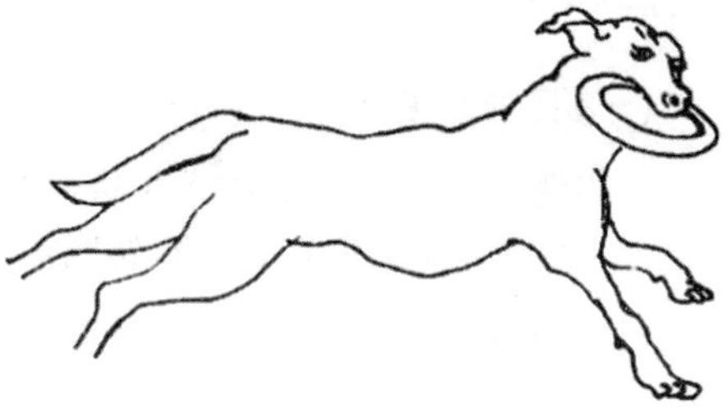

图 5-25　犬接飞盘示意图

（四）注意事项

（1）此科目可在平时给犬饲喂颗粒料或零食时加以训练。

（2）利用玩具或盘训练时，初期抛出的速度不能太快，以防犬跟不上而影响训练效果。

（3）玩具或飞盘的大小尺寸应与犬的体格相适应，一般不适合小型玩赏犬（如博美犬、吉娃娃犬等）和体态较矮、呼吸道较短的犬（如腊肠犬、斗牛犬等）。

四、乘车

（一）目的和要求

犬的乘车训练是为了培养犬上下车的能力，为带犬外出就诊、参展、参赛或长途旅行提供便利，要求犬能根据乘车口令准确、自然地做出上下车动作，且保证连续行车不晕不吐。

（二）口令和手势

口令：“上”“下”。

手势：手指向车上或指向车下地面。

（三）步骤和方法

首先让犬熟悉各种车辆，消除犬对车辆的消极防御反射。训练初期，先训练犬上下踏板式摩托车，再训练上下汽车的能力。训练时，驯导员先将摩托车停好，手提牵引带，发出“上”的口令，同时做出上车手势，令犬上车。如犬不能执行，则可轻提牵引带强迫犬上车，也可用手推其臀部，协助其上车；犬上车后，立即给予奖励。反复多次，使得犬建立对上车的条件反射。下车训练同样如此，只是将口令换成“下”，手势改为指向车下地面。在此基础上，可在启动摩托车后训练犬的上下车。

训练犬上下汽车的方法与训练上下摩托车的方法相同，但首先要让犬熟悉汽车车厢中的环境，在训练过程中可在车厢中放些犬感兴趣的食物或玩具，在训练犬上下车门较高的汽车时，犬可能感到害怕，此时可先训练其学习跳平台，训练其根据“跳”的口令做动作。训练平台要由低到高，逐渐升高，要保证犬的第一次跳台不能失败，否则会增加犬的恐惧感，驯导员可通过提拉牵引带或托住犬的臀部来帮助犬完成第一跳。

（四）注意事项

（1）一般不要进行犬上下自行车的训练，以防犬的摔伤。

（2）有晕车现象的犬不能进行乘车科目的训练。

(3)犬在乘汽车过程中应少喂料，适量给水即可。

五、跳舞

(一)目的和要求

犬的跳舞训练是为了使犬学会跳舞，加大养犬的乐趣，要求犬能抬起前肢，只用后肢在地上行走，并能随着音乐的节奏有转圈的动作。

(二)口令

口令："跳舞"。

(三)步骤和方法

本科目需犬在学会站立的基础上进行，多数小型的玩赏犬极易学会。训练时，驯导员首先让犬站立，用双手握住犬的前肢，并发出"跳舞"的口令，同时手牵着犬的前肢来回走动，同时说"好"来奖励它(彩图31)。最初犬可能掌握不住重心，此时，驯导员要多给予鼓励。当犬来回走几次后，放下前肢，给予犬充分的表扬和奖励。经过多次的辅助训练，犬的能力有了进一步提高后，应逐步放开手，鼓励犬独自完成，并不停地重复"跳舞"口令(图5-26)。

图 5-26　跳舞示意图

也可把犬爱吃的食物置于犬头的上方诱惑犬，犬想吃则需向前跨步，驯导员此时就势向后退一步，并在犬头的上方适当呈转圈式移动食物，调整犬的姿势，并发出"跳舞"的口令，注意犬移动的步伐不能太大，以免犬扑到驯导员身上或摔倒。只要犬能跟着转圈，则给予食物奖励。反复多次，直至不用食物引诱，犬也能做到闻令起舞。以后可在一边训练的同时，一边放着音乐，驯导员根据音乐的节奏用手上下抖动，来指挥犬的移步，如果犬的心情好，可能会跳起来，这样跳舞的气氛就形成了。

开始训练时间不要过长，一般只能训练几秒钟，在意识到犬可能支持不住时要停止训练，并给予奖励。随着犬舞蹈能力和体质的提高，可逐步延长训练时间，最终可达到3～5 min。

(四)注意事项

(1)本科目通常只适用于小型玩赏犬，不适用于大型犬的训练。

(2)训练初期对犬的要求不宜过高，时间不宜过长，次数不宜过多，劳逸结合，容易养成对"跳舞"口令的条件反射。

(3)跳舞应有转圈动作，防止在训练过程中犬只跳不转。

六、睡觉

(一)目的和要求

犬的睡觉训练是为了培养犬在清醒的情况下假装睡觉的能力，要求犬能在听到口令的同时闭眼睡觉，睡姿自然。

(二)口令

口令:“睡”。

(三)步骤和方法

睡觉表演简单有趣,尤其是学会侧躺的犬更易训练。训练时,驯导员先让犬躺下,把犬头枕到一小枕头上,轻抚犬的额头后,用手将犬的眼睛闭上,同时轻轻发出“睡”的口令。如果犬抬头,则应把犬头再次枕到小枕头上去,同时发出“睡”的口令,通常犬此时会顺从地闭眼假睡,延缓几秒钟后给予食物奖励。最初犬假装睡觉时间 10～20 s,反复多次,逐渐增加假睡的延缓时间,直至延长到 5～6 min,慢慢建立犬对“睡”口令的条件反射。以后逐步减少食物奖励,采用抚摸或口令“好”进行奖励。随着犬表演能力的提高,要注意经常锻炼复杂环境,培养犬能在多种复杂干扰环境下进行表演。当犬能按照要求完成表演后,应给予充分的奖励,增加犬的信心与自豪感。在训练过程中,如能增加一条小毛毯,在犬假睡时盖到犬的身上,更能添加表演的色彩,但要注意最好是犬平时用过的毛毯,这样犬不会产生不适应的感觉。

(四)注意事项

(1)犬呈假睡状态时不能有动头、动爪、动尾等多余的动作。

(2)将睡觉与回笼结合训练趣味性会更强。

七、回笼

(一)目的和要求

犬的回笼训练是为了培养犬自动回到犬笼中休息的能力,特别在有客来访或主人休息时可减少不必要的麻烦,要求犬能在听到口令后自动返回笼中休息。

(二)口令和手势

手势:右手食指指向犬笼(图 5-27)。

图 5-27　回笼示意图

(三)步骤和方法

通常犬喜欢与主人待在一起,它会安静地卧在主人身边,但如果有来客(特别是小孩)或晚间主人休息时,让犬回笼休息是很有必要的。对于小犬,驯导员可直接将其抱到准备好的卧处,一手按住它的颈部,一手轻拍它的臀部迫使其进笼,同时发出“回”或“进”的口令。如犬不执行,则可加大拍臀的力度或在笼中放入犬喜爱吃的食物诱使其进去吃料,待犬进去之后,可给予食物奖励或轻拍其头部,并以“好”的口令进行奖励。反复多次,以巩固已形成的条件反射。

犬形成上述条件反射后,可训练其在笼中延缓 10～20 min,起初犬可能在笼中不安心,很激动,又咬又蹦,恳求放其出来,此时可很严厉地发出“静”的口令,命令其静止;也可装着看不见,通常几分钟后犬就会安静。

(四)注意事项

(1)回笼训练不需要太大场所,应从小时候训起,形成条件反射更巩固。

(2)回笼与静止科目结合训练,效果会更好。

(3)大型犬的神经活动不太兴奋,训练起来往往比小型犬更容易。

八、打滚

(一)目的和要求

犬的打滚训练是为了培养犬根据指挥迅速执行打滚动作的能力,要求犬听到滚的口令或看到滚的手势迅速做出打滚动作,从躺下的一侧翻滚到另一侧,甚至在地上呈连续的翻滚。

(二)口令和手势

口令:“滚”。

手势:右手在躺的手势基础上,翻掌心向下,然后向右翻转。

(三)步骤和方法

打滚训练主要包括培养犬建立口令、手势的基本条件反射和培养犬滚的延缓和指挥距离能力两方面的内容。

1.建立犬对口令和手势的条件反射

对于中小型犬,在清静平坦的环境下,驯导员令犬正面躺好,随后对犬发“滚”的口令和手势,然后手持犬的左前肢向右翻转,待犬滚过之后,用手按压犬的肩胛部,防止犬起来,然后给犬以奖励,如此反复训练,直到不用刺激可以翻转。对大型犬,也可令犬正面卧好,左手拿食物放在犬的鼻子上方对犬进行引诱,右手按住犬的身体,以防犬起身。此时犬想获得食物,驯导员可将食物慢慢朝犬翻滚的方向移动,以引诱犬翻滚,同时发出“滚”的口令。如果犬翻滚,则要及时给予奖励;如果犬不能做出翻滚,则可用右手协助犬进行翻滚,如此反复,当犬对口令形成条件反射时,可加入手势同时进行训练。

2.培养犬滚的延缓和指挥距离能力

当犬在口令和手势下能迅速地执行翻滚动作时,可以培养犬的延缓静止和距离指挥。驯导员令犬躺下;然后向前走出50~100 m,发出“滚”的口令和手势。如犬不执行动作,回原位刺激迫使犬执行动作;如犬执行动作,应立即给予奖励,如此距离慢慢地提高,直至达到30 m以上为止。犬打滚后应逐渐培养延缓能力。驯导员可以在犬面前来回走动,吸引犬的注意力,如犬要破坏姿势,则应立即回原位给予纠正,如此反复训练直至达到5 min以上为止。

(四)注意事项

(1)食物引诱时的刺激动作不宜太突然,应慢慢由一侧移到另一侧。

(2)奖励要及时恰当,不能用引诱物进行奖励。

(3)为了防止犬翻滚后立起,以犬的前胸胛部为主要刺激部位。

(4)通常先进行右侧翻滚,再进行左侧翻滚训练,不能一会左侧翻,一会右侧翻,使得犬左右为难。

九、跳跃

(一)目的和要求

犬的跳跃训练是培养犬跳过障碍物的能力，要求犬能根据指挥迅速跳过有一定高度的障碍物，并保证障碍物不被碰倒。

(二)口令和手

口令："跳"。

手势：右手向障碍物挥去。

(三)步骤和方法

训练先从高 30～40 cm 的障碍物开始。驯导员手提能引起犬兴趣的玩具把犬牵到离障碍物 2～3 步前处令犬坐下，然后持牵引绳一端，走到障碍物侧面对犬发出"跳"的口令，同时向障碍物的方向扯牵引绳，驯导员可与犬一起跳过障碍物。当犬跳过去后，及时给予抚摸或食物奖励，重复 3～4 次，驯导员也可将玩具向障碍物的另一侧扔去，同时发出"滚"的口令。为了获得玩具，犬通常会顺利地跳过去；如犬不执行命令，可向障碍物前上方拉牵引绳，使犬跳过。

第二步要训练犬根据口令和手势独立跳跃的能力。先让犬在距高障碍物 3～5 m 处坐下，驯导员手持伸缩式牵引绳的端，路过障碍物，面向犬发出"来"的口令，当犬接近障碍物时，立即发出"跳"的口令，并用牵引绳引导犬跳过；当犬能熟练跳过时，可转入直接用口令与手势，并逐步增加障碍物的高度，或根据需要训练犬跳跃栏杆、圈环、壕沟等(图 5-28)。

图 5-28　跳跃障碍示意图

当犬对一般障碍物有一定的跳跃能力后，驯导员可伸出右腿至一定的高度，鼓励犬跳跃，然后再逐步提高腿的高度，直至水平位置。采用以腿作为训练障碍的方法趣味性更强，在犬平时的训练中应经常使用。利用食物引诱法可令犬跳至一定高度与驯导员拥抱(彩图 32)。

(四)注意事项

(1)障碍物的表面要光滑，不能有铁钉、铅丝或木质的刺头等，以防犬在跳越障碍物时划伤其四肢皮肤。

(2)采取强迫方式训练小型犬跳越障碍物时，刺激的力度要适宜，防止出现犬在地面滑行的现象，从而使犬产生抑制反射。

(3)训练场地要平坦，防止犬在跳越落地时扭伤四肢。

十、算术、识字项目

(一)目的和要求

犬的算术、识字训练完全是种表演性的科目训练，主要是利用犬熟悉驯导员特定的气味，从而完成算术、识字的过程，要求犬能根据其他任何人提出的算术题或需要识别的汉字迅速而准确地做出判断。

(二)手势

手势：右手指向标识牌。

(三)步骤和方法

在训练犬类似的表演中，把写有不同数字或文字的木板插在指定的范围内，每块木板约20 cm×10 cm，为了方便观众看清数字或文字，木板应用深色。首先令犬坐好，如要求犬做算术表演，给它出一道数学加减法 $10-7=?$，这时犬走到3的标识板前，把3的标识板衔到驯导员身边即可。也有用都市的名字代替数字板来表演，要求犬找出某国家的国旗或国名，犬也能顺利地完成任务。

犬的算术、识字表演，其实是犬通过气味区别来完成的。因为犬对驯导员的气味比较熟悉，能轻松地搜索到带有驯导员的气味的标识板，即要求衔回的标识板。训练时，由驯导员把自己气味染到指定的木板上，其他的木板则是由他人放置好，例如数学题：$7+8=15$，驯导员只要把写有15的标识板放置在数字板答案中，犬很自然地就可以把带有驯导员气味的15标识板衔回到驯导员的身边。

再如问莫斯科是哪个国家的首都，这时驯导员可以把“俄罗斯”标识板放到几个备选答案板中排列好，然后令犬去衔，犬很快就会把“俄罗斯”标识板衔找出来放在驯导员的身边。如果犬认定错误或衔取错误，可以命令放回原处重新嗅找，一旦犬找对并衔回到驯导员身边，则要立即给予美食奖励。反复多次，犬就会对表演形成条件反射，每次都会成功。

(四)注意事项

(1)标识板要不易破损，标识板表面要粗糙，质地要软。这样能较好地留住驯导员的气味。

(2)每次犬在找答案之前，驯导员可把正确答案的标识板再握在手中几秒钟后让犬再嗅找，此时标识板上驯导员的气味能逗留30～60 min，这样犬通常都能答对。

十一、绕桩

(一)目的和要求

绕桩在犬的敏捷表演中较多见，主要是为了培养犬平衡性和灵活性的能力，要求犬能根据指挥迅速而准确地做出绕桩动作，并保证不间桩、不跳桩。

(二)口令和手势

口令：“绕”。

手势：右手指向需绕的木桩或树桩（图 5-29）。

（三）步骤和方法

这是在犬较兴奋的情况下进行的一项训练，通常用来提高犬的平衡性和灵活性，除了利用人工制作的器械外，也可选择排列整齐的几棵小树进行训练。

图 5-29　绕栅栏示意图

训练初期，在平坦的地面上每隔 0.5 m 立一根木桩，一般可立 3～5 根。驯导员用牵引带控制犬，采取强迫的方式与犬一起进行绕桩训练，同时发出“绕”的口令，绕完所有木桩后给予食物或抚摸奖励，也可以给予“好”的口令奖励，驯导员也可手提牵引带，另一手握犬感兴趣的玩具在前方引诱，同时发出“绕”的口令，诱使犬前进逐步绕过每一根桩，当绕完最后一根桩时，把玩具抛出，待犬衔回后再给予食物或抚摸奖励。如此反复多次，建立犬对绕桩口令的条件反射。

在犬建立对绕桩口令的条件反射后，可在每次训练的同时加入手势训练，逐步使犬建立口令与手势的神经联系，当犬能独立完成每一个动作后都要及时给予奖励，以增加其多次完成训练的勇气和信心。

驯导员可以自己的双腿作为木桩，在缓慢地前行中训练犬在腿间穿梭前行（彩图 33）。采用此种方法训练时，驯导员可借助双腿的力量强迫犬绕腿前行，而且这种训练通常不需要其他辅助器材，也不需要太大空间，在家庭中即可完成，深得犬主人的喜爱。

（四）注意事项

（1）用牵引带强迫时，牵引带要短，也可直接以手抓住犬的颈圈，这样更方便控制犬只。

（2）训练过程中，必须及时纠正犬的间桩、跳桩现象。

（3）以驯导员的双腿作为木桩进行训练的方法只适用于小型玩赏犬。

十二、钻火圈

（一）目的和要求

钻火圈训练是培养犬穿过火圈的能力，是一种较为有趣且很惊险的游戏，要求犬能根据指挥迅速通过火圈，跳跃高度要超过火圈底部 10 cm 以上，以保证犬的被毛不受伤害。

（二）口令和手势

口令：“过”或“钻”。

手势：右手挥向火圈。

（三）步骤和方法

图 5-30　跳火圈示意图

犬钻火圈表演是非常有趣的，也很惊险，在宠物犬的聚会（嘉年华）和犬的杂技表演中往往是压轴戏。只要能正确地掌握训练方法，对犬没有危险（图 5-30）。

圈通常由金属（铁）管制成，圆圈直径为 50 cm，高为 30～100 cm，因犬而制，但底座要牢固。先训练犬跳过铁圈。开始先将铁圈放低或将铁圈前放小木板，当犬跳过有小木板的铁圈时，主人应给予"好"的口令或美食奖励。当犬对"跳"形成条件反射并能顺利通过铁圈后，将木板去掉，如果再能顺利跳过，就给予美食奖励；如果犬不能跳过，就将火圈放倒，然后慢慢进行竖立。

当犬无须诱导，能顺利地在口令下通过铁圈时，可用细长柔软的铜线在铁圈的边缘系小布条，注意不要让铜线的一端突出或外露，预防刺伤犬，然后在绑好的布条上洒上少量汽油或柴油点火，在初训时燃烧的火焰要小。

第一次跳火圈，犬可能害怕，此时助驯员可在火圈的另一侧以美食引诱犬通过或直接拉扯训练绳强迫犬通过。犬每次跳过火圈，都要给予充分的奖励和休息，如此反复，并不断增加布条的长度，以便增大铁圈燃烧的火焰。一旦犬能充满信心地跳过大的火焰，这时就可以将整个火圈绑上布条，在布条上洒上少量汽油并点燃。如果 1 个火圈犬能比较顺利地通过，可以考虑增加多个火圈，直至犬能依次跳过 5 个火圈。训练时可用石棉线代替布条，这样既可以多次重复使用，也可避免布条火焰太大导致犬受伤。

(四)注意事项

(1)本科目通常只对大型犬特别是德国牧羊犬适用，不适用于小型犬或长毛犬。

(2)犬通过火圈的方向一定要顺风向，不可逆风训练。

(3)训练过程中要注意人犬的安全。

(4)本科目训练应在犬学会跳跃科目的基础上进行。

十三、谢幕

(一)目的和要求

谢幕表演是在犬完成全部常规表演后的最后一个表演项目，如同人做事一样要善始善终，在观众意犹未尽的时候，犬完成谢幕表演，一定会给观众留下更加深刻的印象。谢幕表演要求犬能根据指挥自然而准确地拉开布帘，向观众致谢。

(二)手势

手势：右手指向绳下的衔取物。

(三)步骤和方法

犬的谢幕训练很简单，训练需要两块长方形木板，每块 100 cm×50 cm。在木板上写上八个大字"演出结束，谢谢观看"，用两块红布帘盖上，木板上带有窗帘式拉链，在拉链的一侧系有一个衔取物(玩具球)。犬表演结束后，当所有观众还沉醉在犬刚才精湛的表演之中的时候，驯导员右手指向绳下的衔取物，命令犬去衔取玩具球时，红布也随着拉开，"演出结束，谢谢观看"的字板立即呈现在观众面前，表示演出结束。玩具球应是驯导员平时经常训练犬衔取用的球，这样能保证球上驯导员的气味很浓，犬对之极为敏感。训练时，驯导员带犬到玩具球旁，手指向绳下的玩具球，发出"衔取"的口令，通常犬都能较好地执行命令，此时应及时给予奖励。少数犬如反应较慢，驯导员可提起细绳，轻摇玩具球，以引起犬的注意。因犬对运动的物体更感兴趣，待犬衔住玩具球往回跑而露出致谢辞时，给犬及时奖励，反复多次，以巩固已形成的条件反射。

(四)注意事项

(1)拴系玩具球的绳要结实，防止犬在衔取过程中拉断，不能顺利完成表演。

(2)遮字板的布帘不能太长而拖及地面,防止犬在拉开布帘时绊倒。犬一旦被布帘绊倒,则受驯犬对本科目的训练已提前结束,不可用作本科目的训练。

(3)谢幕表演如与衔取训练结合,效果更佳。

任务3　犬的专业科目训练

【情境导入】

犬的专业科目又称为应用科目,是防暴犬、警戒犬、侦察犬作业能力的基础,是军犬训练的重要组成部分,是在相应的服从性和适应性科目训练的基础上进行的。目前,专业科目主要针对常见的中、大型工作犬如德国牧羊犬、杜宾犬、罗威纳犬、史宾格犬、拉布拉多猎犬等犬种,训练内容包括扑咬、搜索、追踪、鉴别、警戒和巡逻等方面。

问题:你认为犬的专业科目训练容易学习吗?

一、扑咬

(一)目的和要求

扑咬是利用犬凶狠的攻击性和积极主动的防御本能来训练的,其目的是培养犬的积极防御和搏斗能力,要求犬能根据口令和手势扑咬指定人员,与之搏斗,并将其捕获。扑咬时要胆大、凶猛,动作迅速敏捷,扑咬部位准确。

(二)口令和手势

口令:"注意""袭""放"。

手势:右手食指指向被扑咬对象。

(三)步骤和方法

扑咬训练主要包括培养犬的胆量和凶猛性;对"袭"口令形成条件反射和对"放"口令形成条件反射三部分。

1.培养犬的胆量和凶猛性

(1)舍内激怒训练法:助驯员化装成陌生人,手持藤条,由远而近,鬼鬼祟祟地接近犬,并发出声音,以吸引犬的注意力。随后,在犬舍外约5m处挑逗犬,此时驯导员隐藏在一旁窥视犬的行为表现,挑逗初期以引起犬的警觉性为目的,经过若干次挑逗后,当犬能对出现在一定距离内的助驯员有警惕并欲扑咬时,助驯员即可对犬进行佯攻,以激发犬的主动防御反应和凶猛性。训练中犬表现出积极的防御反应时,训练结束后应对犬奖励,这种训练方式可持续2～4次,直至犬对助驯员表现出狂吠、猛扑,并企图冲出犬舍外扑咬为佳。

(2)逃跑式挑逗训练法:逃跑式挑逗训练法是指当犬对助驯员表示吠叫反应后,助驯员以佯装害怕的表情逃跑,以此来增强犬吠叫示警的信心。驯导员牵犬呈"丁"字步在训练场地站好,助驯员戴好护具,手握鞭条从正面的远处走过来,以奇异的声响、恐吓的表情、夸张的动作挑衅犬,驯导员不断发出"叫"的口令和手势,并诱导鼓励犬向助驯员吠叫,但不应让犬过去追咬助驯员，其目的是使犬的仇视欲望更强烈。当犬能根据助驯员挑逗的动作积极吠叫时，助驯员应佯装害怕逃跑，此时驯导员应及时给予奖励。稍做休息，继续按上述方法训练 2～3 次结束。这种方法可增强犬的自信心，提高犬对助驯员的吠叫欲望，能加速犬吠叫能力的形成，既可用于单犬训练也可用于群犬的训练。

图 5-31　扑咬示意图

（引自中国人民解放军原总参谋部军务部，军犬训练员培训教材.2004）

（3）进攻式挑逗训练法：进攻式挑逗训练法是助驯员对驯导员和犬都实施进攻行为，激发犬的仇视性，促使犬对助驯员产生吠叫欲咬的攻击表现，为下一步扑咬助驯员奠定基础。

驯导员牵犬呈“丁”字步在训练场地站好，助驯员藏好护具，手握鞭条从正面面带恐吓的表情以试探的方式进攻犬，挑衅的动作幅度越大越好（图 5-31、彩图 34），同时驯导员不断发出“叫”的口令和手势，并诱导鼓励犬向助驯员吠叫。当犬能根据助驯员挑逗的动作凶猛吠叫时，驯导员应给予奖励。此时助驯员将护袖让犬就势咬住，然后佯装被犬咬脱，将护袖留给犬，驯导员再对之进行奖励。

当犬能根据驯导员和助驯员的出现而产生积极凶猛的吠叫时，可进行下一步的训练。

2.培养犬对“袭”口令形成条件反射

犬对“袭”的口令形成条件反射是指犬能根据驯导员的指挥扑咬指定人员，并适应在各种复杂性的条件下扑咬指定对象，一般分以下两步骤进行。

（1）培养犬对“袭”口令形成条件反射：驯导员牵犬进入场地后，令犬面向助驯员将出现的地方坐好，驯导员呈半蹲式姿势，对犬发出“注意”的口令，并以右手指向让犬注意的方向。此时助驯员在隐蔽处发出声响，以引起犬的注意，并从隐藏处鬼鬼祟祟地出来，慢慢地接近犬。当犬急切地欲扑咬助驯员的时候，驯导员发出“袭”的口令和手势，并鼓励犬扑咬助驯员。在犬对助驯员的撕咬过程中，助驯员可根据犬的表现有张有弛地与之撕扯，促使犬紧咬不放。此时驯导员可在一旁不断地重复“袭”“好”的口令鼓励犬，给犬助威。当犬咬紧护具且表现出极强烈的仇视情绪时，助驯员可逐渐降低挣扎的力度，真至完全停止，以示屈服。

（2）能力的复杂化训练：扑咬能力的复杂化训练主要指被扑咬的对象在形象特征、出现方式、扑咬环境等情况的变化，以适应实际现场的需要。

①犬追捕能力的培养：首先选择开阔和清静的场地，助驯员戴好护具并隐藏好，驯导员牵犬向助驯员隐藏处行进，在相距 50 m 时，助驯员便以鬼鬼祟祟的动作接近犬，驯导员此刻发“注意”的口令。当助驯员离犬只有 20 m 时，驯导员大声对助驯员说“站住”的命令，助驯员假装逃跑，这时驯导员及时向犬发“袭”的口令，放犬追捕，犬追至助驯员跟前，助驯员要让犬顺势咬住右手，并不断挣扎与犬捕斗 1～3 min，然后静止不动。经过多次训练后，犬能顺利追捕时，可逐渐将追捕延伸至 100～200 m 距离，并增加追捕难度，如在助驯员逃跑的路线上越过小沟，穿越树丛，翻越围墙等。

②扑咬不同姿势的假设敌人：扑咬背对着犬站立不动的假设敌人：助驯员穿好防护衣背向犬站立不动，驯导员对犬发出“袭”的口令和手势，令犬扑咬，如果犬能从背后跃起扑咬右臂，驯

导员应给予奖励。当助驯员与犬扑斗片刻后，应做出屈服的表现，驯导员发出“放”的口令，犬松口后，牵犬回原地。

③扑咬跪姿、坐姿或卧姿的假设敌人：开始训练时，犬可能只对跪姿、坐姿或卧姿的助驯员围着吠叫，而不是扑咬，甚至表现胆小或探求。因此可采用两种方法过渡：一是先用正常扑咬的姿势训练，当犬咬住后，助驯员再假装败倒，躺在地上与犬搏斗。这时由于犬已有扑咬的兴奋性和凶猛性，因此不会受到突然改变姿势的影响而停止搏斗。以后再训练直接扑咬摔倒在地或直接躺在地上的助驯员。二是助驯员先在远处逗引，以激起犬的扑咬兴奋性，等犬追到助驯员跟前时，就势假装恐慌而跪下或坐下让犬咬住，再从远处指挥犬，直接扑咬跪着或卧着假装射击的助驯员，犬能袭击即可。

④扑咬突然出现的袭击者：训练方法有两种。一种是助驯员事先选好地点隐蔽，驯导员牵犬由此经过。当犬接近隐蔽处时，助驯员突然出现向驯导员袭击，这时驯导员立即让犬扑咬。另一种是在驯导员牵引犬和助驯员从路两端相对行进，当双方交错时，助驯员马上回头袭击驯导员，驯导员放犬扑咬。

⑤实战性扑咬：在犬能对护袖或穿护衣的助驯员勇敢凶猛扑咬的基础上，结合实战对穿护袖、护身衣的助驯员进行扑咬。其方法有两种：一种是助驯员着便服，不戴任何防护用具，但是要给犬戴上口笼，按口令指挥犬扑咬或追捕助驯员。另一种是助驯员着便服，但右臂有内暗护袖，驯导员按上述方法进行扑咬追捕。

⑥复杂情况和环境下的扑咬：在扑咬能力养成后，扑咬环境应变得越来越复杂，最终使犬适应在山坡、草地、森林、村庄、道路、地下室、沟穴等处进行扑咬。在白天的基础上逐渐转入夜间和不同气候条件下(如雨天、雪天)的扑咬训练。

3.培养犬对“放”口令形成条件反射

在培养凶猛扑咬的同时，一定要培养犬按照“放”的口令及时放口的服从性。如果犬咬而不放，说明犬的扑咬服从性不好，更重要的是这种咬而不放的不完善能力不利于实际应用。

扑咬训练中多数犬会因助驯员屈服后的兴奋性下降而放口，此时驯导员应及时发出“放”的口令，并给予奖励。如果在下达“放”的口令之后犬仍不松口，驯导员可用牵引带轻击犬嘴，或用拇指和食指向犬的口角部按压，也可用细棒伸入犬嘴中刺激犬的咽喉部，迫使犬放口。犬放口后，立即以“好”的口令或抚摸奖励。反复多次，可逐步减少机械刺激的作用，直至犬对“放”的口令形成条件反射。

对于凶猛性特强的犬，采用机械刺激的方法可能还不能使犬放口，此时可在训练前给犬戴刺钉脖圈。当犬咬住助驯员不放口时，猛拉牵引带，同时发出“放”的口令，通常犬在刺钉的强烈刺激下都会放口，然后给予奖励，如此反复训练，逐步减少机械刺激的作用，直至犬对“放”的口令形成条件反射。

(四)注意事项

(1)“袭”的口令只能在扑咬训练时使用，严禁使用“袭”的口令放纵犬追咬人或畜禽，以免犬对“袭”的口令和能力产生退化。

(2)如犬出现扑咬近距离凶猛，远距离不凶时，大多是犬的体力耐力不够强，应在单方面加强这方面的训练。

(3)除扑咬训练外，不得让犬随意玩耍和撕咬护袖，防止养成犬攻击护袖的不良习惯。

(4)护袖的质地要软且耐撕咬,厚度不能低于 1 cm。

(5)在训练中,助驯员和驯导员的动作要逼真,助驯员不能当着犬穿脱护袖和护身衣服,驯导员与助驯员不能同时一起进出训练场或在公共场合打闹说笑。

(6)扑咬训练的助驯员要经常更换,避免长期扑咬同一助驯员,形成不良联系,同时训练场地也要经常更换,才能培养犬随时随地对出现的可疑人员保持高度警觉性。

(7)群犬或多犬扑咬时,要把公母犬隔开,以防犬与犬之间咬架。

二、搜索

(一)目的和要求

搜索是充分利用犬极其灵敏的嗅觉,训练犬对衣物、遗留物、工具、人等的搜索,目的是培养犬在一定范围内,根据口令、手势,不论是否给予嗅源均能搜索隐蔽的物品和人的能力。要求犬搜索动作迅速、耐力持久、准确无误,发现物品以吠叫报警,发现人也能以吠叫报警或在搜寻人逃跑时凶猛扑咬攻击。此科目在军犬、警犬中常用于对特定环境如车辆、大型运动场馆、会议场馆等进行易燃易爆物品的搜索。

(二)口令和手势

口令:“搜”。

手势:右手指向搜索方向。

(三)步骤和方法

搜索能力的培养主要通过室内搜索和室外搜索进行,也可将两方面相结合训练,其内容主要包括搜物和搜人两部分。

1.搜物

搜物训练主要有基础能力的培养、搜索带有他人气味的物品的能力培养、能力复杂化培养 3 个阶段。

(1)基础能力的培养:首先通过搜索驯导员的物品,使犬对口令和手势形成条件反射。训练时,驯导员应选择陈设简单的室内或长有树的开阔的草地上,开始当犬的面将自己的物品(通常可用平时训练时用的玩具球或玩具骨头等)抛出约 20 m 处,稍后对犬发出“搜”的口令和手势,引导犬搜索。当犬发现物品后,立即对犬进行奖励,然后令犬搜索第二个物品。在搜索过程中,如犬出现不积极嗅寻的现象,驯导员要及时重新发出“搜”的口令和手势,并引导犬搜索,如犬在获得搜寻物后仍有较强的衔取欲望,则可按上述方法重复训练 1～2 次。如此反复训练,直至犬能兴奋、顺利地找到搜寻物。在此基础上也可以让犬把搜出的物品衔回给驯导员或将抛出物品改为事先投放。训练时,先把犬拴在训练场不远的隐蔽处;驯导员拿出搜寻物给犬嗅闻后稍加引逗,再迅速离去并投放搜寻物,投放时不能让犬看到。然后带犬到训练场,对犬发出“搜”的口令和手势,指挥犬去搜索,犬如能顺利地将物品搜出,则要及时给予“好”的口令奖励;如犬不能根据指挥搜索,驯导员要加以引导,直至犬能发现第一个物品并给予奖励。在训练过程中,也可用当着犬的面扔小土块的方法诱使犬去搜索,经过多次训练后逐渐取消物品诱导犬去搜索。

在此基础上,可逐步训练犬在瓦砾、草丛、废弃的汽车轮胎堆中寻找物品。在训练时,首先选用较大且气味较浓的物品如鞋子等,在犬能顺利地根据口令和手势找出搜索物后,逐步选用较小且气味不是很浓的物品训练。

(2)搜索带有他人气味的物品的能力培养：训练时应由助驯员在训练场地将事先准备好的物品布置成三角形，每件物品间距不少于 50 m，驯导员将犬带到搜索范围边缘将犬拴好，离开片刻，给犬造成隐藏物品的假象，以激发犬的搜索兴奋性。接着驯导员带犬到三角形某边中线的延长线上，给犬嗅一下助驯员的一件物品后，对犬发出“搜”的口令和手势，驯导员随犬一起前进指挥犬搜索。当犬找到第一个物品时要及时奖励，随后驯导员继续分别指挥犬向左右侧投放物品的方向搜索，直至找出全部物品为止，对犬进行充分奖励。当犬达到能根据驯导员的指挥方向兴奋地进行穿梭式搜索，并较快地搜索到助驯员的物品时，可进入环境的复杂化阶段训练。

(3)能力复杂化培养：这阶段主要培养犬搜索的细致和持久性，并要求室内环境复杂化和室外环境的复杂化。在室内根据物品的气味让犬细致搜索做出反应，室外训练犬根据搜索的嗅源气味找出迹线追踪式搜索，在发现物品时以吠叫形式报警。

①培养犬在搜索中发现迹线追踪的能力：助驯员在搜索范围的一侧先布置物品，以此为起点，在搜索范围内走一段长约 100 m 的迹线后布置另一物品，然后远离搜索区。驯导员给犬嗅源后，先指挥犬搜索未放置物品一侧的空角，然后指挥犬搜索另一侧。当犬找出第一个物品时给予奖励，然后有意识地引导犬发现逃线气味，使犬嗅到迹线后能循迹追踪。当犬有循迹追踪的表现时，驯导员应及时发出“按”的口令。并以“好”的口令鼓励，直至犬搜到第二个物品再进行充分奖励。经过多次反复训练，犬就能学会搜索中发现迹线追踪的能力。随着犬能力的提高，隐藏物品的深度和搜索的范围要加大。

②培养犬发现物品时以吠叫形式报警的能力：驯导员带犬到搜索范围内，让犬充分感受嗅源后，先指挥犬向没有物品的方向搜索，在犬搜索一定范围后，立即指挥犬向有物品的方向搜索，在犬找到物品后及时给予奖励，然后指挥犬进行穿梭式搜索，直至找出全部物品后给予充分奖励。在每次训练中，可根据具体情况设置 1～2 个空角。最初不要让犬连续搜索空角，以防犬在空角找不到物品而导致搜索的兴奋性降低，但以后的训练中，要让犬连续地搜索空角，以提高犬搜索的毅力和耐力。在训练过程中，布置的物品应较大，使犬衔不动，或将小的物品放置在犬不能衔到的地方，当犬找到物品时，由于找不到或衔不动，犬就会脱口吠叫。只要犬一吠叫，就立即取出物品对之实施奖励。如此反复多次，逐步养成犬找到搜索物后吠叫的习惯。

2. 搜人

搜人训练包括基础能力的培养和能力复杂化的培养两方面内容。

(1)基础能力的培养：训练场地应选择树林或草地、固定的房屋、工厂等地方。助驯员穿好防护衣后隐藏起来，驯导员带犬到距离助驯员 100 m 处，令犬注视助驯员所在的方向，此时助驯员可走动或发出声音引诱犬的注意力。当犬发现助驯员并产生扑咬时，驯导员对助驯员发出“站住”的口令，助驯员得令后迅速跑到场地深处隐藏起来，当助驯员隐藏好后，驯导员发出“搜”的口令和手势，并尾随犬向助驯员隐藏处搜索。当犬发现助驯员时，鼓励犬吠叫报警，然后令犬进行监视，并奖励犬。此时助驯员趁势迅速跑到另一处躲藏起来。驯导员再次令犬追踪搜索，捕获后将助驯员押解到适当地方，给犬充分奖励。经过几次训练以后，可逐步减少助驯员的逗引，而让助驯员提前进入场地隐藏起来，驯导员直接令犬进入场地内搜索。在犬找到助驯员后，如果助驯员反抗或逃跑，则应对犬发出“袭”的口令，指挥犬对之进行扑咬，然后进行奖励。如此多次训练，直至犬根据驯导员的指挥兴奋地进行搜索，并能迅速找到助驯员，吠叫报警或扑咬(图 5-32)。

图 5-32　扑咬示意图

(引自中国人民解放军原总参谋部军务部,军犬训练员培训教材.2004)

(2)能力复杂化的培养:这阶段主要是培养犬搜索中发现迹线气味时,能通过追踪搜索出助驯员,目的是进一步培养犬搜索的兴奋性和持久性,为适应实战奠定基础。

随着犬能力的不断提高,应逐步扩大搜索范围,同时将室内、室外搜索结合起来,在同一次训练中融为一体进行。所选的地形、地物要开阔,应有可供助驯员藏身的建筑物或柜橱等。要经常更换训练场地、助驯员,也可同时让2～3名助驯员分别隐藏,指挥犬逐一进行搜索,从而增加大搜索难度,并使环境复杂化。具体方法可参照"搜物训练中发现迹线进行追踪的能力培养"的训练方法。

(四)注意事项

(1)搜物训练中,物品布置的位置要恰当,以便驯导员熟悉后研究自己的指挥位置和前进方向。

(2)搜索的物品不宜过多,搜索时间不宜过长,防止犬搜索时间过长而降低搜索的兴奋性。

(3)搜索中追踪时,不应强求由起点开始,只要犬从发现迹线的地方开始搜索即可。

(4)对搜索的场地要认真、全面地检查,排除其他有诱惑的气味,并做好周围的警戒工作。保证其他人和家畜不得入内。

(5)训练过程中要始终保持严肃、紧张的气氛,严禁相互打闹嬉戏。

(6)初期训练时,应由较有经验的助驯员参加助驯,且助驯员一定要穿好防护衣,注意安全,防止咬伤事故的发生。

(7)当犬搜索能力基本养成后,要经常变换训练场地和助驯员。

三、追踪

(一)目的和要求

追踪训练是犬能根据驯导员的指挥和给它的嗅源气味,在地面上寻找与嗅源气味相同的迹线,并沿着迹线进行追踪和获得与气源气味相同的物品或人的能力。

(二)口令和手势

口令:“嗅”。

手势:以右手食指指向被嗅认的嗅源和迹线。

(三)步骤和方法

追踪训练主要分 3 个阶段:一是培养犬对驯导员的迹线气味进行追踪的能力;二是培养犬追踪他人迹线的能力;三是培养犬对环境和条件复杂化追踪的能力。

1.追踪驯导员迹线气味的能力培养

驯导员将犬带到比较清静的训练地点,使犬游散和熟悉环境,然后将犬拴好,用能引起犬兴奋的物品逗引犬。当犬有获取物品的表现时,驯导员就离开犬,顺着风向以拖步走路的方法构成一条长达 30～50 m 的弧形迹线,将物品放在迹线终点的地面上,然后再沿着原线返回,以加浓迹线气味。接着将犬带到迹线起点约 50 cm 处,左手牵训练绳(离脖圈 20～30 cm 的地方),右手指向起点嗅源(足迹),用普通音调发出“嗅”的口令,当犬积极嗅认起点嗅源时,要及时发“好”的口令奖励犬,并继续指着迹线,使犬向前嗅认,一直引犬沿迹线嗅到终点。在追踪途中,应间歇地适当重复“嗅”的口令,当犬能积极向下嗅认时,用“好”的口令奖励,到达终点后,当犬发现物品并能主动衔取时,应及时予以抚拍奖励,并将物品接过来再抛出去让犬衔取,以提高犬的兴奋性。

为了加速这一基本能力的养成,可根据犬的兴奋程度,在同一训练时间内按照上述方法重复训练 2～3 次。当犬经过若干次的训练,能主动兴奋地根据迹线气味进行追踪时,即可减少或取消用物品逗引。迹线长短因犬而宜,长短交替,逐渐延长到 500 m 左右,并增加迹线的弯度和角度,如半圆、钝角、直角、锐角弯度等。当迹线延长至 200 m 以上时,应在迹线中途增放 1～2 个遗留物品。如果犬已能兴奋地沿着迹线正确追踪时,可将训练绳的长度再适当放长,直至将训练绳拖在地上,训练犬独立追踪的能力。

(1)区别追踪诱惑迹线的能力培养

①诱惑线的布设形式

垂直交叉诱惑迹线:当驯导员布设一条长约 150 m 的迹线后,助驯员再从该迹线的中段穿插而过,这样构成了垂直交叉诱惑迹线,然后让犬追踪主人的迹线(图 5-33)。

图 5-33　垂直交叉诱惑迹线示意图

平行交叉诱惑迹线：驯导员布设一条长约定 400 m 的迹线，助驯员从距离这条迹线约 1 m 处走向这条迹线。当走到距离迹线约 1 m 处时，就沿着主人迹线的一侧，仍保持 1 m 的间距平行前进。约走 50 m 就交叉而过，再沿着主人迹线的另一侧仍保持 1 m 的间距平行前进，继续走约 50m 后离去，这样就构成了平行交叉诱惑迹线，然后令犬追踪主人的迹线(图 5-34)。

图 5-34　平行交叉诱惑迹线示意图

集体交叉诱惑迹线：驯导员布设一条长约 500 m 的迹线，然后由另外两名助驯员，从主人迹线起点的两侧约 20 m 处，同时面向迹线的斜前方行进，当两人走到主人迹线的 1/4 处相遇时，就交叉而过，约行 20 m 后自行离开，同时再由第二助驯员，在距离主人迹线终点约 1 m 处，作垂直交叉，这样构成了集体交叉诱惑迹线，然后令犬追踪主人迹线(图 5-35)。

图 5-35　集体交叉诱惑迹线示意图

②方法：先从利用有少数陈旧气味的自然诱惑线的环境开始。驯导员选择曾有少数人走过的地面，走上自己的新鲜迹线，然后令犬追踪，以观察犬是否上诱惑线或能否加以区别，不要急于约束犬，要发挥犬独立区别气味的能力。犬如不能正确区别而沿诱惑线追踪，则应及时将犬唤回，重新给予嗅源进行嗅认追踪，并收短训练绳，适当控制，使其不至脱线过远。在犬能够

兴奋地反应驯导员迹线时，应及时以“好”的口令奖励。以后可随犬能力的提高将诱惑线与驯导员迹线同时布设，直至在驯导员迹线布设以后，间隔一段时间再布设诱惑线。

(2)根据嗅源气味独立发现相同气味迹线的能力培养：驯导员选择清静环境布设一条200 m的迹线，而后带犬到距离迹线起点10～15 m的地方。先令犬坐下，用自己常用的物品作为嗅源，使犬嗅后发出“嗅”的口令，让犬搜寻与嗅源气味相同的迹线。犬如能迅速发现驯导员迹线，应及时以“好”的口令加以奖励；犬如不能发现，则应再将犬带到距迹线起点近一些的地点，重新给予嗅源气味令犬搜寻或指引犬发现迹线。经过3～5次训练后，当犬能独立地发现迹线时，可将独立起点的附近发现迹线距离逐渐延长至30 m左右，并在迹线起点的附近加上1～2条诱惑线，借以训练犬根据嗅源气味，能准确地区别和发现驯导员迹线，注意训练次数不宜过多和连续进行。

(3)追踪中断迹线的能力培养：为了培养犬在追踪迹线气味发生中断时仍能根据口令兴奋地搜寻迹线并继续追踪的能力，驯导员可利用有壕沟、河流或公路等的环境布设迹线，在走线时有意地跨越壕沟，通过河流，横穿公路等，使迹线气味中断。当犬追到迹线中断处时，要防止其东跑西窜，而应首先引导犬沿壕沟、河流、公路侧的左右方向积极追寻。如果犬不能很快地自动接线时，驯导员应带犬通过训练处，在距离迹线稍远的地方，令犬继续搜寻迹线，当犬发现追踪的迹线后，及时以“好”的口令奖励，并使其继续追踪至终点。

(4)在不同地质、时间、天气条件下追踪的能力培养：不同地质条件的训练，就是驯导员布设迹线时，使迹线经过几种不同的地面，如草地、耕地、山地、石子路、土路、水泥路、柏油路、树林等地带，借以培养犬适应在条件不同地面上沿主人迹线进行追踪的能力。在不同的时间和不同的天气下的训练是在犬已能较好地追踪驯导员迹线的基础上，应经常变换训练时间与训练的条件地点。如有时在早晨，有时在中午、下午或黄昏、夜间进行训练，使犬在任何条件任何时间下都能兴奋地追踪。初期在夜间追踪时，少数犬常常表现探求反应或被动、主动防御反应，因此应在进行夜间追踪训练之前，先通过在夜间带犬活动使犬适应。在犬适应夜间训练后再进行夜间追踪训练，同时应有计划地利用不同的风向、风力、气压、气温和雨雪天气进行追踪训练。在逆风或狂风的情况下追踪时，迹线气味有移动位置的，犬如出现抬头或左右晃线，是属于正常现象，不必约束犬的行动；在雪地追踪时，要防止使犬形成照看脚印的不良联系。

(5)追踪陈旧迹线的能力培养：这训练要在犬能联系迹线气味并积极向下嗅认的基础上进行。迹线遗留后时间的延长，不能从开始就要求很高。最好先从30 min开始，并要求在走线时步伐密些、气味大些，当犬能顺利地追踪时，再将迹线逐渐延长时间1～2 h，直至数小时之后追踪。在训练过程中，防止直线上升，要有长有短，有易有难，易难结合，在犬基础能力比较稳定的情况下，间歇性地进行一次大幅度提高，如把迹线的遗留时间在原基础上延长1倍，不论成功与否，在下次训练中都要把条件降至原来水准。通过第一步各项能力复杂化内容的分别训练，在犬形成较好的基础能力之后，要求犬在比较清静的环境条件下能根据口令和嗅源气味，兴奋而顺利地对遗留3 h以上的驯导员的迹线追踪500 m。当犬达到这样的追踪能力后，即可转入第二步骤的训练。

2.追踪他人迹线的能力培养

在最初的测练中，应选择犬比较熟悉的人相当助驯员，并在短期内不宜更换。驯导员将犬带到安静的训练地点，拴于固定物体上，先以助驯员的一件物品逗引犬的衔取兴奋性，然后将物品抛在距离犬不远的前方，此时助驯员走近犬将物品拿走，立即以密步构成长50～100 m

的迹线，将物品放在终点较隐蔽的地面上，然后以大步跳离终点隐藏起来。驯导员把犬带到起点，令犬细致地嗅认助驯员足迹气味后，使犬沿着助驯员的迹线追踪，只要犬能按迹线气味嗅认，就以“好”的口令奖励；如果犬表现不适应，则要采取指引的方法帮助犬追踪，犬到终点发现物品并能主动衔取起来时，要充分地给予奖励和抛物衔取，让犬游散。随着训练次数的增加，犬的能力有所提高，可取消用物品逗引的方法，同时助驯员也要经常更换。当犬追踪他人迹线气味的能力比较稳定后，即可参照第一步骤的内容、方法和要求，进行能力复杂化的训练，然后再进行下一步训练。

追踪他人迹线的能力训练的方法主要有以下几种。

(1)追踪至终点发现人的能力培养：该训练要在犬已具备在较清静的环境中追踪距离500～1 000 m的迹线的能力基础上方可进行。其方法是当犬追到终点发现隐藏的助驯员时，助驯员应稍加逗引，引起犬对自己发出吠叫，驯导员则及时给予奖励。

助驯员在终点必须严密隐藏，最好是在迹线的下风处，防止犬过早发现，驯导员必须记住助驯员的迹线，以便于掌握，隐藏的处所和方式也应经常更换。

(2)追踪至终点鉴人的能力培养：该训练需在犬已养成鉴人能力的基础上进行。其训练方法是：事先在迹线中途或终点布设若干个助驯员，当犬追踪发现助驯员时，驯导员就发出“嗅”的口令，以平时训练鉴人的方法指挥犬进行鉴别，反复通过多次的结合训练，犬就能将追踪和鉴人联系起来。在这一训练中，为防止少数主动防御反应较强的犬扑咬助驯员，助驯员应在犬来到时，不要走动或逗引犬，驯导员也应以训练绳控制犬，必要时可采用禁止的手段。

(3)脱绳后追踪的能力培养：训练犬养成既能在训练绳的控制下追踪也能在脱绳时独立追踪的能力，以便于在某些行动不便的地形条件下(如树丛、高草地等地带)，不受训练绳的约束自由地进行追踪。为了防止犬在脱绳后行动速度太快而脱线，方便驯导员对犬的掌握，首先要在带绳追踪的过程中，使犬对“慢”的口令形成条件反射。每当犬的追踪速度太快时，驯导员就发出“慢”的口令，同时拉扯训练绳，促使犬放慢速度，但不要急拉训练绳，以免影响犬的追踪兴奋性。犬如能根据口令放缓速度时，就及时以“好”的口令给予奖励，并令犬继续追踪。当犬养成脱绳追踪能力后，也不应完全取消带绳的追踪，应将脱绳追踪和带绳追踪相结合进行训练。

(4)追踪“不知”迹线的能力培养：这一训练主要是培养驯导员正确掌握犬在追踪时行动特点的能力，判断犬在追踪时的行动，以便在实际使用中，根据犬的特点判断犬的追踪是否正确。对驯导员来说，达到此种效果并不简单，是在训练驯导员迹线追踪和他人“已知”迹线匿踪的过程中，逐渐注意观察犬追踪时的各种规律性表现的基础上形成的。在初步掌握了犬所表现的各种特点后，通过“不知”迹线的追踪训练加以验证和提高。在训练初期，追踪的条件不宜过高，以后再逐渐变换条件。在追踪时，布设迹线的助驯员应在犬旁跟随，以观察驯导员对犬的掌握和犬追踪时的表现，必要时也可以帮助完成。

在“不知”迹线的追踪训练中，驯导员应充分发挥犬独立追踪的能力，切忌主观臆断。“不知”迹线的追踪训练，也可先通过“半不知”迹线的追踪开始。如驯导员只知道迹线的起点和終点而不知道中迹线的布设情况，或只知道起点和中途而不知道终点，有一定基础后，再逐渐地过渡到“不知”迹线的追踪训练。但应注意“不知”和“已知”迹线的追踪要经常穿插进行，在后期的追踪训练中，“不知”迹线追踪的训练次数可适当增多。在这一训练有一定的基础后，可布设虚假现场并结合现场实习，进行锻炼，这种训练方法对于驯导员进一步掌握犬在追踪中的行为特点有重要意义。

3.环境和条件的复杂化追踪能力的培养

本阶段是在犬的追踪能力复杂化的基础上，结合现场的实际需要，使追踪的环境、条件复杂化。

(1)训练环境的复杂化：自然环境对犬追踪能力的效果关系重大，特别对军犬、警犬更是如此，在整个追踪训练过程中，犬的神经活动始终保持高度紧张状态，因此追踪时的气温、温度、风向和风力等都会直接影响到训练效果。一般而言，在气候凉爽、湿度适宜、无雨雪、逆风且风力不是很大的情况下，追踪的效果最好。

(2)训练条件的复杂化：训练条件的复杂化主要包括起点、途中、终点、嗅源、延时、迹线距离及训练强度等方面的复杂化。

在布设迹线时，可将起点设在室内或入道口，途中经过村庄、厂房或街道，终点设在室内或住宅区的某处，途中放置的物品应多种多样，大小、形状、颜色、气味不一，以培养犬适应实际应用的需要。在迹线布设完成后，不宜立即追踪，而应在延长一定时间后再进行训练，视具体情况将延时分为 3 h、5 h、8 h 等 3 个档次作为提高的幅度，把 1 h 之内的延时迹线作为强化、缓冲的基础。训练过程中，逐步提高训练的强度，有计划地穿插各种迹线角度，以增加迹线的诱惑性，从而提高犬的追踪能力。犬如果能在比较清静的环境条件下，达到根据口令和嗅源气味，兴奋而顺利地追踪距离 300 m 气味遗留 3 h 以上的陈旧迹线时，追踪能力就已养成。

(四)注意事项

(1)布设各种诱惑线之前，驯导员与助驯员应很好地计划，同时驯导员必须准确熟记诱惑的交叉地点。

(2)参加布设迹线的助驯员应由与犬不常接触的人担当，且要经常更换。

(3)诱惑线的布设应本着由简到繁、由少到多的原则，迹线气味也应由旧到新、由平衡到不平衡。

(4)布设迹线时应由上风向下风布设，防止犬在低头嗅认时抬头。

(5)各种形式的诱惑迹线都不宜连续训练，训练次数也不宜过多。

(6)延长迹线距离和迹线遗留时间以及增加角度和诱惑线等复杂化的训练，应采取单项突破的训练方法，不宜在一次测练中同时增加几个难度较大的项目。

(7)在训练犬追踪有角度或有诱惑线的迹线时，驯导员不宜在迹线拐弯处有意地用训练绳拉引导犬，应尽可能让犬独立根据迹线气味辨别方向。

(8)在进行能力的复杂化训练时，要根据天气的具体情况、犬的体能及兴奋性做适当调整。

四、鉴别

(一)目的和要求

鉴别训练是培养犬根据驯导员指挥和所给予的嗅源气味，从若干种气味中分辨出与嗅源相同气味的能力，目前主要用于军犬和警犬对犯罪分子遗留在现场的衣物的气味鉴别，为认定罪犯或否定嫌疑提供科学依据。本科目要求犬鉴别时兴奋、自然，逐物嗅认分析，认定反应明显，能力稳定，分辨准确。

(二)口令和手势

口令:“嗅、嗅”。

手势:右手指向鉴别物。

(三)步骤和方法

鉴别通常指平面鉴别,主要包括对主人气味的鉴别,对他人气味的鉴别、复杂条件下的鉴别三个方面内容。

图 5-36　平面鉴别示意图

1. 对驯导员气味的鉴别

训练时,应选择清洁、平坦,没有诱惑气味的场地,令犬坐下,驯导员将自己的一件与鉴别物相同的物品,让犬嗅闻后混入鉴别物中,物与物之间相隔 5～10 cm,发出“嗅”的口令和手势,指挥犬去鉴别。如犬不能鉴别,则应将犬召回,鼓励其重新嗅认,如犬能顺利地将驯导员的物品衔出后,应及时给予奖励,进而可将驯导员的其他物品作为嗅源继续让犬再进行鉴别,直至准确无误(图 5-36)。

在训练中,驯导员的物品应由驯导员自己摆放,鉴别物不能由驯导员摆放,同时物品种类和摆放形式要经常变换。当犬衔错物品时,不宜施加机械刺激或使用“非”的口令,要耐心地以鼓励与奖励的方式引导犬重新嗅认。

2. 对他人气味的鉴别

选用他人的两件物品分别作为嗅源和索求物,用作嗅源的物品让犬嗅闻后,扔到远处让犬嗅寻物品后衔回,给予奖励,然后将索求物放入鉴别物当中,让犬根据嗅源将物品鉴别出来。如犬不能正确鉴别,应将犬唤回,重闻嗅源,再进行鉴别;犬有乱衔表现时,可能是由于选用的鉴别物品有其他诱惑气味,这时可使用无诱惑气味的配物进行训练,被犬衔错的鉴别物要更换。在鉴别训练前,不能让犬嗅闻第三者或其他配物,而且鉴别过的索求物品,不能在下次的训练中继续使用。训练不宜太频繁,以免使犬产生厌烦心理。

3. 复杂条件下的鉴别

复杂条件下的鉴别主要有以下几种情况。

(1)驯导员不知索求物的鉴别:由其他人摆放物品让犬鉴别,驯导员根据犬的表情来判断鉴别是否正确,把握犬的正常反应。

(2)人体不同部位气味的鉴别:为使犬能根据人体某部位气味鉴别出另一部位气味能力,应在训练初期的鉴别物中不放入索求物。先从鉴别人体邻近部位的气味开始训练,然后再放物鉴别。

(3)否定性鉴别:在鉴别物中不放入索求物,使犬在没有相同气味时就无反应并返回驯导员身边,驯导员应对及时对犬实施奖励。为防止不良联系,必须保证每一次训练都获得成功,不能失败,但训练次数不宜过多,并应与其他训练科目穿插进行。

(4)感染气味的鉴别:用清洁的纱布将某物品的气味附着感染后作为嗅源,然后进行鉴别,经过训练，可达到与原物作嗅源进行鉴别的同样效果。使用这种方法，有利于在同一条件下的多次鉴别和多条犬进行重复鉴别。

(5)鉴别罐鉴别(图5-37)：为了防止破坏气味的纯洁和鉴别物不被犬破坏，可将鉴别物装入鉴别罐内，鉴别反应以犬扒、吠叫、卧下代替衔取的反应姿势。这一训练应在平面鉴别已形成条件反射的基础上实施，通常在专业的鉴别室中进行。鉴别室要求地面干净、空气流通、四壁无尘，鉴别罐要保持清洁，每次使用后都要刷洗干净，放入罐中的物品要防止被犬衔出。在同一次鉴别中，多条犬对同物品鉴别时，嗅源罐和索求罐最好能做到每条犬一套，不宜混用，以防出现不良联系。

图5-37　鉴别罐鉴别示意图

(四)注意事项

(1)鉴别训练应主要以鼓励和奖励的方式为主，且奖励要及时、恰当、充分，尽可能少用机械刺激。

(2)鉴别的环境要求清静、清洁、无风雨、无异味。

(3)同样的形式、气味、地方的训练次数不宜过多，否则容易使犬产生超限抑制。

(4)训练鉴别气味的进度要把握，提高或降低则要根据实际情况来定，必须保证每次鉴别训练都能取得成功。

(5)犬的神经活动过程对鉴别训练的影响较大，在训练前应对犬的神经活动进行判断，必要时需进行犬神经活动的平衡。

(6)采用鉴别罐鉴别时要事先让犬充分感受嗅源。

(7)嗅源的气味必须相对纯正、准确，对于犯罪嫌疑的气味提取要按有关的法律和政策进行。

五、警戒

(一)目的和要求

警戒训练源于犬的看护本能，是培养犬对警戒区域严密监视及时发现可疑目标，并以一定方式(如吠叫)报警的能力。要求犬注意力集中，忍耐力强，发现目标后报警及时，并能令行禁止。

(二)口令和手势

口令："注意""静"。

手势：右手食指指向警戒方向。

(三)步骤和方法

警戒科目是在犬有一定扑咬能力的基础上进行的，大致可分为三个步骤进行，即警戒基础能力的培养、警戒能力的提高阶段和环境条件的复杂化训练阶段。

1.警戒基础能力的培养

训练时，选择有树林或庄稼等易于隐藏的清静场地。驯导员与助驯员预先设计好训练方案后，助驯员在驯导员之前来到场地在预定地点（距警戒处约 20 m）隐藏好，驯导员将犬牵到警戒处，左手握脖圈，呈半蹲式在犬的右侧，右手指向助驯员的藏身处，并发出“注意”的口令。在没有任何声音的情况下，如果犬乱吠乱动，驯导员应以手轻击犬嘴，并发出“静”的口令，犬安静下来时要及时以“好”的口令奖励，直至犬在无声响的情况下能高度集中地警戒 5～10 min 及以上为止。助驯员要密切配合驯导员，一旦发现犬注意力分散或对新异刺激做出反应，驯导员要多重复“注意”的口令，使犬能尽快形成条件反射。在此期间，驯导员可试着让犬对助驯员进行 1～2 次追捕，但不必扑咬，同时驯导员要掌握犬的作业表情，并使犬对“静”的口令形成条件反射，为实战打下良好的基础。

2. 警戒能力的提高阶段

在前阶段训练的基础上，可进行追捕助驯员的训练，并且增加助驯员 2～3 名，按第一阶段的训练方法进行。当犬发现助驯员逃跑时，应立即带犬进行追捕，并实施扑咬，然后将助驯员交给另一随从人员带走后，驯导员带犬继续警戒，发出“注意”的口令，直到发现其他的助驯员为止；如要求犬做到充分警戒并且有一定的能力，需要进一步提高犬的扑咬能力和胆量，可以令犬独自进行脱绳追捕，驯导员尾随其后，当犬能顺利执行命令时，对之充分奖励，令犬放开助驯员，使其退下。这一阶段训练时，驯导员要进一步掌握犬的情况，做好防范工作，同时训练不宜过多，场地要经常更换。

3. 环境条件的复杂化阶段训练时

驯导员身后带 1～2 名人员，首先要消除犬对随从人员的警惕性。随从人员由远到近，由轻微的动作到有一定的声响，甚至发出较大的声响，以此来锻炼犬对驯导员所指方向的集中监视，而不对其他音响注意。此外，训练时间可由白天转为傍晚或夜间，训练时利用手电筒、香烟或火柴等由远处发出一明一暗的光线，刺激犬，锻炼犬在傍晚或夜间警戒的能力。也可选择阴雨天、雪天或有大风等不同气候条件下进行训练，以加强犬对各种环境的适应能力。

（四）类型

在实际使用中，警戒一般有下列几种，训练方法较类似。

1. 守候式

警戒是指与驯导员一起守候的方式，是犬在具备警戒基础能力后改变训练场地和助驯员，加强在不同气候条件和不同时间的训练。训练时，助驯员可先在犬的上风口发“沙沙”声，并逐渐减弱，甚至就不出声，让犬自己发现助驯员，并捕获助驯员。训练过程中，驯导员应及时制止犬乱叫或咬人的恶习，避免使犬养成对固定警戒、方向警戒的不良联系。

2. 拴系式

将犬拴系到固定的地方或活动环上，绳长 4～5 m 为宜。初期训练时，应结合先前的能力，驯导员将犬固定好，蹲下发出“注意”的口令，这时助驯员出来并对犬进行片刻挑逗后隐蔽，驯导员慢慢退到犬看不到的地方，此时助驯员出现继续对犬进行挑逗，同时要仔细观察犬的表情，灵活掌握佯装进攻犬的强度。如果犬来回跑动并吠叫报警，驯导员应及时出现，并给予奖励，直至驯导员离开很长时间时犬仍能对助驯员或过往的人有所反应，特别对近前的人，犬必须做出报警反应。以后应加强在各种环境、场地和气候条件下的训练，同时应结合守候的方式一起训练。

3.流动式

这种警戒方式是在犬具备警戒基础能力的前提下散放犬，让犬在警戒区域内自由活动，对进入警戒区域的人进行警戒。训练时，将犬放在停车场（有保护墙）或空犬舍过道，当驯导员离开后，助驯员鬼鬼祟祟地出现在停车场（或犬舍）周围活动，做出各种动作以引起犬的注意，然后与犬对峙片刻，再适当地逗引犬后退出。当犬对助驯员警戒时，驯导员应及时出现，并给予犬奖励。助驯员也可翻入墙内逗引犬，当犬扑咬后，驯导员及时出现，给犬奖励，并令犬监视，直至形成条件反射（图 5-38）。

图 5-38　流动式警戒示意图

(五)注意事项

(1)训练场地和助驯员要经常更换，以防犬产生不良联系。

(2)每次训练前要注意清场，防止无关人员入内，以免造成不必要的伤害。

(3)助驯员和驯导员不能同时、同路进入训练场地，更不可当着犬的面嬉戏打闹。

(4)要仔细观察及时掌握犬的表情和动作。

(5)在较长时间的警戒过程中，当犬失去警戒的时候，助驯员应及时出现，并加以逗引，引起犬的兴奋性及扑咬欲望。

(6)训练结束后，应将犬牵离警戒区域休息。

六、监视与押解

(一)目的和要求

监视和押解训练是培养犬对被捕者严密监视，并在押解中协助驯导员防止被捕者反抗或逃跑的能力，一般在犬有一定扑咬和延缓能力之后结合扑咬科目进行训练，要求犬在监视和押解时警惕性高，当被捕者反抗或逃跑时能主动上前追咬。

(二)口令和手势

口令："袭""注意"。

手势：右手食指指向助驯员。

(三)步骤和方法

1. 监视

当犬扑咬过后，助驯员在原地站着或蹲着不动，驯导员将犬带到距离助驯员 2～3 m 处，令犬坐下，并发出“注意”的口令，使犬对助驯员进行严密监视。当犬企图继续扑咬时。驯导员应及时用威胁的音调发出“非”“定”的口令，同时拉扯牵引带控制犬在原地坐下继续监视，开始监视的时间不宜过长，只要犬能监视 2～3 min 就给予奖励。

当犬具备一定的监视能力后，可进行对多个助驯员的监视训练。选择 2～4 个助驯员作为假设敌，驯导员令犬监视。当其中一个助驯员企图逃跑时，驯导员立即发出口令和手势，放犬扑咬。咬住片刻后，被捕咬者停止动作，驯导员令犬放开，与此同时另两名助驯员逃跑，驯导员再次放犬扑咬，当犬咬住一个时，其他人停止不动，驯导员及时对犬奖励。如此反复训练，使犬达到当“敌人”不动时犬停止扑咬，而只能在“敌人”的周围吠叫监视，等待驯导员的到来。

2. 押解

助驯员以严厉的音调命令助驯员走，当助驯员走动后，驯导员应以口令和手势令犬注意，并牵犬在助驯员的后面保持 3 m 左右的距离押解前进。最初犬可能挣着去追咬助驯员，此时驯导员可用威胁音调发出“靠”的口令和拉扯牵引带控制犬前进，在押解途中，对犬的正确跟随动作应及时给予奖励，直到押解到指定地点命令助驯员蹲下或将其交给第三者后，再令犬坐下，并给子奖励，最后迅速将犬带离现场。在监视、押解训练中，为了使犬对被捕者时刻保持警惕，助驯员可在犬转移注意力时，突然逃跑或做出反抗驯导员的举动。这时驯导员应及时发出“袭”的口令。令犬扑咬，并及时对犬的扑咬行为给予奖励。

(四)注意事项

(1)在监视和押解训练中，要对犬只严格控制，密切注视犬的行为，以防止犬对助驯员突然袭击。

(2)押解的距离，一般不应少于 10 m 以防因距离过短而影响条件反射。

(3)当驯导员搜索被捕的助驯员时，要注意不要挡住犬的视线，搜索动作应面向犬，驯导员在被捕者的背后站好。

(4)驯导员在犬的监视下搜索时，助驯员双手上举，腿分开，面对犬。

七、巡逻

(一)目的和要求

巡逻训练是培养犬在进行巡逻的途中保持高度的警惕性，并能及时发现情况和对拒捕者勇猛扑咬和追踪、追捕的能力，要求犬注意力集中，耐力强，报警及时，扑咬凶猛。

(二)口令和手势

口令：“注意”。

手势：右手指向巡逻方向。

(三)步骤和方法

巡逻科目可在警戒和扑咬科目形成巩固的条件反射的基础上进行。

初期训练应在犬最兴奋的时候(如早上或黄昏)，选择有树林和小路的地方，如果条件许可，可根据实际需要在厂区或住宅区等固定环境条件里训练。初期的巡逻路线以 100～200 m 为佳，助驯员 2～3 名。训练前驯导员和助驯员制订好训练方案，待助驯员在 50 m 左右的远处藏好后，驯导员牵犬进入预定的巡逻地段，边走边用低声发“注意”的口令，此时犬最好是随行状态或超前 12 m。当行到第一助驯员不远时，助驯员就发出“沙沙”或较特别的声音，以吸引犬的注意，此时驯导员呈半蹲姿势用右手指向助驯员发出声音的地方，发出口令和手势，犬发现助驯员后立即吠叫报警时，则给予奖励。当助驯员出现时，驯导员就立即令犬上前追捕扑咬，驯导员将追捕到的助驯员交给第三者押走后，再带犬继续巡逻前进，直到发现追捕完第二名、第三名助驯员为止。训练时，助驯员要时多时少，不能让犬摸到规律，每天训练 1～2 次，保持犬的兴奋性和警惕性。如此反复训练，使犬形成条件反射(图 5-39)。

图 5-39　巡逻示意图

在住宅楼区、仓库等场所巡逻训练时，驯导员应根据楼区和仓库的实际情况进行布置训练，可在高、中、低层分别布置助驯员。当驯导员牵犬巡逻到助驯员楼层时，助驯员戴好护具，突然从房间里闯出来，驯导员立即令犬上前扑咬。

此外，根据驯导员和犬只多少，可编成巡逻小组，并以巡逻警戒区域的大小、环境条件的好坏等确定巡逻警戒范围，分片划段承包。

(四)注意事项

(1)在巡逻过程中，驯导员与助驯员必须严肃认真、密切配合，工作中不准高声谈话，不准吸烟，以免暴露目标。

(2)巡逻每往返一次，应做适当休息，以免犬过度疲劳而产生抑制反射。

(3)在巡逻过程中，遇到过路群众尤其是妇女、儿童、老人时，要及时把犬带到身边，绝对不允许吓到群众，引起群众不满。

(4)巡逻训练应有始有终，不能半途而废。

故事五　警犬是警察最值得信赖的伙伴

【复习思考题】

一、判断题

1. 犬的训练科目主要有基础科目、玩赏科目、专业科目，通常玩赏科目主要针对一般的中小型宠物犬。　　(　　)

2. 随行训练主要是培养犬靠近驯导员右侧并排前进的能力，要求犬的前肢与驯导员两腿并齐前行。　　(　　)

3. 游散训练通常用来缓和犬因训练或作业引起的神经活动紧张状态，在训练其他科目时可作为一种奖励手段。　　(　　)

4. 为保持和提高犬衔取的兴奋性，应不更换犬所兴奋的衔取物。　　(　　)

5.前来科目要求犬能兴奋、自然、迅速地回到驯导员前面并坐好，对犬是否取捷径不作过多要求。（　　）

6.犬的吠叫训练以群体训练或模拟训练的效果最好。（　　）

7.当犬对口令或手势延缓执行或不执行时，可用“非”的口令代替威胁的口令。（　　）

8.在立延缓的基础尚未巩固时，不宜结合前来的训练。

9.匍匐训练应以诱导、强迫等手段的结合使用为主，初期的训练量不宜过大。（　　）

10.站立训练要求犬四肢伸直并垂直着地，头自然抬起，尾自然放松，目视驯导员。（　　）

11.游泳训练后应立即用清水对犬身进行冲洗。（　　）

12.兴奋性高的犬在延缓训练时应让其充分游散，以降低其兴奋性。（　　）

二、简答题

1.犬的科目训练通常分哪几步进行？

2.坐下科目的手势是什么？犬的标准坐势是怎样的？

3.卧下科目的手势是什么？犬的标准卧势是怎样的？

4.躺下科目的手势是什么？犬的标准躺势是怎样的？

5.立、坐立和站立科目的手势分别是什么？犬的标准姿势各是怎样的？

6.前进和后退的手势各是什么？

7.扑咬训练时应如何做好人犬的安全？

8.追踪训练时诱惑线的布置形式有哪几种？

9.鉴别训练时应注意哪些事项？

10.警戒训练时应注意哪些事项？

项目六

犬的饲养管理

【项目描述】

本项目是根据宠物健康护理员、宠物驯导师等岗位需求进行编写，本项目为犬的营养需要与饲料和犬的饲养管理，包括犬的营养需要、犬的饲料种类、犬的饲料调制、犬的商品型饲料、其他类型的食品、犬的常规饲喂、犬的常规管理、犬不同阶段的饲养管理、犬不同季节的管理等知识，为从事宠物健康护理员、宠物驯导师等工作做好准备。

合理的饲养管理是养好犬的关键。在犬的调教和训练过程中，驯导员应根据犬的生活习性和生理特点，有针对性地采用科学、有效的饲喂技术和管理措施，才能保证犬的调教和训练顺利进行，达到预期的效果。

【学习目标】

1.熟悉犬的营养需要、饲料种类、饲料调制、商品型饲料、其他类型的食品；

2.掌握犬的常规饲喂技术；

3.掌握犬的常规管理、不同阶段的饲养管理、不同季节的管理技术。

任务1　犬的营养需要与饲料

【情境导入】

犬的营养需要是指每只犬每天对能量、蛋白质、矿物质和维生素等营养物质的需要量。不同品种、年龄，性别、体重及生理阶段的犬，其营养需要有所差别。在犬的饲料选用上要保证原料新鲜，尤其是动物性饲料。饲料调制要多样搭配，满足犬不同生长发育阶段的营养需要。

问题：你认为犬应该吃犬粮还是应该吃人的食物？

一、犬的营养需要

犬的饲料含有水分、蛋白质、脂肪、碳水化合物、矿物质和维生素等6种营养要素。

1.水分

水是犬的营养物质之一。体内所有的生理活动和各种物质的新陈代谢都必须有水的参与才能进行。水分使构成机体的细胞和组织具有一定的形态、硬度和弹性,体内营养物质吸收与运输必须依靠水分完成。水分同时具有调节体温的作用。犬体水分的含量随着年龄的增长而下降,幼犬体内的水分含量约为80%,成年犬占60%左右。犬体内没有特殊的贮水能力,当犬体内水分减少8%时,将会出现严重的干渴感觉,引起食欲降低、消化减缓,并因黏膜的干燥,降低对疾病的抵抗力。长期的饮水不足,将导致血液黏稠,造成循环障碍,因此必须给犬提供充足的饮水。在正常情况下,成年犬每天每1克体重约需要100 mL水,幼犬每天每千克体重约需要150 mL水。高温季节、运动后或饲喂较干的饲料时,应适当增加饮水量。在实际饲养中,一般全天供应饮水,自由饮用。

2.蛋白质

蛋白质是犬生命活动的基础,体内的各种组织器官、参与物质代谢的各种酶、使机体免于患病的抗体等都是由蛋白质组成的,在机体修复创伤、更新衰老与破坏的细胞组织时都需要蛋白质的参与。构成蛋白质的基本物质是氨基酸,约有20种,可分为必需氨基酸和非必需氨基酸。饲料中的蛋白质必须降解成氨基酸后才能被机体吸收利用。

蛋白质或某些必需氨基酸供给不足,会使犬体内蛋白质代谢变为负平衡,引起食欲下降、生长缓慢、体重减轻等,造成机体免疫力下降,严重的可能造成犬不孕、不育。过量的蛋白质摄入,不但会造成浪费,而且会引起体内代谢紊乱。使心脏、肝脏、消化道、中枢神经系统功能失调,性功能下降,严重的会发生酸中毒。一般情况下,成年犬每天每千克体重约需4.8 g蛋白质,处在生长发育时期的幼犬每天每千克体重约需9.6 g蛋白质。

3.脂肪

脂肪是机体所需能量的重要来源之一,犬体内脂肪的含量为其体重的10%～20%。脂肪既是构成细胞、组织的主要成分,又是脂溶性维生素的溶剂,可以促进维生素的吸收利用。贮于皮下的脂肪层具有保湿作用,脂肪进入体内被降解为脂肪酸而被机体吸收利用,大部分的脂肪酸在体内可以合成,但少部分脂肪酸不能在机体内合成或合成量不足,必须从日粮中补充,这些脂肪酸被称为必需脂肪酸,如亚油酸、花生四烯酸等。饲料中脂肪酸尤其是必需脂肪酸缺乏时,可引起严重的消化道障碍以及中枢神经系统的机能障碍,出现倦怠无力、被毛粗乱、缺乏性欲、睾丸发育不良或母犬发情异常等现象。脂肪酸摄入过高,会引起犬发胖,也会引起犬的生理机能异常,尤其是对生殖活动的影响最大。成年犬每天每千克体重需要脂肪量约1.1 g。处在生长发育时期的幼犬每天每千克体重约需2.2 g脂肪量。

4.碳水化合物

碳水化合物在体内主要用来供给热量,维持体温。提供各种器官活动和运动时能量的来源,多余的碳水化合物在体内可转变为脂肪贮存起来。当碳水化合物不足时,就动用体内脂肪甚至蛋白质来供应热量,此时犬会消瘦,不能进行正常的生长和繁殖。一般而言,碳水化合物提供的能量占饲粮总能量的5%～15%比较合适。研究证明,低碳水化合物、高脂肪食物能增强犬的活动能力。犬对饲粮中碳水化合物占总能量40%～50%时仍可忍受,但高碳水化合物性饲粮不能维持犬的体型和毛色。

5.矿物质

矿物质是犬机体组织细胞、骨骼和牙齿的主要成分，是维持酸碱平衡和正常渗透压的基础物质，也是许多酶、激素和维生素的主要成分，在促进新陈代谢、血液凝固、神经调节和维持心脏的正常活动中都具有重要作用。犬所需要的矿物质主要有钙、磷、铁、铜、钾、钠、氧、碘、锌、镁、锰、硒、氟等14种。按照各种元素在机体内含量的不同，分为常量元素和微量元素，常量元素是指占机体体重0.01%以上的元素，微量元素则是占机体体重0.01%以下的元素。

对于常量元素，犬的饲喂量要适量，过多或不足对犬体危害严重。如钙、磷缺乏，幼犬会患佝偻症，成年犬患软骨症，缺磷时异嗜症表现更为明显；钙、磷过量则会出现生长减慢，脂肪消化率下降。磷过多，使血钙降低，甚至会出现甲状腺功能亢进，致使骨中磷大量分解，易产生跛行或长骨骨折。对于微量元素，犬缺乏时出现贫血症状等，过量则导致慢性中毒，引起厌食，消化机能紊乱，腹泻，增重缓慢，体重减轻，重者导致死亡。如镁缺乏可引起犬的肌肉萎缩，严重时发生痉挛；铜过量会使红细胞溶解，动物出现贫血、血尿或黄疸症状，组织坏死，甚至死亡。因此，在犬的日粮中应注意钙、磷、镁、铜等矿物质元素的平衡。

6.维生素

维生素是犬生长和保持健康所不可缺少的营养物质，其用量虽极微，却担负着调节生理机能的重要作用，如维生素缺乏，将使体内必需的酶无法合成，从而使整个代谢过程受到破坏，犬会衰竭而死。维生素可以增强神经系统、血管、肌肉及其他系统功能，参与酶系统的组成。维生素可分为脂溶性维生素(包括维生素A、维生素D、维生素E和维生素K)和水溶性维生素(包括维生素B和维生素C)。对犬来说，除维生素C和维生素K可在体内合成外，大多数维生素都必须从饲料中获得，但饲料中维生素过多时，同样可产生过多症。如长期或突然摄入过量维生素A可引起犬中毒，表现为骨质疏松、跛行，齿龈炎、牙齿脱落、皮肤干燥与脱毛、神经过敏等，母犬可能出现流产。维生素D供应过量时，会使早期骨骼钙化加速，后期钙从骨组织中转移出来，骨骼中钙的沉积不均，易造成骨质疏松、血钙过高，致使动脉管壁、心脏、肾小管等软组织钙化，出现钙化灶，严重时会出现尿毒症。

二、犬的饲料种类

犬的饲料按其来源和特点，可分为动物性饲料、植物性饲料和添加剂饲料。

1.动物性饲料

是指来源于动物机体的一类饲料，主要包括鱼粉、血粉、骨粉、畜禽的肉、内脏、乳汁等。这类饲料蛋白质含量比较丰富，氨基酸种类齐全，且富含维生素B，钙、磷比例适宜，是犬最优良的蛋白质和钙、磷补充饲料，例如，猪肉、牛肉、羊肉、鸡肉、兔肉的蛋白质含量均在16%～22%之间，鱼肉中的蛋白质含量为13%～20%，鸡蛋中的蛋白质含量约12.6%。犬的饲料中必须要有一定数量的动物性饲料才能满足犬对蛋白质的需要。一般而言，犬较爱马肉、牛肉、鸡肉。所以目前大多数犬的商品粮都做成这些肉类的味道。用肉类喂犬成本费用较高，为了降低饲养成本，可利用动物的内脏或屠宰场的下脚料，如肝、肺、脾、碎肉、鸡架、兔头等。鱼肉、鱼骨几乎能被犬全部利用，也是比较理想的动物性饲料，但鱼肉容易变质，有些鱼(如鲤科鱼)内还含有破坏B族维生素的酶。因此，鱼肉一定要新鲜，并且要加热、煮熟，破坏该酶的毒性。蛋、乳类饲料的消化吸收较全面，一般需熟制。

2.植物性饲料

植物性饲料是饲料中种类最多的一类，主要包括农作物的籽实、农作物加工后的副产品、蔬菜等，种类繁多，来源方便，价格低廉，含有丰富的淀粉糖类和纤维素，是犬的主要饲料。纤维素虽不影响消化，营养价值不大，但可刺激肠壁，有助于肠管的蠕动，对粪便的形成有良好的作用，并可减少腹泻和便秘的发生。小麦、大米、玉米和高粱等谷物中含有大量的碳水化合物，提供能量供给，是主要的基础饲料，缺点是蛋白质含量低，氨基酸的种类少，矿物质和维生素的含量也不高。大豆、豆饼、花生饼、芝麻饼、葵花饼等含有较高的蛋白质，氨基酸组成比较全面，可弥补前类饲料中蛋白质不足的缺点，但氨基酸含最低，若与谷物配合使用，可相互补充，青菜瓜果根茎类饲料中，富含多种维生素，水含量高，干物质营养价值高，但饲喂时不可生喂，也不可以煮太久，防止维生素被破坏。

3.饲料添加剂

饲料添加剂是指为了改善或保证饲料质量，加入对犬具有一定功能的某些微量成分。饲料添加剂分为矿物质添加剂、维生素氨基酸添加剂、抗生素、驱虫保健剂等。饲料添加剂种类繁多，作用各异。一般而言，饲料添加剂主要用于促进犬生长发育，完善日粮的全价性，提高饲料转化率，防治疾病。因此，应根据不同的目的添加不同的添加剂。自制的食物中添加些添加剂类的饲料，可保证营养的全面性。在使用时，应根据日粮的组成、环境、饲料卫生、犬的健康水平等选择适当的添加剂种类和使用剂量。如饲料中的无机盐和维生素不能满足犬的需要时，应在犬的日粮中补充适量的骨粉、贝壳粉、食盐和铁盐等。添加剂虽有很多优点，但并不是灵丹妙药，使用时必须有明确的目的，应本着“缺什么补什么”的原则，选择相应的添加剂，同时要注意掌握剂量和使用时间，以保证使用效果，防止副作用。长期使用同一种抗生素添加剂时，一方面容易破坏动物体内(特别是肠道内)的正常菌群分布，另一方面容易引起耐药菌的产生，影响今后该抗生素的抗菌效果。除此之外，要注意添加剂的保存，防止失效，添加时一定要搅拌均匀。

三、犬的饲料调制

饲料调制的目的就是改善饲料的适口性，保存或提高其营养价值。饲料调制总的要求是讲卫生、保养分、犬爱吃、易消化、不浪费。为保证犬生长发育良好，根据其营养需要，将各种饲料按一定的比例混合在一起制成营养比较全面的日粮还是十分必要的。

调制饲料时应注意以下几个问题：

1.营养全面

调制犬饲料时，应根据各种饲料的营养成分及犬的营养需要，按需取舍，合理搭配。首先要考虑满足蛋白质、脂肪和碳水化合物的需要，然后再适当补充维生素和矿物质，先考虑质量，后考虑数量。给犬饲料时，应在适当注意其营养价值和尽量满足犬机体需要的基础上，充分利用现有的饲料种类特点合理调配。在一般情况下，以动植物混合饲料为宜，辅以适量的添加剂饲料。常用的动物饲料有肉、鱼、蛋、乳，植物性饲料有大米、小米、高粱、玉米、豆类、薯类、蔬菜等，添加剂饲料有骨粉、维生素、氨基酸等。

2.考虑消化率

犬吃进体内的食物并不能全部被消化吸收与利用，如植物性蛋白质的消化率是80%，有

20%是不能被利用的。因此，在调制饲料时，各种营养物质含量应高于犬的营养需要。犬虽经长期驯养变成了杂食动物，但仍不能直接消化生淀粉。因此，喂前均须将饲料进行熟化处理，增加饲料的适口性，刺激犬的食欲，提高饲料的消化率，防止有害物质对犬的伤害。生肉或内脏要用水洗净，切碎煮熟，再混入蔬菜，短时间煮沸，使之成为混合的肉菜汤。蔬菜应充分冲洗，除去泥沙。饲喂时，不能用生肉和生菜喂犬，以防寄生虫病和传染病；也不宜长时间烧煮，以免损失大量的维生素。米类不宜多次过水，以充分利用养分，可做成米饭，面粉做成馒头，玉米面做成饼或窝窝头，然后与肉菜汤拌喂，骨头可直接喂犬，让其啃食，也可制成肉骨粉，与其他饲料一起拌饲。

3.饲料多样化

长期饲喂单一的饲料会引起犬厌食，要适当地改变日粮的配方调剂饲喂。在动物性饲料的选择上，不能选用鸡骨头，因为鸡骨头容易竖着裂开，变得又尖又细，极易损坏犬的口腔和胃。犬较喜爱油炸鸡，但是不宜连骨头一起饲喂。章鱼、乌贼等这类鱼的肉较难消化，因此最好也不要饲喂。植物性饲料中要注意大葱、洋葱等葱类植物不能饲喂，因为这些植物会破坏犬血液中的重要成分，对犬十分危险。

4.讲究卫生

在饲料调制过程中，要注意卫生，保持饲料新鲜、清洁，要防止苍蝇污染。变质的饲料不宜喂犬，以免引发传染病或食物中毒。除商品型犬粮外，犬食以现配现用为宜。煮熟的饭菜在举动时应以布或窗纱遮盖，以防尘土和苍蝇污染，同时还要做好防鼠工作。冬季不能用结冰的食物喂犬，以防引起胃肠道疾病。

5.注意热量

配比饲料中的热量较高，能使犬偏胖，影响犬体的匀称性，甚至引起食欲不振。因此，犬粮中的能量饲料不宜过多，一般不宜超过60%。

6.注意调制方法

不同饲料有不同的调制方法，一般包括清洗、浸泡、切碎、粉碎、煮熟等。因调制方法不当，常会使其中的某些营养损失。调制饲料的总要求是洗涤以洗净为宜，烧煮以烧熟为度，搅拌均匀，现配现用。

生肉和内脏首先要用凉水洗净，浸泡一段时间，但不可过长，防止蛋白质损耗，然后切碎煮熟，少数内脏如心、肾等不必经过煮熟，可直接生喂。蒸煮以达到杀菌、肉熟的程度即可，不必过于烂。含有硫胺素酶的鱼类，可利用水浸烫或煮沸法来破坏硫胺素酶。粮食只需用清水将沙土淘洗干净，淘洗次数不可过多，以减少营养成分的损耗。如果需要浸泡膨胀，则在浸泡后将浸泡水和粮食一起倒入锅内煮熟。

蔬菜应该先洗净后切碎，然后放入肉汤中煮熟，也不可过烂，防止蔬菜中的维生素损失，没有苦味的蔬菜可直接煮熟，有苦味的蔬菜洗净用沸水略加浸烫，可减轻苦味，再与肉汤混煮。蔬菜也可以单煮，然后与肉、鱼粉、骨粉、食盐等一起拌入饲料内再喂。块根类植物(如萝卜、甘薯等)尽量不削皮，洗净后再切成块，单独或与肉汤一起煮至不烂程度。

饲料需绞碎时，动物性饲料用孔眼10～12 mm的筛子，植物性饲料用孔眼5～8 mm的筛子，麦芽一般用3～5 mm的筛子，分别进行绞制，绞制后的饲料放在调料槽或搅拌缸内人工搅拌，最后将补充饲料，如乳品、豆浆、酵母、骨粉、维生素、鱼粉、食盐、抗生素等投入进行充分搅拌。

植物性饲料多制成窝窝头，这样可有效地防止犬挑食(专吃肉而剩余蔬菜不吃)，避免了每餐都要烧煮的麻烦，特别是饲养量相当大时，省时省力，也可防止因煮糊而降低适口性。如果给犬饲喂残羹剩饭(俗称泔水型饲料，主要从城市饭馆、餐厅取得)时，应注意适当处理，通常可剔除其中的小碎骨，再加水煮熟以降低其食盐浓度，防止食盐中毒，夏季应注意不能过夜，以防腐败变质，导致肉毒梭菌中毒。

7. 日粮配方举例

下面介绍成年犬的几种常见的日粮配方，仅供参考。

配方 1：肉类 400 g，谷类 400 g，蔬菜 100 g，食盐 5～15 g，熟制后做成食团，分餐饲喂。

配方 2：肉类 400 g，米、麦、蔬菜等 700 g，食盐 10～20 g，熟制后做成食团，分餐饲喂。

配方 3：大米 35%，玉米面 35%，高粱面 10%，豆饼 10%，麸皮 10%。另按饲料总量分别添加食盐 1%，骨粉 2%，鱼粉 6%，肉 0.25 kg，青菜 0.15 kg，搅拌均匀后饲喂。

配方 4：肉 350 g，大米 250 g，面食 300 g，蔬菜 400 g，奶渣 100 g，动物性脂肪 10 g，鱼肝油 8 g，酵母 6 g，胡萝卜 60 g，食盐 10 g，骨粉 14 g，搅拌均匀后饲喂。

四、犬的商品型饲料

犬的商品型饲料，又称犬粮、宠物食品，是根据犬营养需要，经科学配比、工业合成的全价平衡食品，能够满足不同生长发育阶段犬对蛋白质、脂肪、碳水化合物、矿物质和维生素等各种营养物质的需要，适口性好，营养全面，容易被消化吸收，而且饲喂方便。分为 4 种类型：干燥型食品、罐装食品、半湿食品和处方食品。

1. 干燥型食品

一般是膨化颗粒饲料或块状饲料，含水量 10%～15%，每千克含热能 12 540 J(3 000 cal)以上。此类食品是犬的主导产品，在市场上的销售量较大，可供应不同体重、生长阶段及不同年龄段犬的需要，如有幼犬食品、成年犬食品、老年犬食品、预防肥胖的犬食品、活动量大的犬食品、犬奖赏食品等。干燥性食品都经过防腐处理，不需要冷藏，可较长时间保存，而且营养全价、卫生、使用方便。

2. 罐装食品

用罐头包装，打开即可饲喂，其主要原料是动物性产品、水产品、谷类或其副产品、豆制品、脂肪或油类、矿物质及维生素等，营养齐全，适口性好。此类食品的含水量约与新鲜肉类相等，一般水分含量为 75%～80%，粗蛋白质含量为 35%～41%，粗脂肪含量为 9%～18%。罐装食品应在冷藏条件下保存，保持其新鲜，防止变质，尤其是在炎热的夏季。罐装食品有完全饲料型和纯肉型，纯肉型罐头喂时需要另加入犬饼干、米饭等能量饲料，完全饲料型食品营养全面、比例适宜，但价格较高，开罐后不易保存。

3. 半湿食品

半湿食品做成饼状、汉堡包状等，外观似肉。此类食品营养十分平衡，能量较低，含水量 25%左右，因加有防腐剂，在室温下即可保存。一般情况下，由于半湿食品的气味比罐装食品小，独立包装也更加方便，价格介于干燥型食品和罐装食品之间，因此受到不少犬主人的青睐。

4.处方食品

处方食品也称为特殊配方食品，也称处方粮、“专业处方”产品或保健食品。这类食品是针对不同年龄犬的生理需要和不同病因等情况配制而成的，以罐头较为常见。使用这类食品时，应在兽医师的指导下应用。

五、其他类型的食品

除了4种常见的商品型食品外，还有一类食品，俗称辅食，主要包括膨化食品和宠物点心食品等。常见的辅食有肉干、饼干、香肠、肉卷、点心等，此类食品一般不用作主食，在犬的培训与调教过程中常用作奖励食品。因为此类食品所含热量高，所以给食时必须斟酌考虑其喂食量。

任务2　犬的饲养管理

【情境导入】

科学合理的饲养管理是为了使受驯犬保持良好体魄，保证训导工作的顺利开展，犬的饲养管理主要包括常规饲养管理、不同阶段的饲养管理及不同季节的饲养管理。

问题：你觉得加强犬饲养管理有必要吗？

一、犬的常规饲喂

(一)保证饲料营养全价，搭配多样，新鲜卫生

1.营养全价

根据犬的生理阶段、体况和具体表现，按饲养标准规定拟定合理的饲养方案，保证营养均衡供给。如对妊娠期体况较好的母犬，供给高能量的日粮，则易导致胚胎早期死亡；而体况较差的妊娠母犬则需要的能量较多。对不同时期的幼犬及未成年犬，能量的供给也不一样。

2.饲料多样搭配

饲料要多样搭配、科学配制、适口性好、营养全面、容易消化吸收、使用方便。长期饲喂单一的饲料容易引起犬厌食、偏食，应经常地改变饲料配方，调剂饲喂。

3.饲料新鲜卫生

饲料应现配现用，最好不过夜，发霉变质的饲料不能喂犬。饮用水要用清洁的自来水，不能用泔水和地表水，以免引起食物中毒、寄生虫的感染和消化道疾病。

(二)坚持“六定”原则

根据犬的习性，做到“六定”原则，即定时、定量、定温、定质、定食具、定场所，养成犬稳定的生活习惯。

1.定时

指每天饲喂的时间要固定，不能提前拖后。定时饲喂能使犬形成条件反射，促进消化腺定

时活动，有利于提高饲料的利用率。如果不定时间喂，则将破坏这一定律，不但影响采食和消化，还易患消化道疾病。

2. 定量

指每天饲喂的饲料量要相对稳定，不可时多时少，防止犬吃不饱或暴饮暴食。喂得过多，引起消化不良；喂得过少使犬感到饥饿，不能安静休息。一般情况下，不同体重的犬每天的饲喂量不同，通常按每千克体重饲喂 20～25g；喂后观察，及时调整。

3. 定温

根据不同季节气温的变化，调节饲料及饮水的温度，做到"冬暖、夏凉、春秋温"。饲料的温度不能过高或过低，否则会影响犬的食欲并引起消化道等疾病，食物超过 50℃ 时犬有可能拒食，低于 15℃ 时影响其采食量，最合适的饲料温度为 40℃ 左右。

4. 定质

指日粮的配制不要变动太大，喂给的饲料质量一定要保持清洁新鲜。对新购犬，应实施饲料过渡，以防突然改变饲料引起犬的胃肠功能紊乱，影响其消化吸收，严重的可能导致犬拒食。

5. 定食具

因犬常把食具作为自己的"私有财产"，几只犬共用一个食盆时，为争食而发生咬斗现象较为突出，因此犬的食具要专用，不得更换食具。同时固定食具也可有效防止疾病的传播。

6. 定点

犬有在固定地点睡觉、进食的习性。经常更换休息场所时，会导致犬休息不充分，不能保证训导工作的正常开展；经常更换进食场所时，会引起犬食欲下降，严重的可能引起拒食。因此，犬的休息、进食场所要相对固定，也有利于犬良好习惯的养成。

有些犬主因担心犬在家里损坏衣物或外出伤及人和动物，常把犬拴在固定的位置，且常把食盆放在地面上，任其低头采食，这些做法都是不要的。因拴养的犬大多数时间都会感觉无聊，会不断地嗅闻附近地面，形成"耷头"的劣态，时间一长，还会使四肢变形。因此，饲喂时应将其食盆稍稍垫高，养成从小抬头采食的习惯。

(三)密切关注犬的食欲

在犬进食时，应密切关注犬的进食情况。犬的食欲不正常，主要有如下原因：

1. 饲料

饲料单一、不新鲜、有异味、过热或过冷等，特别是饲料中含有大量的化学调味剂或含有芳香、辣味等有刺激性气味的物质，均可能影响犬的食欲。

2. 环境

环境合适，如强光、吵闹、温度不适宜，或多只犬在一起争食，或有陌生人在场或其他动物干扰等，都会导致犬的食欲不正常。

3. 疾病

如果上述原因都被排除，食欲仍不见好转，应考虑疾病问题。要注意观察犬体各部位有无异常表现，如发现问题，及时请兽医诊疗。

二、犬的常规管理

宠物犬与人的关系非常密切，如果管理不当，不但犬易患病给主人或驯导员增添烦恼，而且人畜共患病还可能危害人的健康。因此宠物犬的饲养不仅要有合理的饲喂方法，更应有科学的管理措施。

宠物犬的常规管理包括以下几个方面：

(一)健康检查

1.常规检查

常规检查就是根据犬的日常表现，结合正常的体征指标，对犬进行检查，以便及早发现疾病，及时治疗，对犬主和驯导员都有现实意义。具体内容详见项目二中任务 2 的相关内容。

2.可视黏膜检查

犬可视黏膜的检查包括眼结膜、鼻黏膜、口腔黏膜等。临床检查主要是眼结膜，检查时应注意眼的分泌物、眼睑状态、结膜的颜色等。常见的病理变化有潮红、苍白、黄染、发绀等。

(1)潮红：潮红是结膜下毛细血管充血的现象。单眼潮红，可能是局部结膜炎所致；双眼均潮红，多标志全身的循环状态不良；弥漫性潮红见于急热性传染病及某些器官、系统的广泛性炎症过程；如小血管充盈明显呈树枝状(俗称树枝状充血)，多为血液循环或心机能障碍的结果。

(2)苍白：结膜色淡，甚至于呈灰色，是各型苍白的特征，多见于犬失血或慢性消耗性疾病。由于红细胞的大量破坏而形成的溶血性贫血，则在苍白的同时常带不同程度的黄染为特征。

(3)黄染：结膜呈不同程度的黄色，为血液内胆色素代谢障碍的结果，见于溶血和引起肝实质发炎、变性的某些传染病。

(4)发绀：可视黏膜呈蓝紫色，是血液中还原血红蛋白增多或形成大量变性血红蛋白的结果，多见于肺换气不良和动脉血缺氧时的心肺疾病或某些中毒病。

(二)犬体的保洁

搞好犬体卫生，既可以消灭寄生虫，也可以保持外表的美观。定期地对犬体进行保洁，不仅能促进犬体血液循环，改善皮肤和被毛营养，增进食欲，预防皮肤病的发生，还能增进人犬之间的亲和力，更有利于犬的调教训练。

犬体的清洁卫生主要包括对被毛、趾甲、牙齿、耳朵、眼睛和肛门的整理和清洁。

1.梳理被毛

犬每年春秋季节都要换一次被毛，室内家养犬几乎一年四季都换毛。脱落的被毛污染环境，影响卫生，还容易在耳后和腿内侧形成毛结，影响犬的整体美观。梳理被毛应在喂食后进行，顺序是由前向后、先逆后顺。梳刷时不要用力过猛，切勿伤及皮肤，如毛有缠结，可用手分开或用剪毛剪剪除，短毛犬应刷去死毛和皮垢，长毛犬应把毛梳通、理顺。

2.洗澡

洗澡是清洁皮肤和被毛的重要措施，冬季尽可能减少洗澡次数，体况不佳时不宜洗澡。洗澡前应让犬排便，水温以稍高于体温为宜，洗的顺序为先脚垫，后躯干、四肢，最后头部。洗澡前，可在耳朵里塞一小块棉球，以防水进入引起中耳炎。洗后应及时用吸水毛巾擦干全身，再用吹风机吹干被毛。

3.除去齿石

犬易生齿石，可导致牙龈炎和口臭。因此，对成年犬要隔一段时间除掉牙根部的齿石。平时可用生牛皮或塑料制作的管状、骨状玩具供犬啃咬，有助于磨去齿石和锻炼牙龈。

4.修剪趾甲

经常在水泥或粗糙地面上活动的犬可能不用修剪趾甲，但室内或笼养犬的趾甲应定期修剪。修剪时注意不要伤及血管和神经部分，以免出血感染，剪后用锉刀把尖端磨圆，狼爪最好在幼犬阶段切除。

5.清洁耳朵

犬耳至少应每月清洁1次，可用洗耳液或矿物油对可见的外耳部分进行清洗。如耳朵里有较多耳毛和污物时，会阻碍空气流通，应全部拔去，并清洗干净。

6.清洁眼睛

应用生理盐水或专用的洗眼液定期洗眼及周围，有分泌物或流泪时，应用温的硼酸水冲洗，然后用眼药膏涂擦。

7.清洁肛门

在整理清洁全身各部位之后，也应注意肛门。有时粪便黏结堵塞肛门，要及时清理干净。在洗澡时，可挤出肛门腺的分泌物，以防分泌物蓄积过多而导致体臭。

(三)提供适宜的环境条件

犬舍(窝)是犬栖息的主要场所，其卫生条件的好坏直接影响犬的生长发育和健康。因此，犬舍(窝)必须每天清扫，随时清除粪便和污物。对于犬舍(窝)的各种用品如垫布、箱体(或筐体)以及地面，要做到至少1周消毒1次，冬季可以间隔长些。对患病犬要彻底更换犬舍的铺垫物，用过的铺垫物集中焚烧或深埋，整个犬舍进行彻底喷雾消毒，铁质笼舍要进行火焰消毒。常用的清毒药有漂白粉和5%烧碱溶液。为保证犬舍卫生，应训练犬在固定的地点排便。

犬舍(窝)平时要保持通风透光，温度程度适宜，力求做到冬暖夏凉。冬季犬舍温度为12～15℃，夏季为21～24℃，特别是幼犬，对温度变化的适应性很差，温度的骤变常导致幼犬对疾病的抵抗力下降。夏季可以把犬舍放到朝北的房间或采取人工方式降温，如开启风扇和空调，但应注意风扇不可对犬直吹。犬舍(窝)内的湿度要保持在50%～60%，湿度过高，夏季容易中暑，冬季容易着凉，造成消化系统和骨骼的不适；湿度过低，空气干燥，易引起呼吸系统方面的疾病。

(四)适量运动

犬是喜动不喜静的动物，每天的户外运动是必要的。可以在奔跑或游戏中锻炼体魄，增强持久力和敏捷性，从而达到锻炼强身的目的，而且犬主或驯导员可在与犬游戏过程中增进人与犬之间的感情。必要的户外运动不仅可以吸收阳光中的紫外线，提高对钙的吸收，而且紫外线可以杀灭细菌，驱除体表寄生虫。

犬外出运动时应注意以下事项：

1.运动时间的选择

运动应在早晚进行。早晨空气新鲜、凉爽，晚上环境安静，没有干扰。不宜在炎热的白天户外运动，以免强烈的阳光照射引起日射病或热射病。

2. 合理安排运动量

犬的运动量和体形有关，通常小型犬的活动量小，大型犬的活动量大。小型犬如北京犬、博美犬，每天在室内游戏并配合适当的户外运动即可满足其运动量；大型犬如阿富汗猎犬、德国牧羊犬等，应以室外运动为主，每天户外运动 15～20 min，行程 2～3 km。

3. 防止犬养成低头乱嗅的习惯

运动中应防止犬去嗅闻其他犬所留下的排泄物，同时也应防止犬在外出运动时养成捡食习惯。在尚未经过严格训练时，带犬外出时应给犬带上牵引带，在犬出现乱嗅或捡食等不良行为时加以纠正。

(五)预防疾病

犬在饲养和训练过程中，应做好疾病的预防工作。

1. 定期消毒

坚持犬舍（窝）、食具等定期卫生消毒是预防和控制疾病传播的一项重要措施。食具用后清洗干净，放置时防止苍蝇、蚊虫的叮咬，同时要定期煮沸消毒，一般 1 周消毒 1 次；圈舍、场地要保持清洁卫生，每月消毒 1 次。

2. 做好驱虫、接种工作

幼犬生后 20 天左右进行首次驱虫，6 月龄以下的幼犬每月驱虫 1 次，成犬每季驱虫 1 次。常用的广谱驱虫药有盐酸左旋咪唑，按每千克体重 10 mL 口服，用于驱除犬蛔虫、钩虫、丝虫等；也可选用丙硫苯咪唑，按每千克体重 25 g 口服，驱除绦虫。

幼犬在 45 天时可首免注射五联苗，用于预防钩端螺旋体、犬瘟热、犬细小病毒、犬传染性肝炎和犬副流感，2 周后二免；成年犬每年只需接种 1 次。

三、不同阶段的饲养管理

(一)仔、幼龄犬的饲养管理

在犬的一生中，仔、幼犬是生长发育最快阶段，幼犬可塑性最大，此阶段也是发病和死亡数最多的阶段。因此，这个阶段的饲养管理要求最高，必须了解仔、幼犬的生长发育规律和生理特点，给以科学的饲养和管理。

1. 仔犬的管理

从出生到断乳（45 日龄）的犬称为仔犬。仔犬的管理工作主要有以下几个方面：

(1)吃足初乳：初乳对新生仔犬极其重要。初乳中含有丰富的蛋白质和维生素，还含有较高的铁盐、抗氧化物及酶、激素等，具有缓泻和抗病的作用，有利于胎便排出；初乳的酸度较高，有利于促进消化道的活动；初乳中的各种营养物质几乎可全部被吸收，可以增强仔犬体质，维持体温。特别重要的是初乳中含有母犬的多种抗体（母源抗体），能增强仔犬的抗病能力。因此，应尽早（生后 0.5～1 h）让仔犬吃足初乳。

(2)监护：新生仔犬出生后，由母体进入外界环境，生活条件骤变，由通过胎盘进行气体交换转变为自行呼吸，由原来通过胎盘获得营养物质和排泄废物变为自行摄食、消化及排泄。更重要的是，新生仔犬的各部分生理机能还不完善，生命尚处于脆弱状态，抗病力很差，出生后需要迅速适应生理上和环境上的巨大变化。因此,良好的护理对新生仔犬的生长发育就显得非常重要。刚出生的仔犬应尽量消除口腔及呼吸道的黏液、羊水等,防止窒息,一旦出现窒息应耐心地做人工呼吸。剪断脐带后应防止仔犬间相互舔吮,如脐带血管闭锁不全有血液流出时,应进行结扎,脐带通常在5~7 d内脱落。

(3)保温:新生仔犬环境温度在第1周要求达到29~32℃,第2周内为26~29℃,第3周内为23~26℃,第4周内为20~23℃。可在产房设仔犬保温箱,用小电热毯、热水袋或红外线灯等作为热源,但要防止烫伤仔犬。

(4)防踩压:仔犬出生时又小又弱,行动不灵活,应防止母犬踩压仔犬。母犬在分娩过程中体力消耗很大,很容易压住仔犬,造成仔犬窒息死亡。在产后几天内,要加强管理,仔细观察,最好谢绝陌生人观看,以防惹怒母犬而踩死仔犬。此外,母犬在窝箱内产仔时,应保证窝箱的大小及保温性能。避免仔犬被踩压的最有效措施是设护仔箱、护仔栏等,将母犬与仔犬分离,定时哺乳。

(5)及时补饲及断乳:仔犬生长发育中对乳的需求量增加,母乳不能满足仔犬日益生长的需要,所以在10 d时应该采取补饲措施。10~15 d时,每只每天补乳50 mL;16~20 d时,每只每天补乳100 mL,分3~4次喂给。补料从20 d开始,可以在乳中加蛋黄、肉汤和豆浆等,加入量由30~50g逐渐增加到150~200 g,每天分3~4次喂给;30 d后,可将牛奶、鸡蛋、碎肉、稀粥等拌在一起做成流食饲喂,并适当添加鱼肝油和骨粉等,每天3~4次。30 d后,视母犬的泌乳和仔犬的生长发育情况适时断乳。

(6)寄养或人工哺乳:如果母犬在分娩后由于某种原因导致死亡时,需要进行寄养或人工哺乳。寄养时,需要找产期相近、母乳充足、产仔数少、无恶癖的母犬作为"保姆"。人工哺乳时,不能直接用牛奶饲喂,因牛奶中蛋白和脂肪的含量都只有犬乳的1/2,而乳糖的含量却是犬乳的1.5倍,因此直接用牛奶饲喂仔犬会导致仔犬营养不足,更重要的是仔犬的胃肠功能不健全,不能很好地消化吸收乳糖,会使仔犬拉稀。因此,用牛奶喂仔犬时需加入部分温水、蛋白粉(或奶粉)、鱼肝油、免疫球蛋白等,调至其营养成分与犬乳基本相当方可。

(7)驱虫:仔犬生后20 d左右进行首次体内寄生虫的驱除。

2.幼犬的饲养管理

仔犬断乳后即为幼犬,一般指45 d断奶至6月龄的生长犬。这一时期是犬生长发育的重要阶段,也是可塑性最强的时期。这一阶段饲养管理的好坏直接关系到犬的一生。

(1)幼犬的饲养:掌握幼犬的生长发育规律,配制营养较高的日粮,满足幼犬的生长发育。断奶后的幼犬,由于生活条件的突然改变,往往会显得不安,食欲不振,容易生病。这时选用的饲料要适口性好,易于消化。3月龄内的幼犬每天至少喂4次。采取少量多次的方法,4~6月龄的幼犬,食量大增,体重增加很快,每天所需饲料量也随之增多。每天至少喂2~3次;6月龄后的犬,每天喂2次即可。在饲喂过程中,要供给充足清洁优质的饮水。

幼犬饲养除了按规定日粮标准饲养外,在饲养过程中要注意保持食物的优质新鲜,单独调制,食具用后需要清洗干净,定期消毒。4月龄后,应适当添加骨头,以锻炼犬牙。

(2)幼犬的管理:科学管理幼犬,不仅可以保证犬体的良好正常发育,而且对神经系统的发育也有直接的影响。对幼犬的管理除了做好幼犬犬舍和犬体的卫生、适当运动、对新环境的适应性训练及养成良好的生活习惯外,还需要做好幼犬的驱虫和预防接种工作。

幼犬驱虫:寄生虫对幼犬的生长发育有很大影响,轻则会引起犬腹泻便血,重则引起贫血甚至死亡。因此，必须定期进行粪便检验，发现寄生虫及时驱虫，保证犬只健康。一般幼犬50 d时第2次驱虫(仔犬在20 d时第1次驱虫)，90 d时第3次驱虫，以后每3个月进行1次驱虫。驱虫后排出的粪便和虫体应集中堆积发酵或焚烧，以杀死寄生虫虫卵。

预防接种：幼犬的抵抗力较成年犬差，易患传染病。对幼犬危害最大的病毒性传染病有犬瘟热、细小病毒病等，以3～4月龄内的幼犬发病率最高，因此，对幼犬要做好预防接种，对疫病要早发现、早治疗、早隔离，严格消毒。幼犬在45 d时首免，2周后二免。

(二)成年母犬的饲养管理

1.配种前母犬的饲养管理

母犬除维持自身生命的正常活动外，还担负着怀胎、产仔、泌乳等繁重的生产任务。因此，种母犬饲养管理的好坏，直接影响其繁殖率，后代的品质和生产性能的发挥。只有根据其不同的生理特点进行科学的饲养管理，才能收到良好的效果，提高其生产力。

(1)配种前成年母犬饲养管理：种母犬要求身体健壮，体况良好(中等膘情)，在繁殖季节能正常发情、排卵和配种，受胎率高，产仔多，母性强。

对没有繁殖过的青年母犬，要根据犬在配种前体况决定其饲养水平。如果犬的体质健康，膘情适中，只要在配种前适当增加饲料中蛋白质的含量，促使母犬正常发情、排卵和多排卵即可；如果母犬比较瘦弱，需要在发情季节到来前增加营养，使它有比较好的膘情后才能参加配种。

经产母犬在配种前的饲养水平也应根据犬的膘情而定。如果犬的膘情好，无须特殊的饲养，只在配种前进行短期优饲即可；对膘情不好的犬，要增加营养，使它尽快恢复到种母犬应有的膘情；如果膘情过肥，则要降低饲养水平，因为过肥会影响母犬的正常发情，即使发情也会影响到交配的正常进行。

在管理上要注意加强母犬的运动，运动能促进健康，增强犬的性活动，促使犬能正常发情和排卵。被毛要常梳理，以加强皮肤的血液循环。此外，要保证饮水清洁卫生且充足。

(2)发情母犬的管理：母犬正常1年发情2次。在发情季节，应重点做好母犬的发情鉴定和适时配种工作。

母犬发情时，表现兴奋不安，食欲下降，甚至废绝，频频排尿，外阴部肿胀，流出黏液或血液，求偶欲望强，易外出寻找公犬，需要加强看护，杜绝发生犬外出偷配、误配。通常在地面出现血样分泌物后9～11 d时，可进行第1次配种，也可当母犬的外阴部流出鲜红的血液较黏稠时进行配种。夏季最好在清晨或傍晚配种，冬季则以中午为宜。配种的次数通常为2次，即初配和复配，两次相隔时间以24～48 h为宜。交配前最好不要喂食，配后休息片刻，适量给水。交配时不宜多人围观，以免在交配过程中受到惊吓，影响交配的顺利完成。交配结束，应将母犬及时放回舍中，让其安静休息，并做好配种记录。

发情期间的母犬因兴奋不安，对外界刺激极为敏感。因此，发情期的母犬不宜进行科目的调教与训练。

2.妊娠期母犬的饲养管理

犬的妊娠期为58～68 d，平均为63 d。犬在妊娠期，饲养管理的重点是防止流产，保证胎儿正常生长发育。

犬在妊娠期需要大量的营养物质供给胎儿生长发育和维持自身生命活动。因此，妊娠期要饲喂全价饲料，并保证饲料清洁新鲜，适口性好。配种后 10 d 之内，应减少剧烈运动，保证胚胎的正常着床。因配种 20 d 后，胎儿发育的强度增大，要增加饲料中蛋白质的含量，适量增加动物性饲料，不能用含生殖激素的动物性肉（如老死的猪肉）饲喂，否则容易导致流产。妊娠后期（45 d 后），胎儿、胎盘和羊水的体积增大，压迫犬的肠胃，使肠胃的容积相对减少，这时要提高饲料的营养浓度，增加饲喂的次数，少量多餐，这样有利于食物的消化和减轻对子宫的压力，有助于胎儿的生长发育。

管理上，要防止母犬流产。妊娠母犬禁止激烈运动和跳越障碍、衔取等科目的训练，不能打骂和恐吓，同时应保持犬体的清洁卫生和环境的安静，让犬得到充足的休息。妊娠 40 d 后，对于群养犬要单独饲养，圈舍要求宽敞、清洁、干燥，光线充足。妊娠 50 d 后要进入产房，产房需事先进行彻底打扫和消毒。分娩前，应拔去母犬乳房旁的少许被毛，以促进乳腺的分泌，有条件可每天对母犬乳房进行 1 次按摩。母犬在怀孕期可进行适量的运动，适当的运动，不仅能增进犬的食欲，有利于胎儿的生长发育，也可大大减少母犬难产的发生。每天的运动最好不少于 2 次，每次运动时间不得少于 30 min。

3. 哺乳母犬的饲养管理

哺乳期指母犬分娩后到仔犬断乳前这段时间，通常为 35 d。对哺乳母犬进行科学的饲养管理，其目的是促进母犬正常的泌乳，保证仔犬正常的生长发育。

哺乳期第 1 周前 3～4 d 以产前饲喂量饲喂，至 1 周时恢复正常，且多以流质饲料为宜；第 2 周增加 50%，饲料形状逐步过渡到正常形状；第 3 周增加 100%，之后并逐渐减少，直至仔犬断乳。每天饲喂不少于 3～4 次。为保证母犬每天分泌足量的乳汁，饲料种类要求多样化，饲料中应包括肉类、蛋、蔬菜、鱼肝油和动物软骨，饲喂要定时定量，切忌突然改变，过渡要平缓。

管理上，主要做好催乳和营养工作。若初产母犬奶水不足，可供给小杂鱼汤、蹄骨汤或猪肺汤，促进乳汁的分泌。母犬有叼仔、食仔等恶习，产仔数过多（超过 8 只）时，需要进行代养或寄养。

（三）种公犬的饲养管理

全面的营养，适度的运动和配种时的合理利用是养好种公犬的关键，全面的营养是维持公犬生命活动、产生精子和保持旺盛配种能力的物质基础；适量的运动是加强犬的新陈代谢，锻炼神经系统和肌肉的重要措施；合理的利用是维持公犬旺盛的性欲、保持较高受孕率的重要保障。

1. 全面的营养

种公犬饲料的动物性蛋白要略高于普通犬，与妊娠母犬大致相同。饲料容积不宜过大，能量需要应在维持需要的基础上增加 20%、蛋白质和氨基酸钙为 1.1%、碱为 0.9%、锰为每千克体重 0.11 mg、维生素 A 为每千克体重 110 IU、维生素 E 为 50 IU。为了满足配种期的营养需求，通常多饲喂鲜肉、鱼、蛋、乳类饲料。

2. 适量的运动

种公犬每顿不宜喂得过饱，以免造成垂腹或肥胖，影响配种利用。适量的运动可以促进食欲，帮助消化，增强体质，提高繁殖机能。通常公犬上午、下午各运动 1 次，每次不少于 1 h，夏天应在早晨和傍晚时进行运动，冬天在中午运动，酷热严寒的情况下应减少运动量。

3.合理利用种公犬

在配种季节不应使用过度，否则会造成精子密度下降，精子成活率低下，从而影响到配种的成功率。配种期间，以每天配1次为宜，每周最多可配3次，1个配种季节每只犬配种次数不得超过15次。此外，种公犬应单独饲养，保持环境安静，减少外界干扰，杜绝爬跨和自淫恶习的养成。

(四)病犬的饲养管理

患病犬除应及时治疗以外，更需要加强营养及管理。病犬通常食欲不振，消化功能下降，但营养消耗增大(动用机体组织)。发热的犬体温每升高1℃，新陈代谢的水平就要增高10%。因此要有足够的蛋白质及其他营养物质供应满足犬机体的免疫力球蛋白的合成，才能增强机体免疫系统的代谢。所以，对于病犬要增加蛋白质的供应，尤其是犬容易消化和吸收的动物性蛋白，比如瘦肉、蛋乳类等，制成半流质或流质进行饲喂，同时应注重饲料的适口性等，可添加一些诱食剂来刺激病犬的食欲。对于胃肠道疾病的犬，要适量增加水的补充;失水过多、呕吐严重或者是腹泻和食欲废绝的犬，可以采用静脉输液来补充水分纠正体液酸碱的失衡。

多数病犬精神状况较差，不愿活动。在治疗的同时，应适当地进行牵引运动，每次运动的时间不宜过长，行进路程要短，以促进其体力的恢复。

(五)老龄犬的饲养管理

一般而言，犬从7～8岁开始出现老化现象，10岁以上已步入老龄阶段。由于品种、环境和饲养管理条件的不同，其老化的程度也有所差异。通常犬的老化特征是皮肤变得干燥、松弛、缺乏弹性，易患皮肤病，脱毛增多，一些深色的被毛如黑色或棕色变成灰白色，头部和嘴的周围出现白毛(老年毛);10岁以上的犬牙变黄，视力与听力明显下降，体力减弱，体重减轻。因此，对老龄犬应根据其生理特征，施以针对性的饲养管理措施。

老年犬的消化功能降低，要求供给的饲料不但质量要好，而且易于咀嚼，便于消化。饲料中蛋白质含量可稍高些，但脂肪含量不宜过高，食物要柔软，以流质饲料为主，采取少量多餐的饲喂方式，同时应提供充足的饮水。有条件的可给老年犬吃老年犬配方粮，可减慢其老化速度，延长寿命。

老龄犬的抵抗力降低，怕冷怕热，因此要做好保温防暑工作。在寒冷的天气不宜在户外太久，炎热天气应多在阴凉通风处。外出散步时，早晨宜晚，晚上宜早，以防受凉。

老年犬的性情改变较大，不爱动，好静喜卧，运动减少，睡眠增多，同时也很容易疲劳。因此，老龄犬活动时要严禁疲劳。此外，老龄犬的肌肉和关节的配合及神经的控制协调功能较差，骨骼也较脆弱，不宜让老龄犬做复杂、高难度的动作，以防肌肉的拉伤和骨折。对于老龄犬从前养成的习惯应继续遵行，以保持其正常、舒适的生活。

四、不同季节的管理

不同的季节，犬有不同的生理变化，犬主和驯导员应根据不同季节的气候特征及犬在不同季节内发生的不同生理变化，有针对性地采取有效措施，保证犬的健康。

1.春季

春季是犬发情，交配、繁殖及换毛的季节。经过冬季之后，厚厚的冬毛开始脱落，逐渐换成夏毛，保证安全越夏。脱落的被毛容易在身上形成毛缠结，如掉到食盆中被犬误食后易在胃中形成毛球，影响犬的消化和吸收。因此在春季要每天对犬的被毛进行梳理。一般每天梳理2次，每次10～15 min。

对发情的母犬，要做好发情鉴定，以便适时配种。对发情公母犬要加强看管，严防外出，防止乱配或误配。对于不准备繁殖的母犬，可以考虑做节育手术，避免发情前后的不良反应。同时，要防止公犬因争配偶打架导致外伤，出现伤情应及时处理。春季也是常见传染病流行的季节。此阶段应重点做好犬瘟热、细小病毒的疫苗接种工作。

2.夏季

夏季天气炎热，空气潮湿(特别是南方的梅雨季节)，主要做好防暑降温和预防食物中毒等工作。夏季犬处在高温高湿的环境中，由于犬汗腺退化，散热较困难，夏季较易中暑，所以犬舍(窝)要选择通风良好，比较阴凉的地方。在高温季节应经常给犬洗冷水浴。外出活动或训练时，一般在早、晚进行。

夏季的饲料易发霉变质，犬食后容易引起食物中毒。因此，犬的饲料要新鲜，最好是经加热处理后冷却的新鲜食物。饲喂量要适当，不应有剩余。对已发酵变质的饲料应坚决弃用。同时，应给予足够清洁卫生的饮水。

少数地区夏季的梅雨季节持续时间较长，如犬舍、犬体卫生不好，可能会导致皮肤病的发生。因此，应保证犬生活环境的干燥、通风，努力减少皮肤病的发生。

3.秋季

秋季是犬新陈代谢最旺盛的季节，为了增加体脂储备，安全越冬，犬食量大增，而且也变得活跃。因此，秋季应给予足够的高营养饲料，为越冬做好准备。秋季早晚温差大，犬易受凉感冒，特别对于短鼻的犬种如北京犬、英国斗牛犬，此阶段应做好保温工作。外出活动或训练时，一般在早晨要晚些，晚上宜早些。

秋季也是换毛季节，犬需要换夏毛为冬毛。与春季相同，也应做好被毛的梳理工作，在处理犬的发情和疫苗接种方面与春季相同。

4.冬季

冬季天气较寒冷，管理的重点内容是做好防寒保暖工作。饲料搭配上，应添加少许油脂、内脏、牛奶、含维生素A及脂肪成分较多的食物，可迅速补充热量，增强犬的抗寒能力。注意犬舍的温度和湿度，避免犬在低温潮湿的环境生活；可经常晾晒犬窝的垫物。

故事六　警犬界的孤勇者

在天气较好时，可以带犬外出散步，接受阳光照射取暖。训练时，宜在中午前后进行。

【复习思考题】

1.宠物犬常见的饲料种类有哪些？各有哪些特点？

2.在调制宠物犬日粮过程中应注意哪些事项？

3.常见的商品型饲料有哪些类型？各有哪些利弊？

4.宠物犬的常规饲喂技术有哪些？

5.宠物犬的常规管理包括哪些方面？

6.试述犬在各年龄阶段的日常饲养管理要点。

7.仔犬在哪些情况下需要进行代养或寄养？如何选择“保姆犬”？

8.试述犬在不同季节的饲养管理要点。

项目七

世界名犬欣赏

【项目描述】

本项目根据宠物健康护理员、宠物驯导师等岗位需求进行编写，本项目为部分世界名犬的介绍，包括德国牧羊犬、拉布拉多犬、金毛巡回猎犬、美国可卡犬、西伯利亚雪橇犬、迷你雪纳瑞犬、贵宾犬苏格兰牧羊犬、博美犬、边境牧羊犬、史宾格犬、约克夏㹴、刚毛猎狐㹴、罗威纳犬。学好本项目为从事宠物健康护理员、宠物驯导师等工作做好准备。

【学习目标】

1. 熟悉世界名犬名字、外观特点；

2. 能够说出世界名犬的产地及品种特性。

一、德国牧羊犬

德国牧羊犬(Germen Shepхed Dog)(彩图 35)，于 1899 年在德国培育而成，经过 6 次更改，在 1991 年 5 月举行的世界牧羊犬联盟(WUSV) 大会通过该犬的品种特征标准，AKC 分类属于牧畜犬组。第一次世界大战期间，德国牧羊犬在参与侦察敌情、捕抓俘虏、救护伤员等方面被人们所重视。现在多被作为警犬、缉毒犬、导盲犬使用，同时还是极受欢迎的家庭玩赏犬。

【体型】成年公犬理想体高 60～65 cm，体重 30～40 kg；成年母犬理想体高 55～60 cm，体重 22～32 kg，身高与体长的最佳比例为 10∶8.5。

【头部】头部高贵，线条简洁，结实而不粗笨，整体呈楔形，长度适中(约为肩部高度的 40%)，从正面和侧面看前面略微隆起，前额中部无明显的皱纹；眼睛中等大小，杏仁形，眼角位置略微倾斜，眼球不突，眼色深；耳朵略尖，耳间距适中，向前直立(幼犬 2 月龄内耳下垂，2 月龄后才逐渐直立)，理想的姿势是从前面观察，耳朵的中心线相互平行，且垂直于地面；口吻长而结实，犬齿健康有力，有 42 颗牙齿，呈剪式咬合；口吻部中等长度，上唇下垂不明显，鼻黑色。

【颈部】颈部结实，肌肉发达，无下垂的皮肉，轮廓鲜明且相对较长，与头部比例协调，与躯干的倾斜角度大约为 45℃。

【体躯】躯体上部线条，由颈部到肩部，直至背部和略斜的臂部，形成自然的流线形，背部长度适中，结实，强壮，肌肉健壮；胸深而宽，下胸应尽可能长而且线条要清晰，胸深为肩部高度的 45%～48%，稍向前突出，肋骨长而扩张良好；腰部宽、短、有力，肌肉强壮；腹部稳固，适度上提；臀部应长，并向下倾斜呈 23°。

【四肢】前肢从各个角度看都应该是直的，从前看两条腿应该绝对平行，肩胛骨和上臂的长度相等，肌肉较强壮结实，肩胛骨和上臂的夹角为 90°，最多不超过 110°，肘关节在站立和运动时自然，前中足的长度应为下臂的 1/3，前中足与下臂的夹角为 20°～22°。后肢肌肉非常宽且发达有力，一条后腿的位置略微在前，大腿与小腿的长度相等，并形成 120°夹角，大腿肌肉发达、结实，踝关节结实、强壮，后中足垂直于地面，后肢狼爪必须切除。正常站立时后肢飞节向下必须与地面垂直。足爪短，脚趾紧凑且圆拱，脚垫厚实而稳固，指甲坚硬，呈深色。

【尾部】尾根低，尾毛浓密，尾椎至少延伸到飞节，但侧看不应超过小腿的垂直中线。休息时尾巴笔直下垂，略微弯曲，呈马刀状；兴奋时或运动中，尾巴突起，曲线加强，但不超过背线。

【被毛】中等长度的双层毛，外层毛浓密而粗硬，略呈波浪状，内层毛浓密而柔软，头部、耳内、腿前、爪、脚趾上的毛较短，颈部毛长而浓密，眼后部、肩关节处、肘关节处、大腿后侧的毛较长。

【颜色】颜色多变，大多数毛色都是允许的，如黑色带有红棕色、棕色、黄色、浅灰色，但身体任何部位不能出现白毛，绝大多数底色为黄褐色，两肩部到背部形成两个较大的黑色三角区域，故又称为黑背。

【步伐】属于小跑型，步态有弹性，非常轻松，平滑而有节奏，步幅非常大而频率很低。小跑时，四肢的长度和角度（指肩胛骨与上臂、前中足与下臂、大腿与小腿、后中足与小脚的夹角）要协调，头微向前伸，尾巴稍微上翘以保持身体平衡，从耳尖到颈部、背部，直至尾尖，形成不中断的优美曲线。

【性情】性格坚强，神经稳定，自信，举止自然，不胆怯，同时应具备坚强、凶猛、机智与好斗的性格。

【缺陷和失格条件】

（1）严重缺陷：耳朵间的距离较大、折耳、耳窝浅、耳朵软（耳朵起立得不好）；鼻端明显地缺少黑色素沉淀；躯体明显不结实、不强壮等。

（2）牙齿缺陷：任何非剪式咬合的牙齿结构都是缺陷，但不属于下面所指出的“淘汰缺陷”。

（3）淘汰缺陷：德国牧羊犬协会（SV）为了保证犬种的质量，规定了以下几点为淘汰缺陷。性格软弱，爱咬人，神经不稳定的犬；被证实有严重的髋部障碍；公犬单侧隐睾或双侧隐睾；犬耳或尾巴受损伤造成外观的缺陷；畸形的犬：有三颗以上牙齿缺失；颌骨的缺陷；先天的完全没有或缺少色素沉淀；白色的犬；长而软的表面皮毛，且不紧贴，耳朵和腿部的毛很长，腹部、尾巴的毛丛生；长而软的表面皮毛，且没有底部绒毛，背部的毛从中间向两侧分开，耳朵、腿、尾巴的毛丛生。如果犬具有以上任何一种缺陷，则禁止作种，也不能参加犬展和比赛。

二、拉布拉多猎犬

拉布拉多猎犬（Labrdor Retrieve）（彩图 36），原产于加拿大纽芬兰岛，AKC 分类属于运动犬组。据说其祖先是英国猎犬，被当地渔民训练从事拉网和搬运工作，19 世纪流传入英国后又被训练为猎枪犬，现又多被训练为导盲犬和警卫犬，用于侦察毒品和爆炸物。拉布拉多猎犬在犬的智商排名中一直位列前三名，是目前最受欢迎和最值得信赖的家庭犬。

【体型】成年公犬理想体高 57.2～62.2 cm，体重 30～36 kg；成年母犬理想体高 54.6～59.7 cm，体重 25～32 kg；体长与身高相等或稍长于体高，肘部到地面的垂直距离为身高的 1/2。

【头部】头部轮廓明显，头骨宽阔，发育良好，但不过大，额段适中，额部稍明显，面颊无赘肉且不突出；眼睛中等大小，适合分开，既不向外突出，也不向内深陷，眼色和眼边缘与被毛颜色相协调（黑色和黄色的犬眼睛呈褐色，眼边缘是黑色；巧克力色的犬眼睛呈褐色或淡褐色，眼边缘是褐色）；耳紧贴头部垂挂，较向后，稍低于头骨，略高于眼水平线上，双耳不大不重，与头骨成比例，当向前拉时能到达眼部；齿强健、规则，呈剪式咬合；上嘴唇不下垂，口鼻部长短、宽窄适中，鼻宽大，鼻孔发育良好，鼻色与被毛颜色相协调（黑色或黄色犬的犬鼻应是黑色，巧克力色的犬的犬鼻应是褐色）。

【颈部】颈部长度适中，肌肉发达，活动灵活；从双肩强劲升起，呈适合的拱形。

【体躯】肩长且适当后倾，与上肢形成一个近似 90°角，肩胛骨的长度与上肢的长度相等；背部强壮，无论站立或运动，背中线从双肩隆起处到臀部都应水平；胸部宽窄适中，短而强健，稍倾斜于腿部的垂直线，富有弹性的肋骨逐渐变细形成适合宽度的胸部，以充分允许前肢的活动；腰部短宽而健壮，延伸到发育良好、强有力的后躯；下腹中线几乎是平直，成年犬有少许或无褶皱。

【四肢】前肢发育良好，骨骼强壮而呈垂直姿势，两前肢相互平行，旁观时肘部正好在肩胛上缘之下，使得前肢与地面成直角，肘部紧贴肋骨，无缝隙。后肢宽阔，肌肉发达，后观时后肢垂直地面并相互平行，骨骼强健。从臂部到跗关节发育良好，在膝关节处形成恰当的角度，以达到最理想的伸展和收缩平衡；大腿部强壮有力，轮廓分明，运动或站立时膝盖骨不倾斜；强健的跗关节适当向下，不倾斜，也不过于伸展。脚部强健而紧凑，脚趾适当挑起，并具有发育良好的肉垫，狼爪应去掉。

【尾部】拉布拉多犬的尾巴是这一种犬区别其他犬种的一个典型特征。尾根部非常粗，朝着尖端逐渐变细，中等长度，伸展不超过跗关节，整个尾部被覆短而致密的被毛，形成特有的、似水獭的圆形外貌，无论静止或是运动，尾巴始终与背中线保持直线，直立，从不弯过背部。

【被毛】双层被毛。外层被毛短而直，非常致密，手感粗硬，允许背部有轻微波纹状被毛；下层被毛柔软致密，能抵抗恶劣天气，也可以防水、防冷和抵挡地面各种类型的荆棘等破坏物。

【颜色】被毛颜色有黑色、黄色和巧克力色三种，任何其他颜色或混合色都不符合标准。黑色必须是单一黑色；黄颜色可以有一个颜色范围，从淡红到淡奶油色均可，其中颜色变化部分一般在犬耳、背部和体下部；巧克力颜色变化可以从浅巧克力色到深巧克力色。

【步态】从正面观察犬向前运动时，没有肘部外展的迹象，四肢形成直线，身体所有部分在同一平面移动；从后面观察，后肢移动与前肢尽可能在同一平行线上，跗关节屈曲灵活，参与每一个步骤动作；从旁边观察犬的运动时，犬双肩呈现自由的移动，前肢向前伸展接触地面。

【性情】理想的性情表现出和善、友好、驯良的本性，渴望赞赏，对人或动物不出现无故的攻击。

【失格条件】

（1）任何偏离标准体高 2 cm 以上者。

（2）鼻呈完全的粉红色或缺乏黑色素沉积。

（3）眼边缘无色素沉积。

(4)尾毛被剪短或采用其他方法改变尾巴的长度或自然不符合标准的尾巴。

(5)除了作为标准要求的黑色、黄色和巧克力色以外的任何其他颜色或混合颜色。

三、金毛巡回猎犬

金毛巡回猎犬(Colden Retriever)(彩图 37),原产于苏格兰,祖先有雪达犬,猎鹬犬的血统,因有较强的游泳能力,并能把猎物从水中寻回给主人,故最初用作狩猎及寻回被猎枪射落的水鸟,AKC 分类属于运动犬组。在犬的智商排名中,金毛巡回猎犬排在第四位,加之具有温柔的眼睛、微笑的脸庞、天使般完美的性格、一身笼罩着天堂光辉的金色被毛,目前多被用作家庭犬及导盲犬。

【体型】成年公犬理想体高 55～62 cm,体重 35～45 kg;成年母犬理想体高 50～55 cm 体重 30～40 kg,体长与体高的合适比例为 12∶11。

【头部】头骨宽,纵横两个方向均呈轻微拱形,枕骨和前额不突起,额段清晰,额段处均比尖端略深且宽,侧看口鼻部直且与头骨接合流畅、稳固,眼睛大小适中,眼间距大,适度凹陷,眼缘色深,眼色为深棕色较好,当犬直视前方时,无可见的白色或瞬膜;耳短而下垂,紧贴面颊,向前拉时耳尖刚好盖住眼睛,耳根较低;齿强健、规则,牙齿呈剪式咬合;口吻部中等长度,上唇下垂,但不显得沉重,鼻子黑色或棕黑色,寒冷的天气可能颜色变浅。

【颈部】颈中等长, 逐渐融入充分靠后的肩部,显得强健,肌肉发达,咽喉部皮肤不能过于松弛下垂。

【体躯】背线强壮,从肩部至微倾的臀部,无论在静止或运动状态均保持水平;前胸深而发达,胸骨延伸至肘,肋骨长、曲率良好,但不成桶形,很好地延伸至后躯;腰短、强健,宽而深,侧看腰部收缩微小;腹部微收。

【四肢】前肢强健,与后躯协调良好,动作自如。肩胛长,充分后靠,尖端在肩部处紧靠,上臂与肩胛的长度相当;肘部后端在肩胛尖端的正下方,紧贴肋骨,不松懈;从前面看,腿直而骨量充足,但不显得粗壮,双腿间胸部的宽度至少等同于一个成年人手合拢的宽度。后肢宽,肌肉十分发达。从侧面看,臂部略下斜;骨盆斜角略大,与水平约成 30°夹角,自然站姿时大腿骨与骨盆成约 90°角;膝关节充分弯曲,跖关节充分贴近地面,跖骨短、强壮。趾短而强健,圆而紧凑,略倾,指节良好,趾垫厚。

【尾部】尾根高,尾基部厚实,与臀部自然成一线,尾长垂过跗关节,呈水平或适度的上扬曲线,但不弯曲过背或弯向两腿之间。

【被毛】双层被毛。外层被毛硬、有弹性,既不粗糙也不过分柔软,毛直或略呈波浪状;内层毛浓密、柔软,有防水功能。颈部呈自然的环状领。前腿后部和身体下面有适度的羽状饰毛,颈前部、大腿后部和尾底侧有丰厚的羽状饰毛,头、足、腿前部的被毛短而均匀。

【颜色】被毛颜色呈鲜艳、有光泽的各种色泽的金黄色,羽状饰毛部位可比其他部位色泽略淡,允许胸部有少许白毛。

【步态】小跑时,步态自如、流畅、有力、协调,步幅充分。无论从何角度看,腿既不内转也不外转,足不相互牵绊,也不交叉,当速度增加时,足部趋向会聚于身体中央的平衡线。

【性情】温驯、热情、可靠、可信赖,对其他犬或人表现出友善。

【失格条件】

(1)身高低于或高于标准身高 2.5 cm。

(2)牙齿呈上腭式突出或下腭式突出。

(3)胸部有大量白毛或白斑。

四、美国可卡犬

美国可卡犬(American Cocker Spaniel)(彩图 38),原产于美国,源于西班牙的猎鹬犬,又称为可卡猎鹬犬、可卡�、斗鸡猎,AKC 分类属于运动犬组。10 世纪初,由西班牙传入英国,变为英国品种,而后被带到美国。经大量繁殖和改良,成为现在的小型犬。1946 年对之进行鉴定并获得承认。现已成为全世界最受欢迎的小型犬种之一,多用作家庭玩赏犬。

【体型】成年公犬理想体高 38～39.5 cm,体重 12～13 kg;成年母犬理想体高 35～37 cm,体重 9～10 kg。体长略大于体高为最理想的体型。

【头部】头盖圆,但不夸张,眉毛整洁而清晰,止部(两眼中间)非常明显,从止部到鼻尖的距离是从止部到枕骨距离的 1/2,眼睛下方的骨骼轮廓分明;眼睛圆而丰满,直接注视前方,眼睑的形状略呈杏仁状,眼色为深褐色,且越深越好;耳朵呈叶片状,长而下垂,耳郭精美,有大量羽状饰毛,位置不应该高于眼睛内角的水平线;牙齿结实而强健,不能太小,呈剪式咬合;口吻宽而深,颌部四方且平,鼻孔发达,鼻镜有足够的尺寸,颜色与眼圈和被毛颜色相协调(黑色、棕黑色、黑白相间色犬的鼻镜为黑色;其他颜色犬的鼻镜可能是褐色、肝色或黑色,颜色越深越好),上唇丰满,有足够的深度,覆盖下颌。

【颈部】颈部有充分的长度,从肩部有力地升起,略微圆拱,逐渐变细,与头部衔接,允许鼻子能轻松地触及地面,肌肉发达,无下垂的赘肉。

【体躯】背部结实,背线均匀地从肩胛部向尾部倾斜;胸部深且宽度适中,最低处不高于肘部,肋骨深,支撑良好;臀部宽,后体圆,肌肉发达。

【四肢】肩胛轮廓鲜明,肩胛向后倾斜,但不突出,与上臂骨形成大约 90°夹角,从侧面看,前肢垂直且彼此平行,前腿的骨骼和肌肉强健,肘部位于肩胛骨最高点的正下方,前肢的狼爪可以切除,从后面观察时,运动中或休息时的后腿都彼此平行,后腿的骨骼和肌肉强健,膝关节角度适中,大腿有力、整洁清晰,飞节结实,且位置低,趾骨短而结实,足爪紧凑、大、圆而稳固,脚垫厚实,既不向内弯,也不向外翻。

【尾部】需要断尾,留 1～2 节尾椎,断尾后尾巴位置及姿势应在背线的延长线上或略高于延长线,但不向上竖翘,更不能夹在腿中间。

【被毛】丝状毛,平坦或略微呈波浪状,头部毛短而纤细,耳朵、胸部、腹部、腿部有大量羽状饰毛,但不能太夸张,而隐藏了美国可卡犬的真实线条和动作,或影响它作为一个中等被毛的运动犬的外貌和功能。

【颜色】

1. 黑色

纯黑色,包括黑色带有棕色点,要求黑颜色要呈墨黑,允许胸部和喉部有少许白色,被毛上有褐色或肝色阴影则不理想。

2. 黑色以外的其他任何纯色(ASCOB)

颜色从浅奶酪色到暗红色,包括褐色及黑色带有棕色点,颜色要求深浅一致,允许羽状饰毛的颜色稍浅些以及胸部和喉部有少许白色。

3.杂色

两种或多种纯色，颜色边界清晰，其中一种必须是白色，如黑色和白色、红色和白色（红色可以从浅奶酪色到暗红色）、褐色和白色或花斑色，包括这些颜色带有棕色点。棕色斑纹的位置与样式与黑色及 ASCOB 相同。

4.棕色

棕色的颜色范围从浅奶酪色到暗红色，范围限制在 10%之内或更少，在黑色或 ASCOB 中，棕色斑纹应该出现在两眼上方、口吻两侧和面颊、耳朵下方、所有的足爪或腿部、尾巴下方、胸部等。

【步态】美国可卡犬虽然是最小的运动犬，但却拥有典型的运动犬的步态，步态整齐，平顺而轻松，步幅充足。良好的步态，首先需要前躯和后躯的协调，驱动力来自结实、有力的后躯，而肩胛和前肢的构造恰当，使它能向前伸展，而不用通过收缩步幅来平衡后躯产生的强大推动力。

【性情】性情温和，感情丰富，行事谨慎，性格开朗、活泼，精力充沛，热情友好。机警敏捷，易于服从，忠于主人。

【失格条件】

（1）公犬体高超过 39.5 cm，母犬体高超过 37 cm。

（2）只有前面所描述的颜色和颜色组合可以接受，其他任何颜色或颜色组合都属于失格。如黑色和 ASOOB 犬，除了胸部和眼部以外，其他地方有白色；杂色犬的主要颜色占 90%或更多；棕色点犬的棕色斑纹超过 10%；黑色或 ASCOB 在指定位置缺乏棕色斑纹，而在其他地方有棕色点。

五、藏獒

藏獒（Tibetan Mastiff）（彩图 39），AKC 分类属于工作犬组。原产于中国青藏高原的甘肃省甘南藏族自治州河曲地区，又称西藏獒犬，国家二类保护动物，是世界公认的最古者、最稀有的犬种，在世界犬类漫长的血统融合中起着非常巨大的作用，有“东方神犬”之美誉。藏獒是世界上唯一不怕野兽的犬种。历史上曾被看作西藏人的护卫犬和保护神，同时也成就了藏獒“聚三美而集五德”之美名。现多用作牧畜犬、家庭守卫犬和军犬。

【体型】成年公犬理想体高 68～88 cm，体重 55～70 kg；成年母犬理想体高 64～80 cm，体重 45～60 kg。体长与体高的最合适比例为 10∶9。

【头部】面宽阔，头骨宽大，额部深且明显，鼻梁坚挺，枕骨到止部与止部到鼻尖的距离基本相等，成年犬面部有皱褶，从眼睛上端一直延伸到嘴角；眼睛中等大小，眼睛深邃，自然分开，呈杏仁状，稍斜呈三角形，黄褐色；耳朵中等大小，V 字形，自然下垂，紧贴面部靠前，警觉时自然提起但不竖起，耳部覆盖有短且柔软的绒毛；嘴唇突出，厚实，上唇两侧适度下垂，有平嘴、吊嘴和包嘴三种（平嘴指是上唇垂吊于下唇上；吊嘴指上唇垂吊于嘴下 5 cm 左右，下唇皮中后部弯折下垂；包嘴指上下唇闭合时如包裹状），牙齿长而健壮，呈剪刀式咬合，水平咬合也可以接受；鼻宽且大，鼻内侧外翻，鼻镜的颜色为黑色（白色獒犬的鼻镜为深肉红色）。

【颈部】颈部肌肉丰满，呈拱形，头部下方有下垂皮肉，特别是公犬的颈部围绕着厚厚的直立的鬃毛。

【体躯】背线直，脊背到尾骨呈水平，背部挺、宽阔而有力，肌肉发达，柔韧性好，有稍微下蹲感觉；胸深、粗壮，低于上肘部，肋部伸展；腰部肌肉丰满；腹部向上稍收；臀部宽，中等长度。

【四肢】前肢直而平行，强健，骨骼粗大，双肩平顺，肌肉发达，脚跟结实而有弹性，腿部覆有短的粗毛；后肢长而宽，肌肉发达。膝关节屈曲；后肢强壮有力，肌肉发达，所有部分都有棱角。从后面看，后腿和膝盖是平行的，跗关节强壮，自然下垂与足垂直，跗关节距地面的距离约为腿长的 1/3；足爪紧凑，如虎爪紧包，趾间挑起且趾间有毛，脚垫厚而硬，趾甲黑色（白色獒犬的趾甲为白色），前后肢的狼爪可切除。

【尾部】尾巴中等长度，自然卷起，与背部成一条直线，长度不能超过踝关节，警觉时尾巴翘起或朝身体的任何一侧，又称菊花尾，可分为斜菊和平菊两种。斜菊尾的尾毛长，卷起紧，斜卷于犬背上；平菊尾的尾毛长，尾根紧卷，平卷放在后背上方，形似大菊花。

【被毛】双层被毛，毛型有长毛、中长、短毛 3 种。外层毛相当浓密、坚韧自立，内层毛柔软致密、粗犷，公犬颈部和肩部的被毛比母犬更明显。

1. 狮头型

可分为大狮子头式和小狮子头式。大狮子头式藏獒的头顶后部及脖子周围鬃毛直立，毛长 20 cm 左右，形似雄狮一样威武；小狮子头式藏獒的头顶及脖子周围鬃毛较短，有狮子模样。

2. 虎头型

犬头大，头顶脖颈鬃毛极短，嘴宽，鼻短，形似虎头。

【颜色】毛色有铁包金色、杏黄、红棕、纯白、纯黑、狼青色六种，以铁包金色及红棕色最为多见。

1. 铁包金

又称四眼，黑背黄腿或红棕腿，黄色或红棕的饰斑可能出现在眼睛上方、眼周、咽喉、前腿下及内侧的延伸部位、后腿内侧及后腿膝关节的前方和腿前宽阔的部位、尾下等处，但所有斑块面积不得超过 10%。

2. 黄獒

毛色有草黄色、棕黄色、金黄色以及杏黄色。

3. 红獒

通体红棕色，前胸可有白星（一般斑块直径不超过 5 cm），耳缘、嘴筒浅黑色，尾帚间有黑斑。

4. 纯白

全身雪白，鼻镜粉红，又称雪獒。

5. 黑色

全身纯黑无杂毛，前胸部有少许白星（一般斑块直径不超过 5 cm）。

6. 狼青色

即青灰色。全身一色，毛尖较黑，毛根渐灰白。

【步态】藏獒的步伐是轻盈而有弹性的，自然而有力，步幅大，随着速度的加快呈单一的踪迹，四肢的落点趋向身体的中心线。从侧面看行进的启动和停止都出现最有力、最伸展的动态，而运动时发出的声音和有力感比速度更加重要。

【性情】藏獒非常机敏，独立，自主意识和领域意识强，对主人忠诚、温和，对陌生人的挑衅动作有明显的攻击性。

【失格条件】

(1)公犬体高低于 66 cm，母犬体高于 62 cm。

(2)头盖小面长，嘴筒长而窄。

(3)嘴唇和眼睛有斑点或呈肉色。

(4)牙齿呈下颌突出式咬合。

(5)毛色不纯，与品种标准规定不相符。

(6)神经活动类型不符合要求者，如对挑衅性动作无反应而显示极度的紧张或胆怯，或不能控制性地实施攻击。

六、西伯利亚雪橇犬

西伯利亚雪橇犬(Siberian Husky)又称为哈士奇犬(彩图 40)，原产于西伯利亚地区，AKC 分类属于工作犬组。西伯利亚雪橇犬是东西伯利亚的游牧民族伊奴特乔克治族饲养的犬种，长期担任拉雪橇、引导驯鹿及守卫等工作。20 世纪初，被毛皮商人带至美国。多年来，一直成为举世闻名的拉雪橇竞赛冠军犬。目前，西伯利亚雪橇犬多被用作伴侣犬、家庭玩赏犬。

【体型】成年公犬理想体高 50～60 cm，体重 22～30 kg；成年母犬理想体高 50～55 cm，体重 17～25 kg。体长与体高的适合比例为 10∶9。

【头部】颅骨中等大小，与身体的比例恰当，顶部稍圆，从最宽处到眼睛逐渐变细，额段角度明显，鼻梁直；眼杏仁状，距离适中，稍斜，颜色为棕色或蓝色；耳朵大小适中，三角形，间距近，位于头部较高的位置，壁厚，背部略微呈拱形，尖部略圆，笔直地指向上方；牙齿呈剪式咬合；口吻长度中等，宽度适中，鼻端到止部的距离与止部到枕骨的距离相等，鼻镜与毛色相协调(狼灰色、棕褐色或黑色犬的鼻镜为黑色，古铜色犬的鼻镜为肝色，纯白色犬的鼻镜颜色较鲜嫩)。

【颈部】长度适中，拱形，犬站立时直立昂起，小跑时颈部伸展，头略微向前伸。

【体躯】肩胛骨后收，上臂稍微向后倾斜；胸深，强壮，但不太宽，最深点与肘部的后面齐平，肋骨扩张充分，侧面较扁平；背直而强壮，中等长度，不能因身体过长而变圆或松弛；腰部收紧，倾斜，比胸腔窄，轻微折起；臀部以一定的角度从脊椎处倾斜。

【四肢】前肢间距适中，平行，与地面垂直，肘关节到地面的距离略大于到肩部顶部的距离，肘部不向内翻，也不外翻，侧看肘关节有一定的倾斜角度，强壮、灵活，不显沉重；后肢间距适中，两腿平行，大腿上半部肌肉发达、有力，膝关节充分弯曲，踝关节位置较低；椭圆形趾，中等大小，厚实紧密，脚趾和肉垫间有丰富的饰毛，自然站立时爪不外翻或内翻，狼爪可切除。

【尾部】形似狐狸尾，位于背线之下，自然站立时以优美的镰刀形曲线举于背上，举尾时不卷在身体的任何一侧，也不平放在背上，尾根不高不低，尾毛丰富，长度中等。

【被毛】双层被毛，中等长度，浓密而不掩饰犬本身清晰的轮廓。下层毛柔软，浓密，长度足以支撑外层被毛；外层毛粗而平直，光滑而不粗糙。

【颜色】从黑到纯白的所有颜色都可以接受，头部允许有常见色斑。狼青色和棕褐色犬的两眼内角上方有两圆形斑块，止部到额部有一狭长的斑块，通常称这三个斑块为“三把火”，有无“三把火”对参展或参赛无影响。

【步态】平稳舒畅，脚步轻快而不费力。在比赛时不宜拉得太紧，应该使其中速快跑，以展示前肢良好的伸展性和后肢强大的驱动力。行进时从前向后看，不是单向运动，随着速度的加快，腿逐渐向前伸展，直至脚趾全部落在身体纵向中轴线上，当脚印集中在一条线上后，前腿和后腿都笔直地向前伸出，肘部和膝关节都不外翻或内翻，同时背线保持紧张和水平。

【性情】友好、温柔、警觉、聪明、温顺、热情，喜欢与人交往是西伯利亚雪橇犬的典型性格，通常不表现出护卫犬强烈的领地占有欲，不对陌生人产生过多的怀疑，也不会攻击其他犬类，但成年犬应具备一定程度的谨慎和威严。

【失格条件】

(1)头部笨拙或沉重，额段角度不够明确。

(2)眼间距太近，两眼颜色不同或每只眼都有两种以上的颜色。

(3)耳朵间距过大，且竖起无力。

(4)牙齿非剪式咬合。

(5)颈部过短或过长，桶状肋骨，背线倾斜。

(6)肘部外翻，膝关节过直，后肢呈 O 型或 X 型。

(7)步态不正，呈跳跃式、滚动式、交叉式或螃蟹式的步伐。

七、迷你雪纳瑞犬

迷你雪纳瑞犬(Miniature Schnauzer)(彩图 41)，又称小史猱查狸，原产于德国巴伐利亚地区，AKC 分类属于㹴犬组。该犬种由标准雪纳瑞犬与 17 世纪风行欧洲的迷你品犬、博美犬、苏格兰㹴杂交而育成，于 1899 年获得承认，并主要用于猎鼠。因其性格开朗，平易近人，且照顾方便，目前多用作家庭玩赏犬。

【体型】成年犬理想体高 30～35 cm，体重 4～7 kg，公犬比母犬稍大，体高与体长相等。

【头部】头部结实呈矩形，其宽度从耳朵至鼻子逐渐变细，头盖平坦，前额平坦且相当长，整个头部的长度(鼻端到枕骨)约为后背长度(肩部到尾根处)的 1/2；眼睛中等大小，深褐色，卵圆形，间距适中，刚毛型的眉毛不能太长；耳中等大小，呈 V 字形向前折叠，内侧边缘紧贴面颊(剪耳后应直立)，耳根位置高，耳壁厚度中等；口吻结实，与前额平行，止部轻微，口吻末端呈适度钝楔形，有浓密的刚毛胡须，唇黑色；上下颌咬合肌发达，牙齿呈剪式咬合；鼻镜大而丰满，黑色。

【颈部】结实，中等粗细和长度，呈优雅的弧线形，与肩部结合简洁，皮肤紧凑，无皱褶和多余的赘肉。

【体躯】整个身躯紧凑、结实，结合简短且坚固，拥有足够的适应性和敏捷度。肩胛骨倾斜且肌肉发达，肩胛骨圆形的顶端正好与肘部处在同一垂直线上，其向前倾斜的一端与前肢结合成直角；背部结实、坚固，直而短，背线从肩隆处的第一节脊椎到臀部(尾根处)略微向下倾，并略呈弧形；胸部宽度适中，深度的最低位置与肘部齐平，胸部横断面呈卵形，肋骨扩张良好；腰部发育良好；腹部的距离要短；从最后一根肋骨到臀部的距离尽可能短；臀部肌肉丰满，略圆。

【四肢】前肢笔直，垂直于地面，从任何角度观察都无弯曲的现象，两腿骨量充足，适度分开，肘部紧贴身体，肘尖指向后面；后肢大腿粗壮，彼此平行，肌肉发达，膝盖至飞节段与颈部的延长线平行，后膝关节角度合适，腕关节短，飞节向下部分应与地面完全垂直；足爪小，紧凑且圆，脚垫厚实，黑色指甲结实，脚趾紧密略呈拱形（猫足），趾尖笔直向前，前肢的狼爪应被切除。

【尾部】尾根位置稍高，尾向上竖立，通常需要断尾，保留的长度应该在3～5 cm。

【被毛】双层被毛，刚毛浓密、粗硬，毛发向后方生长，底毛柔软、紧密，被毛必须经过修剪，以突出身体的轮廓。

在犬的比赛中，犬后背上的毛发长度在2～5 cm最为理想；耳朵、头部、颈部、胸部、腹部和尾巴下面的毛发都需要修剪，以突出这一品种的特点；口吻和眼睛上面的毛发应留长些，以形成明显的眉毛和胡须；大腿上方的毛发应留短些，以显示其优美的大腿轮廓。

【颜色】获得承认的颜色为椒盐色、黑银色和纯黑色。不论什么颜色，皮肤的色素沉积都必须均匀，皮肤任何位置不能出现白色或粉色斑块。

1. 椒盐色

典型的椒盐色是混合了黑白双色、黑色和白色毛发，其中以黑白双色毛发为主。各种椒盐色都可以接受，从较浅到较深，或带有褐色阴影的。椒盐色犬的毛色在眉毛、胡须、面颊、喉下、耳内、胸部、尾下、腿下半部、后腿内侧及腹下会由浅色逐渐过渡成浅灰色或银白色，但浅色部分不应扩展到高于肘部的身体两侧。

2. 黑银色

黑银色的样式与椒盐色相似，在椒盐色的地方必须为纯黑色，外层被毛为黑银色，内层应是黑色的底毛，腹下的毛色应为深色。

3. 纯黑色

纯黑色是唯一被承认的单一色，没有任何褪色、变色或混合色。最理想的色泽为非常浓黑的外层毛搭配颜色稍浅的底毛。年老犬或长期日晒后的褐色、被刺伤或咬伤留下的疤痕而引起的褪色、剪刀或电剪剃毛后的毛色变浅、胸部有小的白色斑点或身体其他部位偶然出现白毛等都是允许的。

【步态】评价迷你雪纳瑞犬的步态主要看快步走时的步态。从前面以肩点为基准观察前肢，前肢直，肘部贴近身体，直看向前，既不向外，也不向内；从后面以髋结合点为基准观察后肢，后肢直，而且与相应的前肢在同平面上运动；从侧面观察，前肢能充分伸展，后躯驱动力强，足爪不内翻或外翻，加速时足爪可能会偏向身体的中心线，在完成快步走后，后腿将继续与前腿在同一平面内运动，但略向内倾斜。

【性情】具有极高的智商。聪明、活泼、顺从而乐于接受训练，勇敢、警觉、忠诚，喜欢取悦主人，不具有明显的侵略性，对气候和疾病的忍耐力和抵御力较强。

【失格条件】

（1）体高在30 cm以下或35 cm以上。

（2）牙齿呈上颌突出式咬合或下颌突出式咬合。

（3）后肢呈镰刀型、牛肢、O型或X型。

（4）除了指定颜色以外的任何颜色，如椒盐色混合了铁锈色、棕色、红色、黄色和褐色；缺乏胡椒色；背上有黑色条纹；在黑色鞍状部分没有椒盐色毛发；黑色的雪纳瑞犬有灰色毛发或其他颜色的底毛等。

(5)特别害羞或极度的神经质。

八、贵宾犬

贵宾犬(Poodle)(彩图 42),又称贵妇犬,原产于法国,AKC 分类属于玩赏犬组,现为法国的国犬。贵宾犬由法国的巴贝犬和匈牙利水猎犬杂交后培育而成,流行于路易十四到路易十六时期的法国宫廷,并一度成为欧洲贵妇人的宠物,后经修饰成为卷毛沙龙,在世界各地举行展览会,进行比赛评比。具有妖艳的魅力、高贵的气质、独特的才艺和极高的智商,可从事马戏团的各种表演。目前,贵宾大多用作家庭玩赏犬或店堂的迎宾犬。

【体型】按 AKC 分类标准,贵宾犬的体型有 3 种,即玩具型、迷你型、标准型,体长与体高相等。

1.玩具型

成年犬体高等于或小于 28 cm,任何种玩具型贵宾犬超过 28 cm 都会从竞赛中淘汰。

2.迷你型

成年犬体高 28～38 cm,任何一种迷你型的贵宾犬超过 38 cm 或等于小于 28 cm 都会从竞赛中淘汰。

3.标准型

成年犬体高超过 38 cm,任何一种标准型贵宾犬肩高等于或小于 38 cm 都会从竞赛中淘汰。

【头部】头小而圆,有轻微突出,鼻梁、颅骨平滑,从枕骨到止部的距离与止部到鼻端的距离相等;眼黑,为椭圆形,间距适中,眼神机灵、聪慧;耳朵下垂,紧贴头部,耳根位置平于或者低于眼睛外角的水平线,耳郭长而宽,表面有浓密的毛覆盖;牙齿白而坚固,呈剪式咬合;口吻长,直且纤细,在眼部下方稍凹陷,唇部不下垂,下腭大小适中,轮廓明显,不尖细,鼻镜黑色。

【颈部】比例匀称,结实,修长,足以支撑头部,显出其高贵、尊严的品质,咽喉部的皮肤软,平滑而自然地连接头部与肩部。

【体躯】肩部肌肉平滑、结实,肩胛骨闭合完全,长度近似于前腿上部;背线水平,从肩胛骨的最高点到尾巴的根部既不倾斜也不呈拱形,肩后有呈微小的凹下;胸宽阔舒展,肋骨富有弹性;腰短而宽,结实、健壮,肌肉匀称;腹部微收;臀部肌肉轮廓明显。

【尾部】尾直而上翘,尾根位置高,通常需要截尾,截尾后留 2～3 节尾椎,长度以足够支持整体的平衡为度。美容时,贵宾大尾根后一小段的尾毛应剃去,其余部分的尾毛则被修剪成球形。

【四肢】前肢直而强壮,从正面看应平行,从侧面看,前肢位于肩的正下方,脚踝结实,狼爪应被剪去;后肢直,肌肉宽厚,从后看应平行,后膝关节健壮、结实,曲度合适,股骨和胫骨长度相当,跗关节到脚跟距离较短,飞节向下部分垂直于地面,站立时后脚趾略超出尾部;足较小,形状成卵状,脚趾较短呈弧状排列,肉垫厚、结实,脚的方向既不朝里也不朝外。

【被毛】羊毛状毛,卷曲,有粗毛和软毛两种,在换毛季节不脱落。粗毛自然浓密,质地粗糙;软毛紧凑,平滑下垂。贵宾犬的头顶、胸部、身躯和耳朵等部位的被毛较长且密,而在关节部位的被毛发相对较短而蓬松。

贵宾犬的被毛常需要修剪成选定的造型,通常 1 岁以下的犬修剪成芭比装,满 1 岁的犬必须修剪成英国马鞍装或欧陆大陆装，种犬和参加非竞争性展示可被修剪成猎犬装。

1. 芭比装

这种形态的犬要修剪面部、喉部、脚部和尾巴下部的毛，修剪后的整个脚部清晰可见，尾部被修饰成绒球状。为了使其外形整洁、优雅，保证其流畅的视觉效果，允许适当修饰全身的被毛。

2. 英国马鞍装

需要修剪犬的面部、喉部、前肢和尾巴底部的毛发。修剪后，前肢的关节处留有少许毛发，尾巴的末梢被修剪成绒球状，后半身除了身体两侧和两条后腿上各留出两片弧形的修饰过的被毛外，其余部分全部剪短，修剪后可露出整个脚部，前肢关节以上的部分应清晰可见，其他部分的皮毛可做适当修整，以保证犬的整体平衡。

3. 欧陆大陆装

修剪犬的面部、喉部、脚和尾巴底部的毛发，臀部被修剪成绒球状，其余部分应剃净。修剪后，整个脚部和前腿关节处以上的部位应全部显露出来，其他部分的皮毛可做适当修整，以保证犬的整体平衡。

4. 猎犬装

犬的面部、脚部、喉部和尾巴底部的毛发修剪后，只留下一团剪齿状的帽形毛发，尾巴底部被修饰成绒球状。为了使整个身体轮廓清晰流畅，躯干的其他部分包括四肢的毛应不超过2.5 cm，四肢的毛可以比躯干的毛略长。

【颜色】毛色多种，要求均匀、一致，有纯白色、纯黑色、咖啡色、红棕色、褐色、青灰色和奶油色等毛色，以纯白色、纯黑色、红棕色最为多见。同一种颜色有不同的深浅，通常耳朵和颈部的毛色深一些，但通体单一色为上品。

红棕色、咖啡色和褐色贵宾犬的鼻子、眼眶、嘴唇通常为肝褐色，趾甲为深色，眼睛为琥珀色；黑色、青灰色、奶油色和白色贵宾犬的鼻子、眼眶和嘴唇为黑色，趾甲为黑色或本色，眼睛为深色。

【步态】评价贵宾犬的步态主要看小跑时的步态，当犬向前小跑时，后肢驱动有力，步伐轻快而有力，稳健而优雅，头部高昂，尾巴上翘。

【性情】贵宾犬拥有非凡的气质和独特的尊严，活泼开朗，聪明伶俐，温顺机敏，勇敢自信，耐力强，可塑性好，易于训练。

【失格条件】

(1)犬的体高尺寸不足或超出品种规定标准。

(2)任何不符合上述修剪标准的将被淘汰出竞赛。

(3)犬体毛色混杂，不均匀，不一致，由两种或两种以上的颜色组成。

九、苏格兰牧羊犬

苏格兰牧羊犬(Rough Collie)(彩图 43)，又称英格兰柯利犬，原产于英格兰，是世界上最古老的工作犬之一，AKC 分类属于牧畜犬组。早期的英格兰牧羊犬主要用于引导牛羊进入集市，并不是在牧场里看护牛羊，直到两个世纪以前才逐渐被用作牧畜。据说 1860 年，维多利亚女王参观巴莫拉尔宫时第一次看到了英格兰柯利犬，被深深吸引并开始资助发展该品种，从此该犬数量明显上升。不仅是身份卑微的牧羊人的伴侣，而且成为贵族和富人的财富象征及游戏伙伴。目前，苏格兰牧羊犬不仅可作为牧羊犬，更多的则是作为家庭玩赏犬和守护犬。

【体型】成年公犬理想体高 60～65 cm，体重 30～35 kg；成年母犬理想体高 55～60 cm，体重 25～30 kg，体长稍大于体高。

【头部】头部与整体结构比例协调，显得轻盈，不论从前面还是从侧面观察都呈倾斜的楔形，轮廓清晰、平顺、精致；眉骨轻微突出，后脑的宽度小于长度，后枕骨突出明显；从侧面观察，头部从耳朵到鼻镜方向自然变细，后脑不向外扩张，头部和口吻的轮廓是两条几乎平行的直线，止部的中点恰是整个头部长度的中点。

眼睛杏仁形，微斜，中等大小，不突出，眼色与毛色相协调(白色犬的眼睛为深褐色，其余颜色的犬眼睛为暗黑色)；耳朵尺寸应该与头部呈正确的比例，耳间距适中，休息时耳朵向前折叠，呈半立耳姿态，警惕时竖起，保持 3/4 部分直立，1/4 的耳朵尖向前折叠；牙齿排列整齐，呈剪式咬合；口吻较长，轮廓清晰，末端平滑且丰满，形状较钝，下腭结实，深度不夸张，鼻镜黑色。

【颈部】稳固而整洁，长度适中，竖直向上举起，肌肉发达，颈背略微圆拱，颈部有大量饰毛。

【体躯】身躯稳固、坚实，肌肉发达，体长略大于体高；胸部深，深度达到肘部；肋骨扩张良好，位于适度倾斜的肩胛之后；腰部有力，圆拱；背部结实，背线水平；臀部肌肉发达有力，倾斜，形成一个漂亮完美的圆弧形。

【四肢】从任何角度观察前肢都很直，相互平行，前肢肌肉发达且整洁，骨骼强健。肩胛骨以 45°角向前下方倾斜，延伸到与上臂结合处，上臂骨与肩胛骨的结合处尽可能成直角，肘部到地面的距离与到肩部的距离相等，腕骨结实有力且柔韧。后肢直，侧看相互平行，大腿宽，肌肉强壮有力。大腿骨与骨盆成直角，膝关节角度清晰，跖骨短而直，飞节轮廓鲜明，飞节向下部分与地面垂直。足爪呈卵形，紧凑，脚趾圆拱而紧密，脚垫深而坚硬，趾甲硬而结实，狼爪必须切除。

【尾巴】长度适中，能延伸到飞节或更低，休息时尾巴自然下垂，但尾巴尖向上卷曲或呈漩涡，运动时或兴奋时尾巴欢快地举起，但不应该高过背线。

【被毛】被毛的质地、数量及范围是衡量苏格兰牧羊犬被毛好坏的重要指标。苏格兰牧羊犬为双层被毛，外层被毛长而粗硬，底毛短，柔软而厚密，允许背毛略呈波浪状，脸部、耳朵、足爪的毛发较短，比赛时这些部位的多余毛发应修剪掉，颈部、前胸部、前肢的下后方、腹下、臀部、尾部等处有丰富的饰毛，且雄性更为明显。

【颜色】有 4 种颜色是被承认的，分别是黄白色、三色、芸石色和白色。

1.黄白色

是以黄色或驼色(深浅程度从浅金色到暗桃木色不等)为主，带白色斑纹，白色斑纹主要出现在胸部、颈部、腿、足爪、尾巴尖等位置，前额和头顶可能出现白色条纹。

2.三色

以黑色为主要色调，与黄白色一样带有白色斑纹，头部和腿部有茶褐色阴影。

3.芸石色

毛色呈杂色或大理石色，通常是蓝灰色和黑色为主要颜色，与黄白色一样带有白色斑纹，带有与三色一样的茶褐色阴影。

4. 白色

以白色为主，最好带有黄色、三色或芸石色斑纹。

【步态】步态坚实，当犬以慢速小跑时，可以观察到前肢很直，足爪在地面的落点非常近，肘部不向外翻，无交叉步，无起伏或踱步，更没有滚动式步态；从后面观察时，后腿直，足爪在地面的落点非常靠近，在中速小跑时，从侧面观察，步幅大，前肢的伸展顺畅而平滑，背线保持水平和稳固，后躯动力强健而有力；当速度增加后，足迹趋向于单一轨迹，前肢从肩部开始呈一直线，向身体中心线倾斜，后肢从臀部开始呈一直线，向身体中心线倾斜。

【性情】极有智慧，开朗活泼，平易近人，聪明敏感，对主人的有感情，对生人警戒心强，对温和的服从训练反应良好。

【失格条件】

(1)体高高于或低于品种标准。

(2)被毛呈斑点色。

十、博美犬

博美犬(Pomeranian)(彩图 44)，又称波美拉尼亚犬，原产于德国，AKC 分类属于玩赏犬组，因外形酷似小松鼠，故普遍称为松鼠犬，博美犬原属于北极圈的犬种，由挪威猎麋犬，北极狐狸犬杂交而成，当时属于工作犬或看护犬，后来传遍整个欧洲，现为世界著名的玩赏犬和伴侣犬。

【体型】成年公犬理想体高 22～27 cm，体重 1.8～4.5 kg；成年母犬理想体高 20～25 cm，体重 1.3～3.5 kg。体长稍小于体高，肘到地面的距离是体高的 1/2。

【头部】头部与身体相称呈楔形，头骨密合，头盖骨骼圆，但不能呈拱形，面部似狐狸面部的轮廓；眼明亮，色深，中等大小，呈杏仁状，间距适中，眼圈黑色；耳小而直立，呈三角形，末端尖，有软毛覆盖；口吻短、直、精致，由止部向鼻端渐细，尖端稍上扬，鼻镜呈黑色或棕色；牙齿细、小、尖，呈剪式咬合，允许缺齿一颗。

【颈部】颈部短，与肩结合自然流畅，正好能使头高高昂起，有丰富的鬃毛和饰毛。

【体躯】身躯紧凑，肩胛的长度与上臂相等，肩靠后，使颈部和头抬起；背短，背线水平；胸深与肘部齐平，肌肉适度发达；腰细而轻，腹部适当收缩；臀部肌肉适度发达，有丰富饰毛。

【四肢】前腿直且相互平行，从肘部到肩部的距离与从肘部到地面的距离相等，腕部直且结实；后腿部和臀部与后躯成恰当的角度，大腿肌肉适度发达，后膝关节适度倾斜，形成清晰的轮廓，飞节向下部分与地面垂直，腿骨直，且两条后腿相互平行；足爪呈拱形，紧凑，既不向内也不向外翻，趾甲前伸，狼爪可切除。

【尾部】尾根高，尾上长而粗硬的被毛呈羽毛状不紧不松地卷至背上(羽状尾)，少数犬的尾巴会压背。

【被毛】双层被毛。外层毛长、直、光亮且质地粗硬，内层毛柔软而浓密，支撑起外层被毛，使其能较好地竖立在身体上。颈部、肩前和前胸的被毛浓密，在肩和胸前形成装饰；头部和腿部的被毛比身体其他部位的被毛短，紧贴身体；前肢的饰毛延伸到脚腕后侧，后肢飞节向下部分饰毛较短；尾上布满长、粗硬、散开且直的被毛；臀部的被毛丰盛，柔软而蓬松。

【颜色】主要有红棕色、黑色和白色 3 种单一毛色，其中以红棕色最为多见。

【步态】步态流畅而轻松、和谐而活泼，步幅较小，善奔跑。具有良好的前躯导向和有力的后躯驱动，使得每一侧的后腿都与前腿在同一直线上移动，腿略向身体中心线靠拢以达到平衡，前腿和后腿既不向内也不向外翻，背线保持水平。

【性情】性格外向，具有警惕的性格，聪明的表情，轻快的举止和好奇的天性，对主人忠诚，但天性自傲，有时神经质明显。

【失格条件】

(1)体高低于或高于品种标准规定的范围 2 cm 以上。

(2)牙齿呈下颌突出式咬合。

(3)红棕色或黑色犬的胸前有白斑，脚趾为白色。

(4)前肢略向外展呈牛肢型，后肢呈 O 形或 X 形。

十一、边境牧羊犬

边境牧羊犬(Border Collie)(彩图 45)，又称为边界牧羊犬，原产于英国和苏格兰边境，具有该地柯利工作犬的血统，1915 年正式命名，AKC 分类属于牧畜犬组。因其灵敏的反应和良好的耐力，1873 年起该犬就逐渐被用作牧羊犬，而且还被输出到全世界多个国家。因该犬极聪明，智商公认排名世界第一，相当于 6～8 岁的小孩，目前多用作家庭玩赏犬。

【体型】成年公犬理想体高 48～55 cm，体重 16～22 kg；成年母犬理想体高 45～52 cm，体重 14～20 kg，体长稍长于体高，体长、身高和体重全方位平衡至关重要。

【头部】头部呈楔形，头骨宽，枕骨不突出，两眼间距的中点为头长的中点；眼间距适中，眼中等大小，略呈杏仁状，眼色为褐色；耳中等大小，耳间距适中，直立或半直立(耳端 1/4～3/4 下垂，其余部分直立)，耳尖指向前面或两侧；吻部稍短，强壮坚固，向鼻尖逐渐变细，下颌发育良好，鼻镜的颜色与身体被毛的颜相色相协调(黑色犬的鼻镜为黑色，身上间有棕褐色斑块的犬鼻镜为肝色)，鼻孔发育良好；颚部结实，牙齿呈剪式咬合。

【颈部】长度恰当，结实有力，肌肉发达，微拱，向肩部方向逐渐变宽。

【体躯】身躯外观健壮。背线平直，在腰部后方背线微拱；胸深，宽度适中，显示出巨大的胸腔容积，胸深达到肘部，肋骨扩张良好；腰部深度适中，适度弯曲，强健平滑，肌肉发达，微拱，不上提；臀部向后逐渐倾斜。

【四肢】肩长而倾斜，平整，与前臂成近 90°角。前腿骨骼端正，两腿平行，肘关节稍微隆起，肘既不内翻也不外翻；后躯宽而强壮，向尾根隆起，大腿长而宽，厚重，肌肉发达，膝关节转动灵活，跗关节强壮，且位置适当，两腿直立平行或者两膝稍向内曲；掌足紧收，呈椭圆形，脚垫厚而强壮，四趾稍隆起并靠拢，趾甲短，狼爪应除去。

【尾部】尾根位置低，尾中等长度，尾骨可延伸到飞节，末端有向上的旋涡。在全神贯注完成任务时，尾巴低垂，以保持平衡；兴奋时，尾巴可能上举到背部的高度。

【被毛】双层被毛柔软、浓密，有粗毛和短毛两种类型。粗毛型犬的被毛长度中等，质地平坦，略呈波浪状(随着年龄的增加，波浪状会越来越明显)，面部毛发短而平滑，前肢有羽状饰毛，后脚腕的毛发可以剪短；短毛型犬的全身毛发都很短，前肢可能有饰毛，胸部毛发丰满。

【颜色】边境牧羊犬有很多种颜色、各种不同的式样和斑纹，但不能是纯白色。以黑色最为多见。在额头、脖颈，四肢下半部和尾梢等部位有白色，通常称之为“七白”。单色，双色、三色与传统的颜色在犬的比赛中应该一视同仁，颜色和斑纹在比赛中远没有身体结构和步态重要。

【步态】边境牧羊犬能突然地改变速度和方向而不失去平衡和优雅，其步态是最重要的衡量指标，反映其身体的结构是否合理，小跑的步态舒展而流畅、平顺而自如。足爪离地面距离最短，背线平稳。从侧面观察，步幅较大，但步伐频率较低，动作迅速而准确，肩部、肘部和脚腕无松懈；从后面观察，四肢的驱动有力且有弹性，飞节靠得很近，但没有交叉。

【性情】反应灵敏，聪明好学，易于调教，耐力好，对朋友充满感情，对陌生人敏感和保守，极适合进行飞盘表演以及敏捷运动。

【失格条件】任何对于此标准的背离都视作缺陷，其严重程度取决于对此标准的偏离程度，如偏离过大，则应视为失格。

十二、史宾格犬

史宾格犬(English Springer Spaniel)(彩图 46)，又称为英国激飞猎犬、英国猎鹬犬，原产于英国，是一种中型运动犬，AKC 分类属于运动犬组。因其耐力强，做事能坚持到底，所以最初曾用于艰苦环境下的狩猎工作。标准的英国史宾格犬给人的感觉是非常时髦，充满热情，身体协调平衡，体现出猎鹬犬漂亮和实效的完美结合。目前，史宾格大多被用作军犬、警犬和家庭玩赏犬。

【体型】成年公犬理想体高为 50～52 cm，体重为 20～22 kg；成年母犬理想体高为 48～50 cm，体重为 18～20 kg，体长稍大于体高。

【头部】颅骨长而宽，顶部平坦，侧面和后面略圆，后头骨不显著，额鼻角发达，止部到鼻尖的距离是止部到枕骨距离的 1/2，头与颈等长；眼大小适中，呈椭圆形，与眼窝很好地分隔而又陷于眼窝内，虹膜的颜色与毛色相协调(肝色带白色犬的虹膜为深褐色，黑色带白色犬的虹膜为黑色或深棕色)，眼睑紧而带有小窝，瞬膜不突出；耳长而宽，靠近脸颊完全下垂，可达鼻尖，耳壁薄，耳根与眼平齐；吻与颅等长，侧看颅的顶线和吻几乎与地面平行，鼻骨直，颊呈方形，颌斜长而强壮，鼻镜颜色与毛色相协调(肝色带白色犬的鼻镜为肝色，黑色带白色犬的鼻镜为黑色)，鼻孔宽而扩张；牙齿坚硬，整齐，太小适中，呈剪式咬合。

【颈部】颈长适度，强健而整齐，与高扬的头部接合处微微拱起，与倾斜的肩连续连接，自然而流畅。

【体躯】躯干强壮，紧凑。胸深，与肘平齐，前胸非常发达，但不妨碍前腿的运动；肋骨长，向终端逐渐变细，肋下线与肘平齐，并在腹部侧面有轻微的向上弯曲；背直，健壮而水平，从肩到尾的背线微斜；腰短，强壮而微拱；臀部呈优雅的圆形向尾根倾斜，与后腿平滑地连接。

【四肢】肩胛部平坦，肩胛部和上臂等长，并形成约 90°角，肘部正好位于肩胛部顶端的下方；前腿直，与脚相接形成直角，骨强壮微平；大腿宽而强健，膝关节强壮，后躯骨关节、飞节的角度比前肢略小，后掌骨强壮，掌节平行；脚呈圆形或微椭圆形，紧凑，稍拱起，中等大小，脚垫厚，趾间有饰毛，狼爪通常被切除。

【尾部】尾水平或微微翘起，以显示出其活泼的个性和狩猎中的愉悦。通常需进行断尾手术，留 2～3 节尾椎，断尾后的尾巴与背线齐平或稍高于背线。

【被毛】双层被毛，整齐而有光泽。外发毛中等长度，平坦或波浪状，下层绒毛短，柔软而致密。耳朵、胸部、腿部和腹部有中等长度和厚度的羽状饰毛，头部、前肢前面、后肢前面、飞节下面的毛短而精细。

美容时对头部、耳朵、颈部和足爪进行合理的修剪。去除死毛(脱落的底毛)，将多余的体毛修薄、修短，使外观更漂亮，尾巴可以修剪或在边缘保留波浪状饰毛，体侧的被毛不宜过分修剪。

【颜色】允许有 3 种被毛颜色。

(1)黑色或肝色为主色带有白色斑纹，或白色主色带有黑色或肝色斑纹。

(2)蓝色或肝色的杂色。

(3)三色：黑色和白色或肝色和白色为主色，带有棕色斑纹，棕色斑纹通常在眉毛、面颊、耳朵内侧和尾巴下面。

【步态】步态平顺而轻松，步幅较大，后躯驱动力强。从侧面观察，史宾格犬显示出步幅较长的步伐，稳固的背部姿势，无倾斜、拱起或左右摇摆；从前面观察，前肢向前摆动，显得轻松舒展，从肩胛到肘部的动作舒展，前腿无交叉或干涉，随着速度增加，四肢自然地向身体中心线聚集收拢。

【性情】性格坚强，神经类型稳定，友善温和，热衷于取悦主人，学习能力强，易调教训练，服从性好。在犬赛中，显得镇静而专注，允许裁判检查，既不愤怒也不阿谀。

【缺陷或失格条件】

(1)体高低于或高于标准 2.5 cm 以上者为缺陷。

(2)眼睛小、圆、突出，色为黄铜色，属于严重缺陷。

(3)牙齿呈钳式咬合或有 1～2 颗门牙稍偏离对齐线，属于次要缺陷；上颌突出式咬合、下颌突出式咬合或歪曲的颌部属于严重缺陷。

(4)断尾后的尾巴与背线成 90°角，属于严重缺陷。

(5)身体被毛颜色与品种标准有严重偏差，属于失格。

(6)对人或其他犬有攻击欲望，属于缺陷。

(7)行进时，步伐短而起伏或斜行，后躯身体呈滚动或摇摆，属于失格。

十三、约克夏㹴

约克夏㹴(Yorkshire Ttrier)(彩图 47)，又称为约瑟犬、约克夏爹利犬，原产于英国东北部约克郡，由斯开岛㹴、曼彻斯特㹴、丹第丁蒙㹴和马尔他犬杂交培育而成，AKC 分类属于玩赏犬组。最初用于猎鼠。约克夏㹴犬身材矮小，被毛柔滑如丝，光彩夺目，早在维多利亚女王时期便是一种时髦的宠物，深得男女老幼的喜爱。约克夏㹴犬与吉娃娃犬并称世界最小犬种，目前多用作家庭玩赏犬。

【体型】成年犬理想体高为 20～23 cm，体重为 1.8～2.3 kg，公犬稍大于母犬，体长稍大于体高。

【头部】头部小，顶部较平，头颅不突起或拱起；眼睛中等大小，呈杏仁形，不突出，颜色深而明亮，眼圈颜色深；耳朵小，V 字形，直立或半直立耳(耳端 1/3～1/4 折叠下垂，其余部分竖起)，耳间距适中。口吻部较短，由止部到鼻端渐细，鼻镜为黑色；牙齿结实，呈剪式咬合，钳式咬合也可以接受。

【颈部】颈部与肩部优雅地结合，与后脑部成一定角度，比例紧凑，肌肉适度发达，长度适中。

【体躯】身体强健结实。背短而直，背线水平，长被毛从背中线自然分向两侧下垂；胸深度适中，与肘部齐平，肋骨圆；腰部肌肉丰满，发达；腹部微收，臀部小而紧凑。

【四肢】前腿直，有金黄色带褐色的长毛，肘部既不内翻也不外翻，前腿的狼爪可以切除；后肢长度适中，轮廓不显得过重，从后面看后腿直，从侧面看后膝关节呈适当的角度，后腿的狼爪必须切除；足爪圆，小，笔直向前，呈猫型足，脚垫厚实而有弹性，趾甲坚硬为黑色。

【尾部】尾梢翘起，尾部的毛色比身躯其他部位的颜色稍深，呈暗蓝色。通常在出生后3个月内断尾2/3，留2～3节尾椎。

【被毛】被毛的质地、品质和毛量对该种犬十分重要。被毛丰厚有光泽，直且长可触及地面，精致如丝绸般，不卷曲，也无任何波浪状。为保证其行动自如且外观整洁，可以将被毛长度修剪到刚好垂到地面，头顶的毛发可以梳到中间进行包扎，或从中间分开后向两边梳，并结成两个髻，口吻上的毛发较长，耳朵上和足爪上的毛发可以适当剪短。

【颜色】幼犬在出生时的颜色是黑色或棕色，在棕色中掺杂着黑色毛发；3～5月龄毛根开始发蓝。到18月龄时被毛变成铁青色，3岁时才变成暗蓝色或钢蓝色，带有明显的金属光泽，而不能带有银蓝色，更不能混有青铜色或黑色毛发。成年后的犬头部至尾根部的被毛丰密，呈暗蓝色，四肢部毛发呈深棕褐色（棕色中不能混合烟灰色或黑色毛发），在前腿的肘部以下和后腿的膝部以下是大量明亮的棕色，尾巴的颜色是深蓝色，尤其是尾尖。就每一根毛而言，毛根部分的颜色比中间部分深些，毛端的颜色稍浅些，使得从毛尖到毛根的颜色由浅入深、浓淡相映、柔和光亮。

【步态】呈小跑式姿势，步态舒展而平滑，轻松而活泼，笔直向前，背线保持平直、稳固，前躯伸展充分，后躯驱动有力。

【性情】对人友善，顺从忠心，活泼热情，动作轻快，自信自尊，精力充沛，爱撒娇，有时有一定的神经质。

【缺陷和失格条件】

（1）体高超过23 cm或体重超过3.2 kg属于失格。

（2）眼圈颜色为浅色者属于严重缺陷。

（3）牙齿呈上颌突出式咬合或下颌突出式咬合属于严重缺陷。

（4）足尖向内或向外翻，趾甲呈白色或肉色属于缺陷。

（5）单侧或双侧隐睾。

（6）过分胆怯或过度神经质都属于缺陷。

十四、刚毛猎狐㹴

刚毛猎狐㹴（Wire Fox Terrier）（彩图48），又称为刚毛猎狐爹利犬，原产于英国，AKC分类属于㹴犬组。在18世纪，英国的贵族中流行一种叫“猎狐”游戏。当地的繁殖家都希望能培育出善于猎捕的犬种，刚毛猎狐㹴因此而诞生，其祖先在短毛猎狐㹴的基础上混入粗毛黑白㹴及许多㹴类的血统，故有“适宜修饰的短毛猎狐㹴”之说，被毛的色彩艳丽则是短毛猎狐㹴所不及的，因此获得“带给世界无限欢乐之犬”的称号，但真正获得犬迷们的青睐却为时较晚。目前，该犬主要以其幽默靓丽的外观和乖巧的性格成为人们贴心的玩赏犬和伴侣犬。

【体型】成年犬的理想体高为35～39 cm，体重为6.5～8.5 kg；公犬比母犬稍大，体长不大于39 cm，背长不大于31 cm，身体的理想比例为体高与体长相等。

【头部】头为长方形，头颅平坦，脸部轮廓从眼睛到口吻逐渐变细，而且与前额连接处略显倾斜，宽度向眼睛方向渐收，发育良好的成年犬的头颅最宽部分不超过9 cm，头部长度以10～

19 cm 为最理想，母犬相应小一些；眼睛较小，略呈圆形，位置深，不突出，眼色深，眼间距适中；耳朵呈 V 字形，较小，中等厚度，呈半下垂(距耳端的 1/3～1/2 下垂)地向前垂在面颊边，耳朵的折叠线略高于头顶；口吻部粗壮，长度适中，颌部骨骼发育良好，臀部结实且肌肉发达，使面部显得结实有力，鼻镜颜色为黑色；牙齿洁白、结实，呈剪式咬合。

【颈部】颈部整洁，肌肉发达，长度适中，喉部没有赘肉，从侧面看，轮廓清晰，线条优美。

【体躯】背部短而平直，结实，肩部后的脊背不向下陷，肩背的接合自然而流畅；背非常短，以保证颈部具有足够的长度和非常自由的动作；母犬的连接略长；胸部深，不宽而稍显窄，肌肉发达；前半部肋骨适度圆拱，后半部肋骨扩张良好；腰部非常有力，肌肉发达，呈轻微的上拱；腹部肌肉发达，距离较短，呈向上的微收；臀部宽大、粗壮。

【四肢】肩部长，较陡地向下倾斜，与背部结合良好，轮廓鲜明，从任何角度看前肢都是笔直的，骨骼强壮；后躯结实，肌肉发达，大腿长而有力，后膝关节角度恰当，不内翻也不外翻，飞节与大腿呈适当角度，飞节低，从后面看后肢与地面垂直且彼此平行；足爪圆而紧凑，大小适中，脚垫坚硬有弹性，足尖呈适度的拱形，不内翻也不外翻，趾甲黑，狼爪可切除。

【尾部】尾根较高，通常需要断尾 1/4 左右，断尾后属于上扬的半直立尾，尾向背前方伸展，直立的尾端与眼的水平线齐平。

【被毛】双层被毛。外层毛发弯曲呈卷缩状或略带波纹，浓密且粗壮，金属丝质地，用手拨开毛发也不易看见皮肤；内层毛短细、柔软，在刚毛的底部。上下颌的毛发疏松而长，身体侧面的毛发稍软于背部和腿部的毛发，前腿的被毛浓密而疏松，卷曲的被毛不受欢迎。修剪后，通常肩部、颈部的毛发长度为 1.2～2.5 cm，肩部、后背、肋部和四肢的毛发长度为 2.5～3.5 cm。

【颜色】以白色为底色，带有黄褐色或黑褐色斑块，但石板色、红色或肝色的斑纹不受欢迎。通常从枕骨向前的整个头部为黄褐色斑块，双侧肩胛部各有一小的黄褐色斑块，从肩胛向后到腰荐的背部和体侧为一大的黑褐色斑块，且与肩胛部的黄褐色斑块相连，尾根到尾梢部分为黑褐色斑块，且尾的背面斑块颜色稍深于尾的腹面，体躯其他部位为纯白的底色，颊须与体色一致。

【步态】快步行走时的驱动力来自后腿，后腿与地面垂直，较长的大腿、肌肉发达的第二节大腿、适度弯曲的后膝关节以及飞节提供强大的蹬力保证了跑步时的完美动作；从前面观察，前腿保持笔直，平行摆动而不交叉，并形成一条连续的直线，足爪间的距离与肘部间距离相等。

【性情】活泼好动，动作迅速，天性聪慧，善解人意，外貌俏丽而富有幽默感，对主人深情款款，狩猎时威严而凶猛。

【失格条件】

(1)耳朵不是半立耳，出现完全立耳、完全垂耳、郁金香耳或玫瑰耳者。

(2)鼻镜为白色粉色或斑点色，或除黑色以外的其他所有颜色。

(3)牙齿呈上颌突出式咬合或下颌突出式咬合。

(4)单侧或双侧隐睾。

十五、罗威纳犬

罗威纳犬(Rottweiler)(彩图 49)，又称为罗威拿犬、罗纳维德犬，原产于德国，AKC 分类属于工作犬组，历史上该犬曾用于帮人类拖拉物品、打斗、护卫等工作。属于多重用途的大型工作犬种。第一次世界大战时该犬被作为军犬大量使用于战场。20世纪中期逐步被训练为警用犬，目前该犬是世界各国最受欢迎的警用犬、军用犬之一，受训后可成为优良的家庭护卫犬。

【体型】成年公犬理想体高为61～69 cm，体重为45～55 kg；成年母犬理想体高为56～64 cm，体重为40～50 kg，体长略长于体高，体高与体长的最理想比例是9∶10。

【头部】前额成拱形，颧骨和鼻梁轮廓清晰，颅骨与吻部的比例为3∶2，前额一般情况无皱纹，当犬警觉时可出现皱纹；眼中等大小，杏仁形，眼睑紧，既不突出也不凹陷，理想的眼色为均匀的黑棕色；耳中等大小，呈三角形，耳间距较大，向前垂，耳内缘贴近头部，警觉时耳与颅骨顶部水平；嘴唇黑色，口腔黏膜黑色最理想，牙齿整齐强健，呈剪式咬合；口吻部由止部向尖端逐渐变细，上下颌发达，鼻梁直，鼻根部较宽，鼻为黑色。

【颈部】肌肉发达有力，相当长，没有皮赘，与肩部和背部连接自然、流畅。

【体躯】体躯的骨骼、肌肉与身体的结构平衡，显得结实有力。胸部宽，深达肘关节部，肋部伸展；背线水平，直而有力，当犬站立或运动时均与地面保持平行；腰部短，肌肉丰满；腹部轻微向上收缩；臀部宽，中等长度，轻微倾斜。

【四肢】肩部倾斜，肌肉发达，上臂与肩胛骨的长度相等，肘关节到肩胛上缘的距离与肘关节到地面的距离相等，前肢直而强健，与地面垂直，前脚跟结实而有弹性；后躯有力，两后肢直且相互平行，上肢长而宽，肌肉发达，膝关节屈曲，飞节向下部位与地面垂直；脚趾圆且紧凑，趾间拱起，既不内翻也不外展，脚垫厚而硬，趾甲黑色，狼爪可去除。

【尾部】尾根高，长度适中，镰刀状形成半圈状，向背部卷曲，通常需要断尾，保留1～2节尾椎骨，断尾后的尾巴可以使背线延长，当犬兴奋或运动时，尾轻微上翘。

【被毛】双层被毛。外层毛硬直，密而平滑，中等长度；内层毛直，柔软致密。下层毛主要存在于颈部和大腿部，头部、耳部和腿部的被毛最短，臀部最长。

【颜色】外层被毛为黑色，间有铁锈色斑块，铁锈色斑块与黑底色的界限非常清晰。两眼上方各有一小块斑块，面颊部、吻部两侧有条状的斑块，喉部、前胸两侧各有一块三角形斑块，前肢从腕关节到脚尖、后肢的内侧、跗关节到脚尖的前面、尾下部等部位都有不规则的铁锈色斑块，斑块总面积不能超过身体面积的10%。内层被毛为灰色、棕褐色或黑色。

【步态】行进速度快，行动必须平衡、协调、自信、充满力量。前肢伸展性好，后肢有力，前后肢既不内跑也不外展，后肢与前肢在一条直线上前进，当行进速度加快时，四肢的落点趋向身体的中心线。

【性情】聪明懂事，个性沉稳，自信勇敢，善于分辨善恶是非，听从口令，对主人绝对忠诚，服从主人指挥，但不轻易交友，常会对身边的环境变化采取观望态度，有保护家庭的本能，而且适应能力极强，能在艰苦的环境下工作。

【缺陷和失格条件】

(1)有下列情况之一者属于严重缺陷：眼睛的颜色和形状不符合该品种标准的规定；耳的样式不正确，出现折耳或耳内缘未贴近头部现象；口腔黏膜为红色；被毛过短或过长，呈波浪式卷曲，缺乏下层毛。

(2)有下列情况之一者属于失格：牙齿呈上颌式或下颌式咬合；缺失2颗或更多的牙齿；单侧或双侧隐睾；铁锈色斑块出现在描述部位以外的部位，总面积超过10%；身体任何部位出现白色斑块；在犬的比赛中攻击人。

技能训练指导

实训一　健康幼犬的选择

【目的要求】了解幼犬健康表现的相关内容，掌握幼犬的健康选择方法，以便正确地进行幼犬的选购。

【场地和材料】宠物市场、健康幼犬、不健康幼犬。

【方法步骤】

1.精神状态

观察幼犬对外界刺激的反应、与人或其他小犬的亲近程度。

2.眼睛

观察幼犬眼睛形状是否与该品种标准一致，眼结膜和可视黏膜的颜色、眼睫毛的整洁程度、是否流泪、有无分泌物、有无外伤或疤痕等。

3.犬鼻

观察幼犬鼻端湿润程度、光泽感、有无浆液性或脓性分泌物，手感鼻温是否正常。

4.口腔和牙齿

观察幼犬口腔的清洁与湿润程度、黏膜颜色、有无舌苔与口臭、是否流涎等，幼犬牙齿颜色、咬合形式、是否缺齿等。

5.耳朵

观察幼犬耳内是否有黏稠样的分泌物，耳温是否正常，幼犬是否有搔耳、摇头现象等。

6.皮肤及被毛

观察幼犬皮肤是否柔软有弹性，是否有结痂或溃烂、被毛是否整洁，手感皮温是否正常等。

7.四肢

观察幼犬的肢型与趾型是否符合本品种特征、是否有跛行现象等。

8.肛门

观察幼犬肛门的闭合情况、肛周的清洁程度等。

9.尾巴

观察幼犬尾巴形状是否符合品种特征、尾巴的活动情况等。

10.体温

手感幼犬的体温是否正常（正常体温为37.5～38.5 ℃）。

【技能考核】根据对表现健康的10个方面进行鉴别的熟练程度及判断的准确性进行综合测评。

实训二　犬的神经活动类型、灵活性的检查

【目的要求】掌握犬的神经活动类型及灵活性的检查方法，以便因犬施训。

【材料设备】不同神经活动类型的犬只、牵引带、急响器（如摇铃或闹钟）、步表、食盆、玩具、奖食等。

【方法步骤】

1.判定犬兴奋过程强弱

（1）音响刺激法：当犬在吃食时，突然用急响器由远而近在食盆旁发声，根据犬的表现来判断其神经活动的兴奋性强弱。

安静型：犬无反应而继续吃食。

活泼型：犬听到声响就停止吃食，但不离开食盆，片刻后继续吃食。

兴奋型：犬听到声响就离开食盆，并表现出攻击行为，然后又走近食盆照常吃食。

抑制型：听到声响就不再吃食，走到远离食盆的地方静卧。

（2）步表测定法：用2 m长的牵引带将犬拴在某固定的物体上，系步表于其脖上，驯导员在距犬5～10 m处以犬喜爱的食物或玩具逗引犬2 min后取表读数。通常读数超过100次的犬被视为兴奋过程较强的犬，小于60次的视为兴奋过程较弱的犬。

2.灵活性的检查

犬的神经活动类型往往与其灵活性有很大关系，灵活性好的犬在训练过程中能迅速从一种神经状态转变为相反的神经状态。

（1）威胁口令刺激法：通过观察犬对威胁口令的反应来判断犬的兴奋性强弱。

当驯导员发出“非”的口令后，立即发出“来”的口令，灵活性好的犬能很快地从抑制状态中解脱出来，并迅速靠近驯导员；灵活性差的犬在一个较长时间内呈抑制状态，并不能立即按照另一口令做出相应的动作。

（2）对新环境的适应能力：灵活性好的犬很容易适应陌生环境，灵活性差的犬则很难适应。

（3）行进中转换速度：牵引犬行进，观察犬在行进中跟随能力、转换位置及速度的情况来判断灵活性。

【技能考核】根据对犬兴奋性和灵活性判断的熟练程度及准确性进行综合测评。

实训三　随行、立、游散科目的训练

【目的要求】掌握犬随行、立和游散的训练方法，要求训练后的犬能快速而准确地执行口令和手势，随行时能进行方向和步速的变换。

【材料设备】受驯犬、训练绳、牵引带、口笼、刺钉脖圈、奖食、辅助设施（如墙、土沟等）。

【方法步骤】

1.建立犬对随行及游散口令和手势的条件反射

左手反握牵引带，将牵引带收短，发出“靠”的口令，同时用牵引带强迫犬在驯导员的左侧行进，并适时给予奖励。训练过程中变换步伐和方向时，预先发出“靠”的口令和手势，并轻轻拉扯牵引带对犬示意。反复多次并结合手势训练，逐步养成犬对随行的条件反射。

用牵引带牵犬向前方奔跑，待犬兴奋后，放长牵引带，同时发出“游散”的口令并结合手势指挥犬游散，让犬在 10 m 左右的范围进行自由活动，片刻后扯拉训练绳，令犬回到身边。重复训练，并结合随行过程以游散作为奖励手段。

对于性格倔强、不听指挥的犬可借助墙、沟、坎等进行辅助训练，对特别兴奋的犬，可用刺钉脖圈来控制其行为。

2.训练犬在随行中立的能力

随行时突然停下，同时发出“立”的口令，并拉扯牵引带迫使犬立，或同时用左脚放至犬的肩前方阻止犬前进，如此反复训练。在此基础上，逐步加入手势训练，并逐步延缓立的动作，直至能延缓 5 min 以上。

3.脱绳随行和游散

训练中把牵引带放松，当犬离开预定位置后，用口令和手势或扯拉牵引带强迫其归位。视具体情况进行解除牵引带的随行和游散训练。

【技能考核】考核随行、立和游散的口令和手势的正确与否以及犬对随行、立和游散的执行情况。

实训四　坐、前来、延缓科目的训练

【目的要求】掌握犬前来、坐的训练方法，要求训练后的犬能快速而准确地执行前来和坐的动作，并能较好地延缓。

【材料设备】受驯犬、训练绳、牵引带、口笼、脖圈、玩具、奖食等。

【方法步骤】

1.建立犬对坐、前来口令和手势的条件反射

(1)左侧坐：在一个相对比较清静平坦的场地让犬游玩，排除大小便后将犬牵引到身体左侧站好，然后右手持牵引带的脖圈处，左手置于犬的后腰角部位，发“坐”的口令同时，右手向上提脖圈，迫使犬坐下，稍后令犬游散，按此方法同一时间内可训 2～5 次。

(2)正面坐：可在犬左侧坐形成后进行。犬侧面坐定后，发出“定”的辅助口令，然后将牵引带放长，逐渐离开犬身，重复发出“坐”的口令，并用“好”的口令及时强化。如犬有不执行情况时，可用牵引带进行强迫，稍后可用美食、抚拍或游散奖励犬。正面坐训练也可用食物诱导法结合机械刺激法进行，训练的效果会更好。之后转入环境的复杂化训练。

(3)前来：在呼唤犬的名字后，立即发“来”的口令，同时拉扯牵引带。当犬来到面前之后，给予奖励，也可以用食物或物品逗引并结合牵引带的强迫刺激令犬前来，在以后的训练中逐渐减少诱导或拉扯训练绳，并适当加入手势，使之也能尽快对手势形成条件反射。之后转入环境

的复杂化训练。

2.培养犬对坐的延缓执行能力

让犬坐好，手提牵引带的末端缓慢后移一步，发出“定”的口令，令犬保持坐姿，并逐渐增加与犬之间的距离，最终能达到20 m以上。延缓时间可由1 min提高至3 min，3 min提高至5 min，5 min降为3 min，3 min突然提高至5 min，再降至1 min，再提高至3 min，再降至1 min，再提高至5 min，从而提高犬对延缓的执行能力。

3.前来、坐及延缓的连贯训练

当犬对前来、坐能较好地执行并具备一定的延缓能力时，可将前来、坐连贯训练，使得犬在听到前来口令和手势后能迅速地来到身边，并呈正面或左侧坐姿势，且保持一定的延缓能力。

【技能考核】考核前来、坐的口令和手势的正确与否以及犬对前来、坐以及延缓的执行情况。

实训五　吠叫、安静科目的训练

【目的要求】掌握犬吠叫与安静的训练方法，要求训练后的犬能快速而准确地执行口令和手势。

【材料设备】受驯犬、训练绳、牵引带、脖圈、小木棍或报纸，玩具、奖食等。

【方法步骤】

1.吠叫的训练

训练犬吠叫，可采用多种形式进行。

(1)利用食物引诱法：在犬饥饿状态下或喂犬前，用食盆或犬喜爱的食物引诱犬，同时发出“叫”的口令和手势，诱导犬发出叫声。在之后的训练中逐渐减少引诱，直至犬能完全根据指挥发出叫声。

(2)利用犬的主动防御反射：陌生人靠近犬并加以引逗，驯导员及时发出“叫”的口令和手势，鼓励犬吠叫。多次训练后，可逐步减少或取消陌生人的引逗。

(3)利用犬的衔取兴奋性：用犬喜欢的玩具逗引犬，然后将玩具举起并保证犬想够到但又够不到的地方，同时发出“叫”的口令和手势。

(4)利用犬的自由反射：对于自由反射较强的大型犬，可在牵出犬舍前训练。牵引其他犬站在被驯犬舍前，利用被驯犬欲跟随而出的急切心理，训练时应抓准时机发出“叫”的口令或手势指挥犬吠叫。

(5)模仿训练：将被驯犬牵到其他喜欢叫或已形成条件反射的犬附近，当其他犬吠叫时，被驯犬也跟随吠叫。

2.安静的训练

牵犬进入训练场后，助驯员鬼鬼祟祟地由远及近逐渐接近驯导员。当犬欲发出叫声时，驯导员及时发出“静”的口令，并用小木棍或报纸轻击犬嘴令犬安静。在此基础上，训练犬养成能在复杂环境下安静的能力。

【技能考核】考核吠叫和安静的口令和手势的正确与否以及犬对吠叫和安静的执行情况。

实训六 跳跃、越障碍科目的训练

【目的要求】掌握犬的跳跃、越障碍训练方法，要求训练后的犬能快速而准确地执行口令和手势。

【材料设备】受驯犬、训练绳、牵引带、口笼、脖圈、各种障碍物，玩具、奖食等。

【方法步骤】根据障碍物类型，主要有以下几种训练方法。

1.跳越小板墙、栅栏、跳高架等

牵引犬跑向训练器材，发出“跳”的口令，同时将牵引带向上提拉，促使犬跳过，然后给予奖励。反复训练，促使条件反射的形成。

2.登越垛桥、天桥等

带犬到梯子前，发出“上”的口令；驯导员牵引犬同时登越。如犬畏缩不前，可通过助驯员辅助慢慢往阶梯上挪动犬的四肢，同时用犬喜欢的物品或玩具等在犬前面逗引，并不断鼓励犬，如此反复训练。

3.跳越三级跳台、大板墙等

助驯员牵引犬到三级跳台前几米处，驯导员手持训练绳登上三级跳台，用食物、物品在前方逗引犬前来，同时发“上”的口令，并拉扯牵引带迫使犬跳到顶端驯导员的身边。随后的训练中，逐渐减少强迫或诱导，初期训练犬跳大板墙时，大板墙应矮点，随着能力提高，逐渐增高。

4.通过自然障碍

当犬通过专用障碍器材有一定能力之后，可结合自然障碍，如训练通过矮墙、栅栏、篱笆、壕沟等。

5.跳越腿设障碍

当犬对一般障碍物有一定的跳跃能力后，可伸出右腿至一定的高度，鼓励犬跳跃，然后再逐步提高腿的高度，直至水平位置。

【技能考核】考核犬对障碍攀越、跳跃的执行情况。

实训七 卧下、躺下科目的训练

【目的要求】掌握犬卧下、躺下的训练方法，要求训练后的犬能快速而准确地执行口令和手势。

【材料设备】受驯犬、训练绳、牵引带、脖圈、玩具、奖食等。

【方法步骤】

1.建立对卧下、躺下口令和手势的条件反射

令犬坐于左侧，右腿向前一步，身体弯向前下方，右手持玩具向前下方引诱，同时发“卧下”的口令，并以左手向前下方拉扯牵引带或用手按压犬的肩部令犬卧下。反复训练，逐步加入手

势并减少引诱刺激。在犬有一定卧下能力后令犬卧好，发出“躺”的口令的同时，用手掌向右击犬的右前肩胛部位，迫使犬躺下，并给予奖励。反复训练，直至犬能根据口令迅速执行动作。逐步加入手势训练，直至犬能准确地对“躺”的口令和手势做出动作。

2. 距离指挥和延缓能力的培养

当犬能较好地执行卧下、躺下口令和手势时，可逐步延长指挥距离和延缓时间，培养犬远距离执行命令的能力，直至犬能在 20～30 m 远处迅速而准确地执行命令，且能延缓 2～5 min。

3. 复杂环境中训练

当犬能在清静而平坦的环境中迅速而准确地执行动作时，可人为地营造复杂环境(加大嘈杂声、设置他人走动、训练场地不平坦等)，培养犬在复杂环境中顺利执行命令的能力。

【技能考核】考核卧下、躺下口令和手势的正确与否，以及犬对卧下、躺下口令和手势的执行情况。

实训八 坐立科目的训练

【目的要求】掌握犬坐立的训练方法，要求训练后的犬能快速而准确地执行口令和手势。

【材料设备】受驯犬、训练绳、牵引带、脖圈、玩具、奖食等。

【方法步骤】

1. 建立犬对坐立口令、手势的条件反射

让犬坐好，从犬身后用两脚夹住犬的后股部，左手握住牵引带，右手拿着犬喜欢的玩具或食物在前上方引逗，并发出“坐立”的口令后，左手上提牵引带，右手用物品逗引犬，使犬的前肢离开地面，犬背部依靠在驯导员的双腿中间，持续 5～10 s 时给犬奖励。反复训练，适时加入手势训练，并逐步减少腿对犬的支撑，直至能离犬 30～50 cm。

2. 距离指挥坐立延缓能力的培养

先让犬坐好，然后向前或向右侧走出 30～50 cm，令犬坐立，延缓 10～20 s 后，给予奖励；如犬不能延缓较长时间，应采取强迫手段。如此训练，逐步延长指挥距离和坐立的延缓时间，直到达到 20～30 m，并延缓 3 min 左右。

【技能考核】考核坐立口令和手势的正确与否，以及犬对坐立口令和手势的执行情况。

实训九 站立科目的训练

【目的要求】掌握犬站立的训练方法，要求训练后的犬能快速而准确地执行口令和手势。

【材料设备】受驯犬、训练绳、牵引带、脖圈、玩具、奖食等。

【方法步骤】

1. 建立犬对站立口令、手势的条件反射

用犬喜欢的玩具置于犬的前上方逗引犬，当犬的兴奋性达到一定程度之后，将玩具上举于犬的头部上方，同时发出“站立”的口令，并轻提牵引带或脖圈，使犬保持站立的姿势 10～20 s。在之后的训练中，逐步加入手势训练，养成对站立口令、手势的条件反射。

2. 培养犬远距离执行站立的能力

由 1～2 m 远的距离逐步延长至 10～20 m 的距离，对犬进行指挥。

3. 培养犬站立延缓的能力

犬在 1～2 m 的距离指挥时站立延缓 10～20 s，在此基础上逐步提高至 5 m 的指挥距离站立延缓 5s，最后可提高至 10 m 的指挥距离站立延缓 3 s，然后突然降低为 3 m 的指挥距离站立延缓 1 min 左右。犬如能较好地完成，之后的训练中可再提高距离和延缓时间，直至 10～20 m 的指挥距离站立延缓 1～2 min。

【技能考核】考核站立口令和手势的正确与否，以及犬对站立口令和手势的执行情况。

实训十　前进科目的训练

【目的要求】掌握犬前进的训练方法，要求训练后的犬能快速而准确地执行口令和手势。

【材料设备】受驯犬、训练绳、牵引带、脖圈、辅助设施（如土沟、狭长通道等）、滑轮、玩具、奖食等。

【方法步骤】

1. 建立犬对口令和手势的条件反射

用穿过固定滑轮长牵引绳控制犬，让犬在指定位置左侧位坐好，并发出“定”的延缓口令，置犬的玩具于犬正前方 30～50 m 处，奖励犬后发出“前进”的口令，同时做出前进的手势指挥犬前进。如果犬能执行命令，可轻拉牵引绳；使犬回到滑轮边后再给予奖励。注意不应让犬衔取玩具，最好能令犬在到达玩具边时呈卧下姿势，并能延缓 1～3 min。

也可在事先安排好的土沟或狭长通道内训练。侧站在犬的前方，以玩具在前引诱犬，同时发出前进的口令和手势，令犬前进，并逐步减少玩具的引诱，使犬养成没有诱惑物执行前进命令的能力。

2. 培养犬前进中卧下的能力

可用较长的训练绳控制犬，利用玩具引诱犬时，当犬快要获得物品时，猛拉训练绳迫使犬卧下，同时发出“卧”的口令和手势。

【技能考核】考核前进口令和手势的正确与否，以及犬对前进口令和手势的执行情况。

实训十一　握手、感谢科目的训练

【目的要求】掌握犬握手、感谢科目的训练方法，要求训练后的犬能快速而准确地执行口令。

【材料设备】受驯犬、训练绳、牵引带、脖圈、玩具、奖食等。

【方法步骤】

1.握手的训练

与犬对面坐，伸出右手朝向犬的一前肢，并发出握手的口令。如犬不能主动抬起前肢，可采取以下几种方法：

(1)直接抓握法：直接以右手抓住犬的一前肢，同时发出口令，并上提抖动呈握手姿势，重复数次后给犬奖励。

(2)机械刺激法：先抚摸犬的头颈部，并用手轻轻推动它的肩部，使其重心移向左前肢，同时伸手抓住犬的右前肢，呈握手姿势，重复数次后给犬奖励。

(3)玩具引诱法：左手握玩具引诱犬，在犬伸出前肢扒在握玩具的左手上时，发出握手的口令，并用右手握住它伸出的前肢，上提并抖动，重复数次后给犬奖励。

2.感谢的训练

与犬面对面站立，先发出“站”的口令，当犬站稳后再发出“谢谢”“作揖”的口令，同时用手抓住犬的前肢，轻轻上下摆动，重复数遍后给予奖励，以后逐步拉大距离。

也可用食物引诱。令犬呈正常站姿，将玩具置于犬眼前上方，慢慢地向犬头上方移动，在犬会抬起前肢并努力地想获取时，驯导员及时发出“握手”的口令，并用双手握住它的前肢，上提并抖动。

【技能考核】考核犬对握手、感谢的口令的执行情况。

实训十二　绕桩科目的训练

【目的要求】掌握犬绕桩科目的训练方法，要求训练后的犬能快速而准确地执行口令。

【材料设备】受驯犬、训练绳、牵引带、脖圈、木桩、玩具、奖食等。

【方法步骤】

1.绕木桩

在平坦的地面上每隔 0.5 m 立一根高 1 m 左右的木桩，初期可立 3～5 根。用牵引带控制犬，采取强迫的方式与犬起进行绕桩训练，同时发出“绕”的口令，绕完所有木桩后给予奖励。也可一手提脖圈，另一手握犬感兴趣的玩具在前方引诱，同时发出“绕”的口令，诱使犬前进逐步绕过每一根桩，当绕完最后一根桩时，把玩具抛出，待犬衔回后再给奖励。在以后的训练中逐步增加木桩的数量，同时减少桩间距离。

2.绕腿

以自己的双腿作为木桩，在缓慢地前行中借助双腿的力量强迫犬绕腿前行，同时可手提脖圈适当加入强迫手段进行训练。

【技能考核】考核犬对绕桩的口令的执行情况。

实训十三　扑咬科目的训练

【目的要求】掌握犬扑咬科目的训练方法，要求训练后的犬能快速而准确地执行口令。

【材料设备】受驯犬、训练绳、牵引带、刺钉脖圈、护身服、护袖、皮套袖、化妆服、玩具、奖食等。

【方法步骤】

1.激发犬的凶猛性

(1)佯攻挑逗法：助驯员化装成陌生人，手持藤条鬼鬼祟祟地接近犬，并发出声音，在离犬5 m处挑逗犬数次，并佯攻犬，直至犬有狂吠、扑咬行为。

(2)逃跑式挑逗法：在多次佯装攻击且犬有吠叫、扑咬反应后，助驯员以佯装害怕的表情逃跑，以此来增强犬吠叫示警的信心。稍作休息，继续按上述方法训练2～3次。

(3)进攻式挑逗法：助驯员对驯导员和犬同时实施多次进攻，以激发犬的仇视性，促使犬对助驯员产生吠叫欲咬的攻击行为。

2.培养犬对“袭”口令形成条件反射

令犬面向助驯员将出现的地方坐好，对犬发出“注意”的口令，并以右手指向让犬注意的方向，同时助驯员从隐蔽处鬼鬼祟祟地出来，慢慢地接近犬。在犬欲扑咬助驯员时，驯导员发出“袭”的口令和手势，鼓励扑咬，助驯员在与犬撕扯过程中保证犬紧咬不放。

3.培养犬对“放”口令形成条件反射

在犬因助驯员屈服后的兴奋性下降而放口的同时，发出“放”的口令，并及时给予奖励。如不放松口，可用牵引带轻击犬嘴，或用拇指和食指向犬的口角部按压，也可用细棒伸入犬嘴中刺激犬的咽喉部，迫使犬放口，对于凶猛性特强的犬，可用刺钉脖圈强行刺激。逐步减少机械刺激，直至犬对“放”的口令形成条件反射。

【技能考核】考核犬对扑咬的口令的执行情况。

参 考 文 献

[1] 杜海龙.世界经典名犬鉴赏.福州:福建科技出版社,2016.
[2] 刘忠慧.宠物饲养岗位技能手册.北京:中国农业出版社,2015.
[3] 李向党.养犬学.沈阳:辽宁科学技术出版社,2015.
[4] 贺生中,张鸿,黄秀明.家庭养犬大全.北京:金盾出版社,2013.
[5] 王锦锋.宠物饲养.北京:中国农业出版社,2012.
[6] 秦豪荣.吉俊玲.宠物饲养.北京:中国农业出版社,2008.
[7] 方乐民.新编训犬指南,北京:金盾出版社,2007.
[8] 关键.养成犬的好习惯.南京:江苏科学技术出版社,2007.
[9] 李静.宠物解剖生理.北京:中国农业出版杜,2007.
[10] 关键,张正红.幼犬8周调教计划.南京:江苏科学技本出版社,2007.
[11] 唐索芳主编.伴侣犬饲养调教手册.福州:福建科学技术出版社,2007.
[12] 杨久仙.刘建胜主编.宠物营养与食品.北京:中国农业出版社,2007.
[13] 科林.坦南特.狗经——21天强化训练爱犬.济南:山东科学技术出版社,2006.
[14] 朱维正主编.养狗训狗与狗病防治.北京:金盾出版社,2006.
[15] 一卜.爱犬的养护与训练问答.南京:江苏科学技术出版杜,2006.
[16] 陈红英.高民样等.从群居性谈犬的行为.中国工作犬业,2005.
[17] 单军,方建强.训犬的行为要知犬习性.中国工作犬业,2005.
[18] 欧阳云.张书桁.养犬指南.呼和浩特:远方出版社,2004.
[19] 李群,宋珍华.家庭养犬大全.南京:江苏科学技术出版社,2004.
[20] 周斌,周明荣.爱犬养护500问.上海:上海科学技术出版杜,2004.
[21] 美国养犬俱乐部.世界名犬大全.沈阳:辽宁科学技术出版社,2003.

图 1　柳条犬床

图 2　布制犬屋

图 3　犬笼

图 4　犬食盆

图 5　饮水器

图 6　牵引带

图 7　犬用航空箱

图 8　犬梳理用具

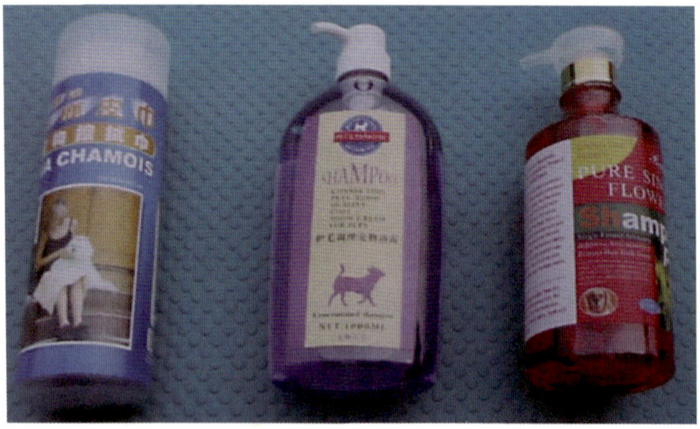

图 9　吸水毛巾、浴液

图 10　犬玩具

图 11　随行

图 12　游散

图 13　坐延缓

图 14　卧延缓

图 15　左侧坐

图 16　正面坐

图 17　立

图 18　前来

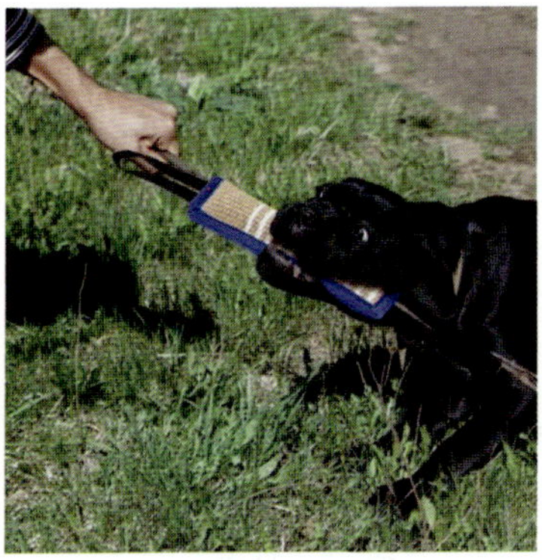

图 19　衔取

图 20　吠叫

图 21　跳高

图 22　攀越人字板

图 23　卧

图 24　躺

图 25　坐立

图 26　站立

图 27　后退

图 28　握手

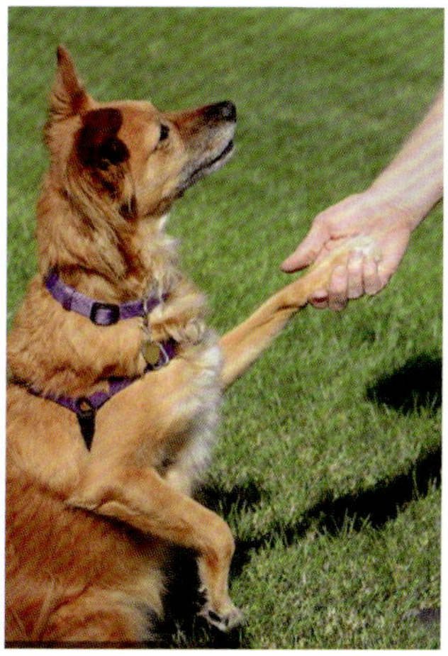

图 29　握手

图 30　接飞盘

图 31　跳舞

图 32　拥抱

图 33　绕腿

图 34　扑咬

图 35　德国牧羊犬

图 36　拉布拉多犬

图 37　金毛巡回猎犬

图 38　美国可卡犬

图 39　铁包金獒(狮头型)

图 40　西伯利亚雪橇犬

图 41　迷你雪纳瑞

图 42　贵宾犬

图 43　苏格兰牧羊犬

图 44　博美犬

图 45　边境牧羊犬

图 46　贵宾犬

图 47　约克夏犬

图 48　刚毛猎狐犬

图 49　罗威纳犬